REDLINE | VERLAG

FRANK ARNOLD

Überarbeitete Neuauflage des Bestsellers

DER BESTE RAT

Lernen von Denkern und Machern

Bibliografische Information der Deutschen Nationalbibliothek
Die Deutsche Nationalbibliothek verzeichnet diese Publikation in der Deutschen Nationalbibliografie. Detaillierte bibliografische Daten sind im Internet über http://dnb.d-nb.de abrufbar.

Für Fragen und Anregungen
info@redline-verlag.de

1. Auflage 2022

Türkenstraße 89
80799 München
Tel.: 089 651285-0
Fax: 089 652096

Illustrationen Seite 31, 55, 141, 191, 227: grafikdesignhansen.de – Jan-Dirk Hansen, München
Alle anderen Illustrationen: illustratoren.de/ Silke Bachmann
Die Beiträge Bourquin, Casari, Jaisli, Janik, Maurer, Menn, Rytz, Scarpaleggia erscheinen in diesem Buch mit freundlicher Genehmigung des midas-Verlags, Zürich. Sie wurden erstmals 2019 publiziert in »Der beste Rat - Lernen von Schweizer Denkern und Machern«.

Die englischsprachigen Beiträge erschienen erstmals im Fortune Magazine: Fortune Magazine, 21.3.2005 © 2005 Time Inc. und Fortune Magazine, 9.7.2009 © 2009 Time Inc. Used under license. Fortune and Time Inc. are not affiliated with, and do not endorse products or services of Licensee. Die Beiträge sind in den Textnachweisen (S. 282) aufgelistet. Übersetzung dieser Beiträge, sowie des Beitrags von Steve Jobs, ins Deutsche: Linguanet sprl. Brüssel, Belgien, www.linguanet.be.
Der Beitrag von Steve Jobs erscheint mit freundlicher Genehmigung der Stanford University, Stanford, CA 94305, USA.

Redaktion: Ariane Novel
Umschlaggestaltung: Pamela Machleidt
Satz: ZeroSoft, Timisoara
Druck: Florjancic Tisk d.o.o., Slowenien
Printed in the EU

ISBN Print 978-3-86881-868-0
ISBN E-Book (PDF) 978-3-96267-377-2
ISBN E-Book (EPUB, Mobi) 978-3-96267-378-9

Inhalt

Vorwort zur Neuauflage

Alles begann vor vielen Jahren mit einer ganz einfachen Frage: »Was war der beste Rat, den Sie je erhalten haben?« Die Frage faszinierte mich, weil einerseits die Antworten darauf so unterschiedlich ausfielen, andererseits aber immer wieder klar wurde, dass diese Frage keinen der Angesprochenen unberührt ließ. Es folgte immer intensives Nachdenken, und es ergaben sich tiefgehende Gespräche, die sowohl menschlich interessant als auch überaus nützlich für die unternehmerische Praxis waren.

In Hunderten von Gesprächen mit Top-Führungskräften auf der ganzen Welt faszinierte es mich jedes Mal aufs Neue, welche Kraft – ich bin fast geneigt zu sagen, welche Macht – von einem guten Rat ausgehen kann. Oft reicht die Wirkung des umgesetzten Rats weit über den persönlichen Erfolg der Person hinaus. In sehr vielen Fällen kann man erkennen, wie es das Unternehmen und die Gesellschaft positiv beeinflusst, wenn der Ratschlag verwirklicht wird. Fasziniert hat mich aber auch die Vielfalt der wertvollen Ratschläge. Es waren weichenstellende Impulse, die das Leben des Empfängers in eine erfolgreichere, sinnvollere und oft vor allem auch glücklichere Zukunft gelenkt haben.

Die Frage »Was ist gute Führung?« beschäftigt mich seit mehr als 20 Jahren. Nach meiner Beobachtung sind es gerade die erfahrensten und erfolgreichsten Unternehmer und Top-Führungskräfte, die nicht aufhören, ihr eigenes Wissen und ihre Erfahrungen durch unterschiedliche Impulse systematisch zu erweitern.

In meinem Berufsleben hatte ich früh das Glück, mit spannenden Persönlichkeiten in Kontakt zu kommen und mit ihnen arbeiten zu dürfen. Es sind Menschen, die auf ihrem Gebiet ganz Außergewöhnliches leisten. Dieser Gedankenaustausch, der mein ganzes Leben, vor allem aber mein berufliches Tun, enorm bereichert, intensivierte sich nach dem Erscheinen meines ersten Buches *Management – Die Top-Tools der Besten*. In persönlichen Gesprächen sowohl im beruflichen als auch privaten Umfeld entwickelte ich die Idee, das vorliegende Buch *Der beste Rat – Lernen von Denkern und Machern* zu veröffentlichen.

Immer wieder ist es faszinierend zu erfahren, welchen Werten, Prinzipien und Einsichten Persönlichkeiten folgen, deren Berufsleben von herausragenden Ergebnissen geprägt ist. Auf ihren Gebieten haben sie Spitzenleistungen vollbracht, die eine ganze Branche geprägt haben. Die Besonderheit dieses Buches ist, dass so viele hochkarätige Persönlichkeiten ihr wertvolles Wissen und ihre Erfahrung in so kompakter Form weitergeben. Das Werk versammelt die Quintessenzen von Jahrzehnten an Führungs- und Lebenserfahrung von außerordentlich erfolgreichen Unternehmern und Top-Führungskräften. Es enthält mehr Erfahrung, als ein Einzelner jemals sammeln kann – mehr noch: Es enthält Wissen und Weisheit von Persönlichkeiten aus unterschiedlichen Branchen, Ländern und Generationen. Gerade diese Vielfalt macht es so wertvoll, weil es Ihnen Impulse aus unterschiedlichen Perspektiven gibt.

Nicht nur die Antworten auf die Frage »Was war der beste Rat, den Sie je bekamen?« sind interessant, sondern auch, welchen Rat sie selbst an die nächste Generation weitergeben möchten. Sie finden deshalb in diesem Buch Ratschläge aus beiden Perspektiven. Oft sind es auf den ersten Blick ganz einfache Maximen, deren Verwirklichung aber nicht immer leicht ist. So facettenreich diese im Buch enthaltenen Maximen auch sind, etliche Grundprinzipien ziehen sich wie ein roter Faden durch das Buch: Ausdauer, Geradlinigkeit, Vertrauen, Leidenschaft, Mut, Eigenverantwortung, Leistungsorientierung und Fleiß sind nur einige von ihnen.

Der beste Rat – Lernen von Denkern und Machern wurde zu einem sehr erfolgreichen Führungsbuch und Bestseller. Das Buch war auf der *Spiegel*-Bestsellerliste, vielen Sach- und Wirtschaftsbuch-Bestsellerlisten, wurde in Auszügen in Kolumnen der bedeutenden Wirtschaftsmagazine *Capital* und *Bilanz* abgedruckt und erhielt eine überaus positive Resonanz in den Besprechungen der Presse. Nicht jeder Rat in diesem Buch wird zu Ihrer persönlichen Situation passen, aber wenn es nur einen einzigen gibt, der Ihnen wirklich nützt, so führt er Sie vielleicht auch auf eine so faszinierende Reise, wie es die Persönlichkeiten in diesem Buch schildern.

An erster Stelle danke ich den hier versammelten Unternehmern und Top-Führungskräften für ihre Zeit und ihre Offenheit. Die persönlichen Gespräche waren Freude, Bereicherung und Inspiration. Für das entgegengebrachte Vertrauen danke ich ihnen von Herzen.

Katharina Maier, Michael Wurster und Christian Jund vom Redline Verlag, Münchner Verlagsgruppe, danke ich für die gute Zusammenarbeit und ihre Förderung dieses Buches. Silke Bachmann und Jan-Dirk Hansen danke ich für ihre gelungenen Illustrationen.

Besonders danke ich Evelyn Boos-Körner. Mit ihren wertvollen Impulsen, ihrer großen Kreativität und langjährigen Erfahrung im Verlegen von Büchern hat sie Großartiges zur Verwirklichung dieses Werks beigetragen.

Gunhild Arnold danke ich für ihre große Unterstützung. Mein größter Dank geht an meine Frau Isabel Arnold, die an der gleichen Uni promoviert hat wie ich und mit mir 2009 unser Unternehmen gründete. Sie trägt wesentlich zu unserem unternehmerischen Erfolg bei und macht gemeinsam mit unseren Kindern Julius und Valérie die Familie zu einer Quelle von Kraft und Freude.

Ich wünsche Ihnen viel Freude an diesem Buch, inspirierende Denkanstöße und wertvolle Impulse für Ihr eigenes Leben.

Frank Arnold
Zürich, 1. September 2022

Josef Ackermann

In andrer Glück sein eignes finden …

Dr. Josef Ackermann war von 2006 bis 2012 Vorstandsvorsitzender der Deutschen Bank AG. Von 2012 bis 2013 war er Verwaltungsratspräsident bei der Zurich Insurance Group AG. Zudem ist er Mitglied des Verwaltungsrats der Investor AB, Schweden, sowie Aufsichtsratsvorsitzender der Bank of Cyprus.

Der wichtigste Rat für mein (Berufs-)Leben stammt von meinem Vater. Ich war noch ein Junge, als er mir einen Vierzeiler des Dichters Christoph Martin Wieland aufschrieb, den ich seitdem bei mir trage:

»In andrer Glück sein eignes finden,
Ist dieses Lebens Seligkeit.
Und andrer Menschen Wohlfahrt gründen,
Schafft göttliche Zufriedenheit.«

Dieser Vers enthält nicht nur eine allgemeine Lebens-, sondern auch eine spezielle Managementmaxime. Seine tiefe Weisheit habe ich erst in der großen Finanzkrise vollständig erfasst.

Mein Vater war Arzt. Wenn er anderen Menschen helfen konnte und sah, wie glücklich sie dann waren, war auch er glücklich. Deshalb sein Rat auch an mich, mein Glück im Glück andrer zu suchen.

Unternehmen sind nicht für sich selbst da, sie haben eine gesellschaftliche Aufgabe: sozialen Mehrwert zu schaffen. Sie sind Teil der Gesellschaft und haben auf Dauer nur Erfolg, wenn sie sich für diese als nützlich erweisen. Unternehmensführer dürfen dies nie vergessen. Ihre erste Aufgabe ist es, Gewinn zu erwirtschaften. Aber nicht des Gewinnes selbst wegen, der ist nur Mittel zum Zweck, damit das Unternehmen wachsen und neue Produkte entwickeln, Arbeitsplätze schaffen und Steuern zahlen – kurz Wohlfahrt gründen – kann.

Manager, die sich dieser gesellschaftlichen Aufgabe verpflichtet fühlen, sind ihren Mitarbeitern nahe und stets für ihre Kunden da. Und deswegen haben

sie nicht nur größere Erfolgschancen als andere, sie können auch größere Zufriedenheit in ihrem Beruf und Leben finden.

Das ist der Rat, den mir mein Vater mitgegeben hat. Und diesen Rat möchte ich auch selbst als meinen wichtigsten Rat an andere weitergeben.

Daniel S. Aegerter

Lieber in etwa richtig als präzise falsch

Daniel S. Aegerter ist Gründer und CEO der Armada Investment Group AG. Nach dem erfolgreichen Verkauf seiner B2B-Softwarefirma TRADEX Technologies an Ariba für 5,6 Milliarden US-Dollar, hat er dieses Family Office aufgebaut und führt dieses. Als passionierter und engagierter Unternehmer ist Daniel S. Aegerter mit seiner Investmenterfahrung auf beiden Seiten des Atlantiks aktiv. Außerdem hält er verschiedene Verwaltungsratsmandate, mehrheitlich in Firmen, in die er selbst investiert hat.

Vor einigen Jahren traf ich Warren Buffett zum Lunch. Er hat, insbesondere unter Investoren, Kultstatus und versteht es wie kein anderer, komplexe Themen auf den Punkt zu bringen. Während unseres Mittagessens hat er mir zwei Ratschläge gegeben.

Erstens: »You only have to get rich once!« Das war die Antwort auf eine Frage über eine interessante Spekulationsidee. Er wollte damit sagen, dass es sich nicht lohnt, zu viele Risiken einzugehen, nachdem man bereits ein Vermögen geschaffen hat.

Die zweite Antwort werde ich nie vergessen, und zwar auf die Frage, wie er Risiken evaluiert, genauer, wie sein Beteiligungsunternehmen Berkshire Hathaway die Preise für ihr Rückversicherungsgeschäft festlegt. Dort geht es darum, einzigartige Risiken zu versichern, die fast nur Berkshire Hathaway dank AAA-Rating übernehmen kann. Wie macht der Altmeister diese hoch komplizierten Berechnungen? Er spricht täglich mit seinem Berkshire-RE-Geschäftsführer Ajit Jain, der die interessanten Kundenanfragen mit seinem Chef durchgeht. Warren Buffett schilderte mir den Prozess wie folgt:

»Wir haben eine gemeinsame Basis, wie wir Risiken betrachten. Für unser Geschäft ist die zentrale Frage, wie hoch wir die Wahrscheinlichkeit erachten, dass ein Event eintrifft, und wie hoch wir dafür bezahlt werden. Wir beide überlegen uns, wie wir das Risiko einschätzen, und nennen unsere Prämie. Wenn wir beide bei dieser Einschätzung nicht mehr als 20 Prozent auseinanderliegen, ist die höhere Prämie unser Angebot. Der Kunde kann es annehmen oder nicht. Wir bessern nie nach. Wenn wir mehr als 20 Prozent auseinanderliegen, geben wir kein Angebot ab, weil wir gelernt haben, dass wir dann die Risiken nicht einschätzen können.«

Weshalb habe ich dieses Beispiel gewählt?

Erstens: Es zeigt eindrücklich, dass zwei Menschen bessere Entscheidungen treffen als einer alleine, wenn das Gremium richtig strukturiert ist. Wichtig sind also klar definierte Regeln, intellektuelle Partnerschaft und ein langjähriges Vertrauensverhältnis.

Zweitens: Obwohl Berkshire Hathaway auch mathematische Risikomodelle benutzt, sind diese nur eine Entscheidungshilfe. Gesunder Menschenverstand bleibt elementar, und an die Unfehlbarkeit mathematischer Modelle zu glauben ist gefährlich.

Drittens: Investoren wird immer wieder empfohlen, ein Portfolio von wahrscheinlichkeitsgewichteten günstigen Risikoversicherungen aufzubauen. Dies ist eine interessante Idee und *kann* auch funktionieren. Allerdings kann es trotzdem passieren, dass rein mathematisch-wissenschaftliche Modelle etwas nicht berücksichtigen, was dem gesunden Menschenverstand nicht entgehen würde. Daher mein Fazit: Intelligente Risiken einzugehen ist ein besseres Geschäft, als sich gegen Risiken zu versichern.

Hannes Androsch

Bleiben Sie unabhängig

Der ehemalige österreichische Finanzminister, Vizekanzler und Vorstandsvorsitzende des Creditanstalt-Bankverein (CA) Dr. Hannes Androsch ist Industrieller und Citoyen. Er ist Präsident des Aufsichtsrats der Firmen AT&S Austria Technologie und Systemtechnik AG, Österreichische Salinen AG (ÖSAG) und AIT Austrian Institute of Technology. 1974 erhielt er das Große Goldene Ehrenzeichen am Bande für Verdienste um die Republik Österreich. Diesem Orden folgten eine Vielzahl weiterer Orden, Ehrenzeichen und Ehrungen.

Nach meinem Diplom in Betriebswirtschaftslehre an der Hochschule für Welthandel in Wien war ich drei Jahre Mitglied der Sozialistischen Studenten und zuletzt als deren Verbandsobmann engagiert. Danach wollte ich – und hatte dafür auch die Zusage – zu Daimler-Benz nach Deutschland gehen. An einem Donnerstag im April 1963 wurde ich gefragt, ob ich nicht bereit wäre, Klubsekretär für Wirtschaftsfragen in der Parlamentsfraktion meiner Partei zu werden. Allerdings müsste ich mich bis zum darauffolgenden Montag entscheiden. Eine schwierige Entscheidung: Einerseits bin ich in einem, schon in der dritten Generation engagierten sozialdemokratischen Elternhaus aufgewachsen; andererseits und unabhängig davon, führten meine Eltern seit 1949 eine Steuerberatungskanzlei, die ich übernehmen sollte – was ich später auch tat.

Bei meiner schwierigen Entscheidung ergab sich die Möglichkeit, den damaligen Bundespräsidenten Dr. Adolf Schärf, der selbst einmal Klubsekretär war, um Rat zu fragen. Seine Empfehlung lautete: »Wenn du dabei deinen Beruf und deine Berufslaufbahn aufgeben musst, dann musst du Nein sagen. Wenn man dir aber einräumt, diese weiterverfolgen zu können, dann sage Ja, weil das dann die Krönung ist.« Damit meinte er: »Für die Politik: Ja. Aber von der Politik: Nein!« Er riet mir also zu dem öffentlichen Engagement, aber nur unter der Bedingung, dass ich mich von diesem Amt nicht abhängig machte.

Ich folgte Schärfs Rat, und die von mir gestellte Bedingung wurde akzeptiert. Auch wenn die Berufsbefugnis für meinen Brotberuf im Zuge meiner

weiteren Lebensstationen ruhend gestellt worden ist, bildete die Möglichkeit der Rückkehr in meinen angestammten Beruf eine wichtige Rückversicherung für mich – als Basis für politische Unabhängigkeit und damit Entscheidungsfreiheit.

Unabhängigkeit im Denken und Handeln war mir immer wichtig. Dennoch holte ich zeitlebens Ratschläge von sachkompetenten und erfahrenen Menschen ein. Dies geschah stets unter der Prämisse, diese für eine fundierte Entscheidungsgrundlage zu nutzen, zu den getroffenen Entscheidungen aber immer eigenverantwortlich zu stehen.

Heute versuche ich, meine Lebenserfahrungen nicht nur an meine Kinder und Enkelkinder weiterzugeben. In meinem Selbstverständnis als Citoyen engagiere ich mich für zukunftsgerichtete wirtschafts- und gesellschaftspolitische Aufgabenstellungen mit den Schwerpunkten Bildung, Wissenschaft, Forschung und Innovationen.

David Axelrod

Setz dich über die gängige Meinung hinweg

David Axelrod arbeitet als politischer Berater in den USA. Er fungierte bei den Präsidentschaftswahlen 2008 als leitender Wahlkampfmanager für Barack Obama und zählte zu dessen engsten Beratern während seiner Amtszeit. Seit 2015 ist er als Senior Political Commentator bei CNN tätig.

Gary Hart (der ehemalige Präsidentschaftskandidat aus Colorado) gab mir den Rat 1987 bei einem Bierchen im Quadrangle Club an der Universität von Chicago, wo er gerade einen Vortrag gehalten hatte. Er meinte, Washington sei erfüllt von den Echos der gängigen Meinung. »In Washington kommen die Nachrichten immer zuletzt an«, sagte er mir. Ich habe damals nicht weiter über seine Worte nachgedacht, aber sie sind mir im Gedächtnis geblieben und haben mir später im Leben und in der Kampagne für Obama geholfen. Die gängige Meinung in Washington hat uns so oft verloren gegeben oder behauptet, wir würden verheerende Fehler machen.

Sie sagten, anstatt uns auf Iowa zu konzentrieren, sollten wir besser eine nationale Kampagne führen. Von Juli bis November 2007 hatten wir der gängigen Meinung nach unsere Chance verpasst. Hillary Clinton führte mit 30 Punkten. Aber wir waren davon überzeugt, dass ein Sieg in Iowa den Durchbruch bringen könnte. Im Frühling 2008 sagten sie, wir wären verrückt, uns gegen die Abschaffung der Gassteuer zu stellen, während unsere Gegner sie als Weg anpriesen, die Folgen der hohen Gaspreise abzufedern. In ihren Augen machten wir damit einen entscheidenden Fehler. Wir hingegen fanden, dass wir eine ehrliche und offene Ansicht vertraten und die Leute schon merken würden, dass wir recht hatten. Tatsächlich hat uns der Austausch über diese Themen in den Vorwahlen in North Carolina und Indiana eine starke Position verschafft. Und als Sarah Palin gewählt wurde, haben wir Washington ein drittes Mal links liegen lassen. Sie sagten, das sei ein genialer Schachzug von McCain. Aber Obama sagte, er hätte vier bis fünf Monate gebraucht, um als Bewerber den richtigen Dreh herauszubekommen, daher wusste ich, dass es schwer sein würde, es in drei Wochen zu schaffen.

Als ich politischer Berichterstatter war, wollte die Zeitung mich hierher (Washington, D.C.) schicken, und ich lehnte ab. 1998, als die Geschichte mit Monica Lewinsky Wellen schlug und befreundete Reporter sagten, Clinton würde zurücktreten, war ich zum Essen bei Manny's Deli in Chicago. Dort arbeitete eine Frau, die 68 Jahre alt war und immer noch als Kassiererin arbeiten musste, um über die Runden zu kommen. Sie sagte: »Dieser Clinton scheint uns helfen zu wollen, also warum lasst ihr ihn nicht in Ruhe?« Ich rief meine Reporterfreunde an und sagte ihnen, sie müssten zu Manny's kommen.

Marc Benioff

Beziehe auch Wohltätigkeit in deine Unternehmensstruktur ein

Marc Benioff ist Chairman und CEO von salesforce.com. Er gründete das Unternehmen im Jahr 1999 und führte es an die Börse. Salesforce.com gilt als eines der am schnellsten wachsenden und innovativsten Unternehmen der USA. Marc Benioff zählt zu den Pionieren des Cloud Computing, er erhielt zahlreiche Auszeichnungen, unter anderem Businessperson of the Year des Magazins *Fortune*, die David Packard Medal of Achievement sowie den Innovation Award vom *Economist*. Marc Benioff ist Mitglied des Board of Directors des World Economic Forum USA, Inc. und der University of Southern California.

2001 war ich auf einem Diskussionsforum über Unternehmen und Wohltätigkeit. Alan Hassenfeld, der damals CEO (heute Vorsitzender) von Hasbro war, nahm mich anschließend beiseite und sagte mir, ich hätte eine Menge guter Ideen, aber ich müsste sie besser strukturieren. Er sagte, ich solle auch das Konzept ehrenamtlicher Tätigkeiten einbeziehen (in salesforce.com). Es war entscheidend für mich, jemanden zu treffen, der so etwas bereits voll in seine Firma integriert hatte. Hasbro hat eines der größten Wohltätigkeitsprogramme aller nordamerikanischen Handelsunternehmen. Es spendet zum Beispiel Spielzeug an Kinderkrankenhäuser. Das war keine Sache, die Hasbro durch das Ausstellen eines Schecks erledigte, sondern ein Teil ihrer Kultur.

Schließlich haben wir ein Prozent unseres Firmenkapitals in die gemeinnützige Salesforce.com Foundation gesteckt, außerdem ein Prozent unserer Gewinne, die damals natürlich gleich null waren. Aber wir investierten auch, wie Alan geraten hatte, ein Prozent der Arbeitszeit unserer Angestellten. Das sind sechs Tage pro Jahr für ehrenamtliche Tätigkeiten, die vom Unternehmen bezahlt werden. Wir haben Angestellte, die wegen dieser Programme für uns arbeiten wollen – sie wollen sich sowieso ehrenamtlich betätigen, und wir geben ihnen eine entsprechende Struktur. Im Übrigen lassen wir auch gemeinnützige Organisationen unseren Service kostenlos in Anspruch nehmen. Alans Rat hat sich letztlich als sehr wichtig erwiesen, denn das unterscheidet salesforce.com von anderen Unternehmen.

Roland Berger

Sich selbst erkennen und Chancen wahrnehmen

Prof. Dr. h. c. Roland Berger ist Gründer und seit 2010 Honorary Chairman von Roland Berger Strategy Consultants. Er ist Mitglied verschiedener Aufsichts- und Beiräte von nationalen und internationalen Unternehmen, Stiftungen und Organisationen. Außerdem ist er Vorsitzender des Kuratoriums der von ihm gegründeten Roland Berger Stiftung, die dem weltweiten Schutz der Menschenwürde verpflichtet ist und deutschlandweit begabte und engagementbereite Kinder und Jugendliche aus sozial benachteiligten Familien fördert.

Erfolg ist eine sehr subjektive Sache. Jeder Mensch versteht darunter etwas anderes, und jeder muss sich schlussendlich an den eigenen Maßstäben messen. Das ist der erste Teil des Rats, den ich der nachfolgenden Generation geben kann: »Denken Sie darüber nach, was Sie zufrieden macht!« Für manche mag das die Kunst sein, für andere die Wissenschaft; wieder andere finden Erfüllung darin, sich als Unternehmer zu betätigen. Nicht selten ist es eine Kombination dieser und anderer Faktoren. So geben mir bildende Kunst und klassische Musik einen Ausgleich zu meiner Arbeit, den ich nicht missen möchte. Aber das ändert nichts an der Tatsache, dass Sie sich zuallererst klar werden müssen, was Sie antreibt und wohin Sie möchten.

Dann sollten Sie sich die Frage stellen: »Was kann ich?« Wenn Ihre Interessen breit gefächert sind, dann kommen Sie am weitesten in dem Feld, in dem Sie die größte Begabung haben. Glücklicherweise macht uns häufig das Freude, in dem wir auch besonders gut sind, was die Entscheidung wesentlich vereinfachen kann.

Der dritte Teil ist vielleicht der wichtigste: »Stehen Sie dem Zufall offen gegenüber!« Das Leben ist nicht planbar, und die besten Chancen ergeben sich unerwartet oder sind erst auf den zweiten Blick als solche zu erkennen. Dazu ein Ereignis aus meinem Leben, das meinen Werdegang maßgeblich beeinflusst hat: Während meines BWL-Studiums in München baute ich eine erfolgreiche Wäscherei auf, mit der ich mein Studium finanzierte, aber mir

war klar, dass ich nicht als »Wäscherei-Millionär« enden wollte. Allerdings wusste ich auch, dass mich die klassische Konzernlaufbahn ebenfalls nicht erfüllen würde, was mich vor ein gewisses Dilemma stellte. Dieses löste sich völlig unerwartet. Im letzten Semester meines Studiums entdeckte ich bei einer Seminararbeit den Beruf des Unternehmensberaters, der mich gleich faszinierte. Aber wie sollte ich diesen Berufswunsch realisieren, angesichts der Tatsache, dass dieser Berufsstand damals in Deutschland noch so gut wie unbekannt war? Da kam mir ein weiterer Zufall zu Hilfe. Eine Stammkundin meiner Wäscherei, der ich von meinem Berufswunsch berichtete, sagte mir eines Tages bei einer Tasse Tee, dass ihr Sohn für eine italienisch-amerikanische Unternehmensberatung in Mailand arbeite. Ich spräche doch Italienisch, und das könne doch etwas für mich sein. Ich nahm ihren Rat an und stellte schnell fest: Das war es in der Tat! Ich schaffte es dort binnen fünf Jahren zum Partner und gründete 1967 meine eigene Firma, die heute 2700 Mitarbeiter in 51 Ländern beschäftigt. Ohne diesen/ihren »besten« Rat wäre mein Leben sicher völlig anders verlaufen – ich kann nicht sagen, ob besser oder schlechter – aber mit dem Ausgang bin ich bis heute zufrieden, und die Arbeit erfüllt mich jeden Tag aufs Neue.

Mein bester Rat ist also, Fähigkeiten und Vorlieben in Einklang zu bringen, und nie die Augen vor glücklichen Zufällen zu verschließen. Es kann sich lohnen!

Wulf H. Bernotat

Entscheiden Sie analytisch und systematisch

Nach 20 Jahren stetigen Aufstiegs in verschiedenen Tätigkeiten bei der Shell AG wechselte der promovierte Jurist Wulf H. Bernotat 1996 zur VEBA AG, wo er bis 2000 Vorstandsmitglied war. Außerdem berief man Dr. Bernotat 1998 zum Vorstandsvorsitzenden der Stinnes AG. Von 2003 bis 2010 war Wulf H. Bernotat Vorstandsvorsitzender der E.ON AG. Er gehörte den Aufsichtsräten der RAG, der Allianz, der Metro AG, der Vonovia SE, der Bertelsmann AG und der Deutschen Telekom an. Darüber hinaus war er als Berater bei der Private-Equity-Gesellschaft Permira tätig. Wulf H. Bernotat verstarb 2017.

Den besten Rat in meiner beruflichen Laufbahn erhielt ich vor über 18 Jahren von einem guten Freund. Damals stand ich vor der schweren Entscheidung, ob ich nach mehr als 20 Jahren Konzernzugehörigkeit das Unternehmen Shell verlassen sollte oder nicht. Ausgelöst hatte diesen Konflikt der Anruf eines Headhunters, der mir eine Vorstandsposition bei der damaligen VEBA Oel angeboten hatte.

Die Situation war für mich besonders schwierig, weil der Erstkontakt zu dem Headhunter in die ersten sechs Wochen meiner Zeit als neues Vorstandsmitglied der Shell in Paris fiel. Ich hatte also gerade erst angefangen, und mein Gefühl sagte mir, dass ich Shell aus großer Verbundenheit und Loyalität jetzt einfach nicht verlassen konnte.

Nachdem ich eine Entscheidung monatelang hinausgezögert hatte, traf ich einen guten Freund und habe mit ihm ganz offen und ausführlich meine Situation besprochen. Sein Rat war kein Ja oder Nein, sondern ein Für und Wider. Er empfahl mir, sämtliche Aspekte einer möglichen Veränderung, die positiven wie die negativen, in eine Entscheidungsmatrix einzutragen. Neben allem beruflichen Für und Wider zählten dazu auch die privaten Aspekte, zur damaligen Zeit vor allem die Auswirkungen auf mein Familienleben, mit Veränderungen der Lebensumstände für meine beiden noch sehr jungen Töchter.

Ich bin dem Rat meines Freundes gefolgt und habe eine berufliche Entscheidung das erste Mal in meinem Leben nicht pauschal oder emotional, sondern analytisch und systematisch durchdacht getroffen. Eine ganz überwiegende Zahl positiver Gründe sprach schließlich für einen Wechsel zu VEBA Oel und ich habe die Position kurz darauf angenommen.

Später habe ich diese Erfahrung wiederholt weitergegeben und Freunden und Kollegen bei der Frage nach einem beruflichen Wechsel empfohlen, eine Matrix zur Grundlage ihrer Entscheidung zu machen.

Meinem Freund bin ich bis heute für diesen Rat sehr dankbar, und ich habe meine damalige Entscheidung nie bereut.

Jean-Claude Biver

Die Spur Ihres Lebens

Jean-Claude Biver hat die Schweizer Uhrmacherkunst und Uhrenbranche entscheidend mitgeprägt. Er war unter anderem bei Audemars Piguet und Omega tätig und erweckte die Marke Blancpain zu neuem Leben. Biver war CEO und Präsident des Verwaltungsrats bei Hublot und erneuerte die Marke grundlegend – auch mit internationalen Kooperationen wie zum Beispiel mit Ferrari, dem FC Bayern München und Usain Bolt. Er verantwortete im Luxusgüterkonzern LVMH neben Hublot die Marken TAG Heuer und Zenith. 2018 zog er sich aus dem Tagesgeschäft zurück, stand aber weiterhin als Präsident zur Verfügung. 2022 beendete Jean-Claude Biver seinen Ruhestand und gründete gemeinsam mit seinem Sohn eine eigene Uhrenmarke.

In den 1960er-Jahren war ich von der Hippie-Bewegung sehr begeistert und sogar ein Teil von ihr. Das Hippie-Leitmotiv, das die Beatles auch besangen, war: »All you need is love.« Wenn man dieses Motto detailliert durchdenkt und von allen Seiten beleuchtet, dann wird einem klar, dass Menschen eigentlich nur oder hauptsächlich Liebe brauchen. Dies ist bestimmt auch der Grund, warum Religionen auf Liebe gegründet sind und die Liebe durch verschiedene Regeln und Gebote unterstützen und verteidigen.

Die Hippies waren auch eine der ersten echten »Grünen«, jedoch unpolitisch (was ja heute nicht mehr der Fall ist). Wir Hippies respektierten einfach die Natur, Tiere und Menschen gleichermaßen. Dies trug maßgeblich dazu bei, dass man sich die existenzielle Frage gestellt hat: »Weshalb lebe ich?«

Mir wurde diese Frage mehrmals gestellt, und ich stellte sie mir auch selbst. Als 18-jähriger Student war diese Frage nicht leicht zu beantworten. Eines Tages im Jahr 1968 gab mir mein bester Freund den Rat, die Antwort auf diese Frage zu finden, indem ich mir Gedanken darüber machte, welche Spur ich hinterlassen möchte.

Ja, welche Spur will ich nach meinem Leben (also nach meinem Tod) hinterlassen?

Das Nachdenken über diese, von meinem Freund aufgeworfene Frage, führte mich zu der Erkenntnis, dass ich zwei Spuren hinterlassen möchte:

1. Eine Liebesspur, die durch meine Liebe gegenüber den Menschen und an erster Stelle gegenüber meinen Kindern, meiner Ehefrau, meiner Familie und meinen Freunden entsteht.
2. Eine Kompetenzspur, die durch meine Arbeit entsteht und die ich in meinem Betrieb hinterlasse.

Diese zwei übergeordneten Ziele haben von diesem Tag an mein ganzes Leben geprägt, und ich werde bis zu meinem letzten Atemzug versuchen, diese zwei Spuren zu ziehen.

Die Liebesspur durch mein treues und ethisches Benehmen gegenüber dem Leben und den Mitmenschen, und die Spur in meiner Arbeit durch meine Kompetenz und Leidenschaft für die Uhrenbranche.

Diese zwei Ziele geben dem Menschen eine reiche innere Harmonie, die zu einer echten Stärke sich selbst und anderen gegenüber führt.

Ich konnte keinen besseren Ratschlag im Jahr 1968 bekommen und kann heute noch keinen besseren Rat weitergeben!

Andy Böckli

Überprüfe regelmäßig, ob deine Botschaften richtig angekommen sind

Andy Böckli ist Gründer und geschäftsführender Partner der Adunic AG. Nach seinem Elektronik-, Wirtschafts- und EMBA-Studium bekleidete Böckli verschiedene Führungspositionen in der Industrie und in der Baubranche, unter anderem bei ABB, Oerlikon und Nüssli. Bei Oerlikon Balzers leitete er von 2002 bis 2004 internationale Managementteams und Projekte, bevor er von 2005 bis 2012 die Region Europa verantwortete, der 20 Ländergesellschaften angehören. Nachdem er in den Jahren 2012 und 2013 bei Nüssli als CEO gewirkt hatte, erfolgte 2014 die Gründung der Adunic AG, die architektonisch anspruchsvolle, temporäre Bauten realisiert. 2018 wurde die Adunic AG mit der Nüssli-Gruppe zusammengeführt. Im Januar 2020 übernahm Andy Böckli als CEO die gesamte Führungsverantwortung für die Nüssli-Gruppe.

Den besten Rat meines Lebens bekam ich von einem der angesehensten Schweizer Offiziere der Gegenwart, von Fred Heer, Divisionär (a. D.). Der damalige Ein-Sterne-Panzergeneral war insbesondere wegen seiner außergewöhnlichen Truppennähe sehr beliebt, und er pflegte gegenüber allen Soldaten stets eine direkte Kommunikation – was in Militärkreisen nicht allgemein üblich war.

Als junger Kompaniekommandant beeindruckte mich Mitte der 1990er-Jahre folgendes Erlebnis mit Fred Heer nachhaltig: Als ich zum ersten Mal mit meiner gesamten Panzerkompanie bei ihm und seinem Brigadestab zur Inspektion antreten musste, nahm er mich zur Seite und sagte: »Jetzt überprüfen wir zuerst einmal, ob deine Befehle und Botschaften richtig bei deinen Soldaten angekommen sind.« Diesen wichtigen, aber verständlichen Führungsgrundsatz hat er mehrmals in meiner Gegenwart vorbildlich angewendet. Legendär war die Aktion, mit der er überprüfen wollte, wie schnell seine Befehle an der Basis umgesetzt wurden – dazu machte er einen Knick in das Emblem seines Panzerbérets, gab seinen direkt unterstellten Offizieren den Befehl, dies ebenfalls durchzuführen, und überprüfte anschließend mit seinen Adjutanten die Zeitspanne, bis die gewünschte Botschaft von den knapp 8000 Soldaten in die Tat umgesetzt wurde.

Der Leitgedanke meines früheren Kommandanten begleitet mich in meiner täglichen Arbeit. Natürlich kann man ein Unternehmen nicht genau gleich wie eine militärische Einheit führen. Die Mitarbeiter im gesamten Unternehmen sollen ja gerade ihre eigenen Ideen und ihr spezielles Know-how zugunsten des Unternehmenserfolgs einbringen. Dennoch ist es entscheidend, sicherzustellen, dass die Botschaften der Unternehmensführung nicht nur richtig verstanden, sondern auch angemessen interpretiert werden.

So scheint es mir naheliegend und außerordentlich wichtig, bei regelmäßigen, persönlich durchgeführten Interviews auf allen Stufen, oder bei Mitarbeiterinformationen und Gesprächen zu überprüfen, ob meine Botschaften und Ideen, über die verschiedenen Führungsebenen und über mehrere Landesgrenzen hinaus, richtig angekommen sind. Denn nicht immer verfügen alle Beteiligten über alle Hintergrundinformationen, die zur jeweiligen Botschaft geführt haben, und ziehen im schlimmsten Fall falsche Schlüsse aus der Botschaft.

Die Erfahrung lehrt, dass die fundamentalen Unternehmensbotschaften insbesondere dann richtig aufgenommen werden können, wenn diese auch direkt vom CEO in offener und einfacher Weise kommuniziert – und vorgelebt – werden.

Monique Bourquin

Empathie eröffnet dir eine neue Dimension

Monique Bourquin ist Mitglied in den Verwaltungsräten des Molkereikonzerns Emmi, des Gebäckherstellers Kambly, des Medizintechnik-Spezialisten Straumann, des Arzneimittel- und Kosmetikherstellers Weleda und im Stiftungsratsausschuss der Nichtregierungsorganisation Swisscontact. Seit 2017 hat sie als erste Frau die Präsidentschaft beim Schweizer Markenverband Promarca inne und unterrichtet an der ETH Zürich Change-Management im Rahmen eines Master-of-Advanced-Studies-Programms. Zuvor arbeitete Bourquin als Chief Financial Officer für die D-A-CH-Region sowie als General Manager für das Schweizer Geschäft beim britisch-niederländischen Konsumgütermulti Unilever. Vorausgegangen waren Stationen als Führungskraft bei Mövenpick Foods, Rivella und Knorr. Nach dem Abschluss ihres Studiums (Economy & Finance) an der Universität St. Gallen startete Bourquin ihre Laufbahn bei der Unternehmensberatung von PriceWaterhouseCoopers (PwC).

In meinem Fall stammt der wichtigste Rat, den ich je erhielt, von Mitarbeitern und Kollegen auf der gleichen Führungsebene bei meinem früheren Arbeitgeber Unilever. Dort haben wir regelmäßig sogenannte 360-Grad-Feedbackrunden durchgeführt, bei denen zwölf bis fünfzehn Teilnehmer gebeten werden, jemandem Rückmeldungen über die Leistung und Persönlichkeit zu geben. Weil diese Beurteilungen schriftlich erfolgten, sprich digital und anonym, kann ich den Rat keiner konkreten Person zuordnen – was nichts daran ändert, dass er für mich sehr wertvoll wurde. Und darum ging es: Im Jahr vor dieser Feedbackrunde hatte ich meine Tochter zur Welt gebracht. Klar freute ich mich über die positiven Rückmeldungen, wie strategisch, pragmatisch, entscheidungsfreudig und zielorientiert ich sei. Aber in den Bewertungen gab es auch diesen einen Satz, der davon abwich, mit dem ich aber besonders viel anfangen konnte: »Bring den Menschen in deiner Umgebung die gleiche Empathie entgegen wie deiner Tochter.« Später sollte sich herausstellen, dass mir dieser Rat tatsächlich ganz neue Erkenntnisse und Dimensionen eröffnete und in meiner Karriere eine wichtige Rolle spielen sollte. Bei mir fiel dieser Rat gleich auf fruchtbaren Boden, denn privat sagen meine Freunde und Verwandten immer, dass ich sehr empathisch sei. Nur

im Berufsleben hatte ich bis dahin mehr meine leistungsorientierte, sachliche und menschlich distanziertere Seite gezeigt.

Dabei ist gerade dort Empathie auch sehr hilfreich. Bringt man Mitarbeitern und Kollegen ehrliche Empathie entgegen und signalisiert ihnen so, dass sie einem auch als Mensch wichtig sind, öffnen sie sich wesentlich leichter und fassen viel mehr Vertrauen zu einem. Sie fühlen sich verstanden, ernst genommen und sind viel eher bereit, mehr von sich preiszugeben, was mir wiederum hilft, ihre Situation besser einzuschätzen und sie gezielter zu unterstützen und weiterzuentwickeln. Wenn ich emphatisch bin, kann ich viel besser erkennen, was wirklich zu diesem Menschen passt und was gleichzeitig ihm und dem Unternehmen etwas bringt. Das Ganze wirkt dabei in beide Richtungen. Wenn sich mein Gegenüber öffnet, werde auch ich viel mehr von mir erzählen und werde so meinen Kollegen und Mitarbeitern gegenüber auch als Mensch transparenter und greifbarer. Dieses gegenseitige Vertrauen, dass sich durch Empathie und offene Dialoge einstellt, ermöglicht es, eine echte Fehlerkultur im Unternehmen zu etablieren – also ein Klima, in dem jeder Fehler machen darf und aus ihnen lernen soll. Das ist eine Kultur, in der jeder er selbst sein kann. Empathie heißt auch, sich die Zeit zu nehmen für regelmäßiges, persönliches Feedback an die Mitarbeiter. In diesen Gesprächen werden Verbesserungspotenziale offen angesprochen und gute Leistungen mit Lob anerkannt. All dies bewirkt, dass Mitarbeiter viel eher bereit sind, selbst Risiken einzugehen, Entscheidungen zu treffen, Initiative zu ergreifen und Verantwortung zu übernehmen; so haben sie mehr Freude an ihrer Arbeit – alles wichtige Grundlagen für den Erfolg eines Unternehmens.

Dabei sind es oft ganz simple Dinge, die dabei helfen, die persönliche Beziehung zu den Menschen, mit denen man zusammenarbeitet, zu stärken. Wenn man zum Beispiel in ein Gespräch nicht sofort mit harten sachlichen Fakten einsteigt, sondern sich ganz einfach die Zeit nimmt, ernsthaft zu fragen »Erzähl mal, wie geht es dir?«, läuft das Gespräch ganz anders und viel persönlicher ab. Oder wenn man bei eigenen Präsentationen an die Belegschaft ganz klare Botschaften und Wünsche mit möglichst persönlichen Beispielen und Geschichten untermauert und in der Ich-Form spricht, statt verschwommene und allgemeine Man-Formulierungen zu benutzen, kommt das wesentlich offener, klarer und nahbarer rüber.

Ich kann wirklich sagen, dass die Integration der persönlichen Komponente in mein Handeln als Führungskraft mich wesentlich weitergebracht und mir eine völlig neue Dimension erschlossen hat. Als ich den Rat bekam, war ich 39 Jahre alt und hatte schon einige Erfahrungen in Führungspositionen. Er hat mir geholfen, mich persönlich stark weiterzuentwickeln, zwei Jahre später wurde ich zum Country Manager für die Schweiz bei Unilever befördert. Dieser Rat war für mich nicht nur eine sanfte Evolution, sondern ein magischer Moment, bei dem ich die Kraft von »Leadership« entdeckte und seither eine richtige Leidenschaft für dieses Thema entwickelte.

Richard Branson

Mach dich zum Narren – sonst überlebst du nicht

Der britische Unternehmer Sir Richard Branson gründete das Unternehmen Virgin, das er in den vergangenen mehr als 50 Jahren zu einer Unternehmensgruppe mit über 400 Unternehmen und etwa 50 000 Mitarbeitern ausbaute. Zur Gruppe gehören unter anderem die Fluggesellschaft Virgin Atlantic Airways sowie das private Raumfahrtunternehmen Virgin Galactic. Am Beginn stand der Schallplattenversand Virgin, ein Unternehmen, das er zu einem der erfolgreichsten der Musikbranche weiterentwickelte. Richard Branson ist auch durch seine Leistungen als Abenteurer bekannt.

Die Person, die mich am stärksten beeinflusst hat, war Freddie Laker. Er war Pilot der Berliner Luftbrücke gewesen und hatte sein Geld damit verdient, nach Ende des Zweiten Weltkriegs Güter nach Berlin zu fliegen. Er gründete eine Billigfluggesellschaft (Laker Airways, im Jahr 1966), deren Flugzeuge den Atlantik überquerten, und wurde dann von British Airways aus dem Geschäft gedrängt. Ich weiß nicht, ob ich ins Fluggeschäft eingestiegen wäre, wenn ich nicht gesehen hätte, was ihm passiert ist. Er war ein sehr charismatischer Mensch. Er legte sich mit den Großen an. Er wollte seine eigenen Flugzeuge fliegen. Er hat eine Menge Aufregung verursacht.

Damals war ich ungefähr 17 Jahre alt und betrieb eine kleine Plattenfirma. Ein paar Jahre später habe ich ihn zum ersten Mal getroffen. Ich dachte daran, meine eigene Fluggesellschaft zu gründen. Er gab mir folgenden Rat: »In puncto Werbemacht wird British Airways dir immer überlegen sein. Du musst an die Front und dich selbst als Werbung benutzen. Mach dich zum Narren – sonst überlebst du nicht.«

Und er gab mir noch einen Rat: »Sie (British Airways) werden alles versuchen, um dich auszutricksen. Wenn das geschieht, sind drei Wörter wichtig. Nur drei Wörter, aber du musst sie befolgen: Verklag die Mistkerle!«

Ich glaube, wenn ich British Airways nicht verklagt hätte (1992), hätte Virgin Atlantic nicht überlebt. Und wenn ich mich nicht selbst benutzt hätte, um für die Fluggesellschaft zu werben, hätte sie auch nicht überlebt.

Eines meiner Flugzeuge habe ich Laker zu Ehren Sir Freddie genannt.

Detlef Braun

Vertrauen ins Leben, zu sich selbst und zu den Mitmenschen

Seit Oktober 2004 ist Detlef Braun Geschäftsführer der Messe Frankfurt. Zuvor war er in New York, Tokio und Paris in verschiedenen Geschäftsführungs- und Managementfunktionen internationaler Konzerne in den Bereichen Marketing und Vertrieb tätig, unter anderem bei Philip Morris International und Joh. A. Benckiser GmbH. Des Weiteren war Braun tätig als Geschäftsführer der Joop! GmbH und als Chairman & CEO Zentral- und Nord-Europa der WPP Group, J. Walter Thompson. Er ist darüber hinaus in diversen Unternehmen, Beiräten und Kuratorien tätig. Weiterhin übt Detlef Braun einen Lehrauftrag an der Dualen Hochschule Baden-Württemberg (DHBW) Mannheim aus.

Der amerikanische Dichter Robert Lee Frost (1874–1963) brachte es auf den Punkt: »Was ich vom Leben gelernt habe, kann ich in drei Worte fassen – es geht weiter.« Das ist ein beruhigender Rat, den ich der jüngeren Generation gerne mitgeben würde. Egal wie groß die Herausforderungen auch sein mögen, egal wie hoch die nächste Hürde ist, es gibt keinen Grund, vor Angst zu erstarren. Es wird weitergehen, vielleicht anders als gedacht, aber es wird weitergehen. Das Wichtigste dabei ist, seine eigenen Grenzen zu überwinden.

Ich persönlich hatte das große Glück in meinem Leben, mit einer Menge Vertrauen ausgestattet worden zu sein. Ich durfte vertrauen. In meine Eltern, meine Freunde, die Menschen, die mir nahestanden. Andersherum konnte man mir vertrauen. Ich wusste um den Wert dieses Spiels von Geben und Nehmen. Erst später habe ich erkannt, welches Privileg, das ist. Denn ich lernte Menschen kennen, die anderen mit Misstrauen begegneten und Misstrauen säten, wo immer sie mit anderen zu tun hatten.

Ich bin gut damit gefahren, nicht abzukommen von meinem Weg, vertrauensvoll durch das Leben zu gehen und zunächst positiv zu denken. Der Sport, ein großer Teil meines Lebens, hat mir dabei geholfen, dieses Gefühl zu verinnerlichen und mich selbst und meine Grenzen immer besser kennenzulernen und auszuloten, um sie dann zu überwinden. Nur weil ich mir vertraue, kann ich auch anderen vertrauen. Was gibt es Schöneres, als anderen Menschen etwas zuzutrauen und ihnen die nötige Sicherheit zu geben? Sie glauben gar nicht, wie häufig ich am Ende positiv überrascht und belohnt werde für einen kleinen Vertrauensvorschuss am Anfang. Als Geschäftsführer der Messe Frankfurt bin ich für eines der weltweit führenden Messeunternehmen verantwortlich. Viele unserer Mitarbeiter leisten jeden Tag Großartiges an ihrem Arbeitsplatz. Ich bin überzeugt davon, dass es wichtig ist, ihnen Freiräume zu lassen, und das kann ich, weil ich meinen Mitarbeitern vertraue. Ebenso wichtig ist es, im offenen Dialog zu bleiben. Ich persönlich schätze ehrliche Worte sehr und bin auch bereit, Kritik an mir selbst zuzulassen. Eine Entschuldigung beispielsweise schafft Authentizität, die mir wichtig ist. Diese Wertethematik in Unternehmen erfordert tägliche Arbeit. Denn nur eine nachhaltige Auseinandersetzung mit Werten ist glaubwürdig und sinnvoll.

Thomas Bruch
Vielleicht gibt es gar kein Hindernis?

Thomas Bruch leitete als geschäftsführender Gesellschafter das Einzelhandelsunternehmen Globus SB-Warenhaus Holding, das er als Familienunternehmen in fünfter Generation führte. Die Globus Gruppe umfasst heute 46 SB-Warenhäuser, 78 Baumärkte, neun Elektrofachmärkte und zwei Globus-Drive-Stationen in Deutschland, zwei Baumärkte in Luxemburg und 21 Hypermärkte in Tschechien und Russland. Globus hat rund 35 000 Mitarbeiterinnen und Mitarbeiter und trägt seit 2008 das Zertifikat »berufundfamilie« für besonders mitarbeiterorientierte Personalpolitik. Globus belegt aufgrund der gelebten Kundenorientierung regelmäßig einen der vordersten Ränge im Kundenmonitor Deutschland. Im Jahr 2020 übergab Thomas Bruch die Geschäftsführung der Globus Holding an seinen Sohn Matthias.

Wir alle stehen immer wieder vor neuen Aufgaben, vor Herausforderungen, die es zu bewältigen gilt. Oft stellen sich uns dabei Probleme oder Hindernisse in den Weg, die nicht leicht zu überwinden sind. Dazu gibt Franz Kafka eine Empfehlung. Er sagt: »Verbringe nicht die Zeit mit der Suche nach einem Hindernis. Vielleicht ist keines da.«

Heute würde man sagen: Es geht darum, von der Problemorientierung zur Lösungsorientierung zu kommen. Es geht darum, zu einer zukunftsgerichteten Betrachtung zu gelangen. Es geht darum, die eigenen Gedanken ins Konstruktive und den Blick auf das Positive und auf neue Möglichkeiten zu lenken.

Meine Erfahrung hat mich gelehrt, dass genau dieses weiterführt: An sich selbst zu arbeiten, sich zu öffnen für neue Gedanken und neue Wege – das ermöglicht aktive Zukunftsgestaltung. Den Rat von Franz Kafka habe ich vor vielen Jahren in meinem Arbeitszimmer an die Wand gehängt – und seitdem versuche ich, ihn nicht aus den Augen zu verlieren.

Thomas Buberl

Mehr Vorsehen als Vorstehen

Dr. Thomas Buberl ist seit 2016 Vorstandsvorsitzender des französischen Versicherungskonzerns AXA. Nach seiner Ausbildung zum Bankkaufmann, seinem Studium der Betriebswirtschaftslehre in Koblenz und Lancaster und seiner Promotion in St. Gallen, begann er seine Berufslaufbahn 2000 als Consultant in den Bereichen Banken und Versicherungen bei der Boston Consulting Group in München, Chicago und Zürich. 2005 wechselte Dr. Buberl zur AXA Versicherung Schweiz als Chief Distribution and Marketing Officer. Von 2008 bis 2012 war er Chief Executive Officer der Zurich Financial Services Schweiz. 2012 kam Buberl zurück zur AXA und wurde dort Vorsitzender des Vorstands der AXA Konzern AG und Mitglied im Executive Committee der AXA Gruppe. 2016 übernahm Thomas Buberl als Nachfolger des langjährigen CEOs und Chairman von AXA, Henri de Castries, die Leitung des gesamten AXA-Konzerns in Paris.

Den wichtigsten Rat meiner bisherigen beruflichen Laufbahn erhielt ich von Martin Werlen, Benediktinerabt im Kloster Einsiedeln in der Schweiz.

Abt Martin Werlen ist bekannt dafür, die Parallelen zwischen den Herausforderungen des heutigen Managementalltags und denen des Zusammenlebens im Kloster prägnant und eindrucksvoll darzulegen. Im Kloster werden alltägliche Herausforderungen anhand der über 1500 Jahre alten Regel des heiligen Benedikts von Nursia gelöst. Insbesondere dem Abt, als oberster Führungskraft, wird laut dieser Regel eine wichtige Rolle zuteil: Er soll »mehr vorsehen als vorstehen«, sich also hauptsächlich mit der zukünftigen Richtungsvorgabe für das Kloster befassen und die Gemeinschaft davon überzeugen.

Diese Philosophie sollte auch in unseren Unternehmen stärkeren Einzug finden. Zu oft beschäftigen wir uns mit Kontrollberichten beziehungsweise Kontrollinstanzen. Der Fokus des Handelns liegt somit zu stark auf dem Vorstehen im Sinne eines Ex-post-Blickes, das Vorsehen kommt zu kurz. Damit geht die Fähigkeit verloren, das Unternehmen zielgerecht und strategisch vorausschauend für die Zukunft auszurichten. Die Aufgabe eines CEOs ist es aber, unser eigenes Handeln und unsere Arbeitszeit noch stärker auf die

Zukunft auszurichten, um die kommenden Herausforderungen adäquat zu antizipieren.

Um uns dafür die nötigen Freiräume zu schaffen, müssen wir die richtigen Führungskräfte auswählen und Aufgaben konsequent an sie delegieren. Genauso wichtig ist es aber auch, diejenigen Mitarbeiter einzubeziehen, die selten gehört werden. Diese Mitarbeiter arbeiten oft in operativen Einheiten und in Bereichen mit direktem Kundenkontakt und haben dadurch vielfach Erkenntnisse, die in die klassischen Konzernprozesse nicht oder nur unzureichend einfließen. Wenn man sich regelmäßig die Zeit nimmt und mit ihnen spricht, dann – so meine Erfahrung – erlebt man, wie erstaunlich hoch ihr Problembewusstsein und ihr Ideenreichtum sind. Sie haben Lösungen für verschiedene strategische und operative Herausforderungen parat, aber oft hört keiner hin, und niemand setzt sich damit kritisch auseinander. Auch im Benediktinerkloster wird jeder Mönch der Gemeinschaft dazu ermutigt, seine Meinung zu äußern, Verantwortung zu übernehmen und zur Entscheidungsfindung beizutragen, was dem Abt erst das konsequente Vorsehen ermöglicht.

Schaffen wir es, unseren Führungskräften und Mitarbeitern nachhaltig zu vermitteln, dass ihre Ansichten sehr wichtig für die zukünftige Ausrichtung des Unternehmens sind und auch berücksichtigt werden, zieht man sie automatisch stärker in die Verantwortung. Diese Wertschätzung motiviert Mitarbeiter ungemein und gibt den CEOs die Grundlage und die Freiräume, ausreichend vorzusehen.

Warren Buffett

Du hast recht – nicht weil andere dir zustimmen, sondern weil deine Fakten stimmen

Warren Buffett ist Chairman und CEO von Berkshire Hathaway, einem der erfolgreichsten Beteiligungsunternehmen weltweit. Buffett wird wegen seines außergewöhnlichen Sinns für profitable Investmententscheidungen auch das »Orakel von Omaha« genannt. Als Value Investor verfügt Buffett über große Beteiligungen an weltweit führenden Unternehmen.

Ich hatte zwei Mentoren: meinen Vater, Howard Buffett, und Ben Graham. Ich habe diese beiden Männer verehrt und unzählige gute Ratschläge von ihnen bekommen. Aber wenn ich daran denke, was sie mir gesagt haben, fällt mir zuallererst ein schlechter Rat ein.

Ich war fast 21, als das 1951 passierte, und kam frisch von der Wirtschaftshochschule in Columbia. Dort hatte ich nur Bens Kurs belegt – und ich war der wissbegierigste Student, den Sie je gesehen haben. Ich wollte für Ben bei der Graham-Newman Corp. arbeiten, und ich war zu ihm gegangen und hatte ihm angeboten, umsonst zu arbeiten. Er sagte Nein.

Aber ich wollte immer noch unbedingt ins Wertpapiergeschäft, und da haben Ben und mein Dad mir den falschen Rat gegeben. Sie fanden beide, es sei der falsche Zeitpunkt, um anzufangen. Sie dachten daran, dass der Dow-Jones-Index das ganze Jahr über 200 gelegen hatte und es noch kein einziges Jahr gegeben hatte, in dem er nicht unter 200 gefallen wäre. Deshalb sagten sie mir beide: »Du wirst deinen Weg machen, aber jetzt ist nicht der richtige Moment, um damit anzufangen.«

Allerdings gibt es eine Sache, die meinen Dad vielleicht beeinflusst hat, und auch Ben. Ich war so unreif. Ich sah nicht nur jung aus, ich benahm mich auch so. Ich war spindeldürr. Meine Haare sahen schrecklich aus. Vielleicht wollten sie mir mit ihrem Rat auf freundliche Weise sagen, dass ich erst ein bisschen erwachsener werden sollte, bevor ich Aktien verkaufte, da ich sonst auf die Nase fallen würde. Aber das haben sie mir eben nicht so gesagt. Doch

ONE DOLLAR

ich habe sowieso nicht auf sie gehört. Ich ging zurück nach Omaha und begann, bei Buffett Falk, der Firma meines Vaters, Wertpapiere zu verkaufen.

Mein Vater war völlig unabhängig in seinem Denken. Das hat wohl meine eigene Denkweise ein bisschen beeinflusst, wenn es darum geht, Aktien zu kaufen. Ben hat mir da auch einiges beigebracht. Er sagte: »Du hast nicht recht oder unrecht, weil andere dir zustimmen oder nicht. Du hast recht, weil die Fakten und deine Überlegungen stimmen.«

Nun, Ben – ich fing an, von ihm zu lernen, als ich an der Universität von Nebraska seine Bücher über Investieren las. Bis dahin hatte ich alle möglichen Investitionsarten ausprobiert, aber was er sagte, vor allem in *Intelligent Investieren*, hat mir die Augen geöffnet – Konzepte wie »Sicherheitsmarge« und wie man »Mr. Market« benutzt, anstatt sich von ihm benutzen zu lassen. Dann ging ich nach Columbia, nur um seinen Kurs zu besuchen, und bekam später diese Abfuhr, als ich für ihn arbeiten wollte. Aber diese Idee ging mir nicht aus dem Kopf, als ich nach Omaha zurückging. Ich versuchte weiterhin, für Ben Aktien zu verkaufen und ihn gewissermaßen ein bisschen zu piesacken. Und schließlich, 1954, kam der Tag, an dem ich einen Brief von ihm erhielt, in dem stand so ungefähr: »Wenn du das nächste Mal in New York bist, würde ich gern mit dir über etwas reden.« Ich war entzückt! Und habe natürlich dafür gesorgt, dass ich so schnell wie möglich in New York war.

Ich fing im August 1954 an, für Ben zu arbeiten, ohne je nach der Höhe meines Gehalts gefragt zu haben. Wie sich zeigte, waren es 12 000 Dollar, und im nächsten Jahr bekam ich noch eine Prämie von 2000 Dollar dazu. Ich arbeitete für beide Teile des Unternehmens: Graham-Newman war ein reguliertes Investmentunternehmen und Newman & Graham Ltd. das, was wir heute einen Hedgefonds nennen. Aber zusammen verwalteten sie nur zwölf Millionen Dollar.

Walter Schloss und ich – obwohl er ziemlich bald wegging und einen Hedgefonds auflegte – arbeiteten in einem kleinen Raum zusammen. Wir hatten viel Spaß miteinander, aber gleichzeitig studierten wir sehr genau die Handbücher auf der Suche nach billigen Aktien. Wir haben uns kein einziges Unternehmen an Ort und Stelle angeschaut. Ben war der Meinung, das wäre geschummelt. Und wenn wir etwas Tolles entdeckten, war Ben bereit, 50 000 Dollar reinzustecken. Anfang 1956 wollte Ben die Firma verlassen und nach

Kalifornien gehen. Und ich hatte zu dem Zeitpunkt bereits beschlossen, nach Omaha zurückzukehren. Es ist mir schrecklich schwergefallen, es Ben zu sagen: Ich ging in sein Büro, schnell wieder raus, dann wieder rein, aber ich brachte es einfach nicht über die Lippen, und das ging eine ganze Zeit lang so. Aber er hat ungefähr so reagiert, wie mein Vater es wohl getan hätte: »Was immer am besten für dich ist.«

Ende 1950 hatte ich 9800 Dollar und 1956 waren es 150 000 Dollar. Ich glaubte, damit könnte ich wie ein König leben. Und ich wusste nicht so recht, was ich in Omaha tun sollte. Vielleicht Rechtswissenschaft studieren. Ich hatte keinen Plan. Und ich wusste absolut nicht, dass ich eine Investitionspartnerschaft gründen würde. Aber ein paar Monate später baten mich sieben Leute, ihr Geld für sie anzulegen, und eine Partnerschaft war dafür die beste Lösung. Und so hat alles angefangen.

Paul Bulcke

Volles Engagement, aber mit Distanz

Paul Bulcke ist seit 2017 Präsident des Verwaltungsrats des Schweizer Nahrungsmittel-Multis Nestlé. Dort hat der belgisch-schweizerische Manager bereits seit 1979 unterschiedliche internationale Führungspositionen inne, etwa in Südamerika und Europa. Von 2000 bis 2004 war er Chef des Deutschlandgeschäfts, anschließend übernahm er die Führung der Zone Amerikas (USA, Kanada, Lateinamerika und Karibik), die er bis 2008 leitete. Von 2008 bis 2016 war er Vorsitzender der Konzernleitung von Nestlé. Bulcke studierte Wirtschaftsingenieurwesen in Leuven und absolvierte in Gent ein Aufbaustudium in Management, bevor er als Finanzanalyst der Scott Graphics Int. seine Berufslaufbahn begann. Neben seiner Tätigkeit für Nestlé hat er verschiedene Verwaltungsratsmandate inne und engagiert sich beim Weltwirtschaftsforum Davos.

Den wertvollsten Rat oder Gedanken erhielt ich während einer Fortbildung, an der ich teilnahm, nachdem ich bereits einige Jahre Erfahrung im Berufsleben gesammelt hatte, vom indischen Professor Jagdish Parikh. Der Leiter des Seminars machte mich mit dem Konzept des »Detached Involvement«

vertraut, welches beinhaltet, an Menschen, Geschehnissen oder Projekten mit Passion beteiligt zu sein, aber dennoch eine gewisse professionelle Distanz zu wahren, die es einem ermöglicht, die Dinge klar zu sehen und richtig zu agieren – quasi »losgelöstes Beteiligtsein«. Dieses Konzept, das mittlerweile in der Managementlehre fest etabliert ist, hat mich sofort überzeugt und mein berufliches Handeln fundamental geprägt. Der Grund dafür ist, dass »Detached Involvement« in ausgesprochen vielen Lebensbereichen eine ebenso wichtige wie nützliche Rolle spielen kann. Im Zentrum steht naheliegenderweise das eigene Leben, bei dem man die stärkste Beteiligung empfindet und in dem man der Hauptdarsteller ist. Genau deshalb ist es hier extrem hilfreich, regelmäßig aus der eigenen Position und Person gleichsam herauszuschlüpfen (also auf die Zuschauerränge zu wechseln) und andere Perspektiven einzunehmen. Das ermöglicht es zum einen, sich selbst als Mensch neu einzuordnen, zum anderen aber auch, konkrete Handlungen aus einer anderen Perspektive zu betrachten. Dadurch erkennt man die korrekten Relationen, bleibt demütig und verhindert, sich selbst zu wichtig zu nehmen (ein Problem, unter dem nicht wenige Menschen leiden). Den Blick bisweilen von außen auf die eigene Person zu lenken, hilft aber auch, richtige Entscheidungen zu treffen und überhaupt mit der Intensität klarzukommen, die anspruchsvolle Positionen mit sich bringen. Von einer zeitweise eingenommenen externen Position heraus lässt sich viel leichter erkennen, ob die Work-Life-Balance, die man anstrebt, auch wirklich erreicht wird.

Gerade, wenn man schon 15 oder 20 Jahre an der Karriere gearbeitet hat, ist dieses Vorgehen wichtig. Dann hat man schon einiges an Erfahrung mit dem »richtigen Leben« und vor allem im Job. Die ganz heiße Phase der Entwicklung im Beruf ist geschafft, und es ist an der Zeit, sich selbst als Mensch ganzheitlich einzuordnen und das zu erreichen, was man wirklich möchte.

Das Konzept des »Detached Involvement« erleichtert es auch, Dinge einfach zu halten. Beim Blick von außen werden die Umrisse der Sachverhalte klarer erkennbar, die Unterscheidung zwischen Wichtigem und Unwichtigem fällt leichter. »To keep it simple« hatte für mich immer eine hohe Priorität, denn dieses Prinzip ist unerlässlich, wenn man Projekte durchziehen möchte – besonders, wenn man andere Menschen daran beteiligen will und eine Führungsfunktion auszufüllen hat. Die »Message« muss immer einfach und klar verständlich sein. In diesem Sinne verbindet »Detached Involvement« auf ideale Weise die Fähigkeit, sich selbst zu managen, mit jener, andere effektiv anzuleiten.

Ich selbst jedenfalls gebe Kolleginnen und Kollegen, die etwa aufgeregt oder verärgert in mein Büro kommen, vielleicht, weil sie sich ungerecht behandelt oder übergangen fühlen, oft den Rat, sich einmal kurz von ihrem Ärger und ihrer Person zu lösen, sich selbst zu »detachen«. Ich gebe ihnen dann oft das kleine Büchlein des indischen Professors, das auch mir schon so viel gebracht hat. Meistens hilft das, und sie können die Vorkommnisse relativieren und gelassener sehen. Besonders schön ist es, wenn man später über Dinge lachen kann, die einen zuvor noch sehr geärgert haben – denn Humor, auch wenn es um die eigene Person geht, hilft am besten, Probleme und Herausforderungen in ihrer tatsächlichen Größe und Wichtigkeit zu erkennen.

Nikolai Burkart

Nur saubere Geschäfte sind gute Geschäfte

Nikolai Burkart ist Unternehmer und Investor im Gesundheitssektor. Er fungiert unter anderem als Geschäftsführer von Vitanas, einem der größten privaten Pflegeheimbetreiber Deutschlands. Zu Burkarts Gruppe gehört auch die Hamburger Pflegeeinrichtung Pflegen & Wohnen. Der Health Care Entrepreneur engagiert sich darüber hinaus auch im Bereich der personalisierten Medizin, der regenerativen Medizin sowie der Telemedizin.

Den besten Rat meines Lebens gab mir mein Vater mit auf den Weg. Das war Anfang der 1990er-Jahre, direkt nach dem Fall der Mauer. Ich lebte zuvor in Irland und war in geschäftlichen Dingen noch ein ziemlicher Frischling, als mich meine Familie nach Berlin schickte. Ich sollte in der Aufbruchsstimmung der wiedervereinigten Metropole eine von unserem Familienunternehmen Zehnacker abgespaltene Einheit aufbauen, welche mit einem Unternehmen verschmolzen wurde, das einen Verlustvortrag von mehreren Millionen hatte. Die neue Gesellschaft Zehnacker Berlin hatte nun die Herausforderung, sich schnell und erfolgreich am Markt zu positionieren, um den Verlustvortrag steuermindernd ausschöpfen zu können. Anfangs war das eine kleine Bude, die mit einem Umsatz von gerade einmal einer Million D-Mark Dienstleistungen für Kliniken anbot und noch keinen Gewinn erwirtschaftete.

Wie in diesem Geschäftsfeld üblich, werden Aufträge nach öffentlichen Ausschreibungen an den günstigsten Anbieter vergeben. Auch wir erhielten auf diesem Weg unseren ersten bedeutenderen Auftrag von einem Klinikum aus den neuen Bundesländern. Später gab uns dieser Kunde zu verstehen, dass er sehr zufrieden mit uns sei und uns gerne einen weiteren, wesentlich größeren Auftrag erteilen wolle. Allerdings: Bei diesem Treffen schob mir mein Gesprächspartner ein Bestellformular für einen sehr edel ausgestatteten Mercedes über den Tisch – mit dem Hinweis, das sei der PKW, den er sich wünschen würde. Ich war perplex und bat mir etwas Bedenkzeit aus. Ich ging sofort zu meinem Vater und fragte, was ich tun solle. Seine Antwort kam unverzüglich und klar: »Über so etwas darf man nicht einmal nachdenken. Gib ihm das Ding zurück. Dann wirst du zwar auch den bereits bestehenden Auftrag verlieren, aber du gehst sauber in die Zukunft.« Tatsächlich hat dann ein Anbieter aus Bayern, der sich obendrein bereit erklärt hatte, die Tochter des Klinikchefs anzustellen, die Ausschreibung gewonnen, und wir haben auch unseren alten Vertrag eingebüßt.

Die Maxime, unethische Geschäftspraktiken unbedingt zu vermeiden, auch wenn das kurzfristig einen lukrativen Auftrag kosten kann, hat mich seither durch mein Leben begleitet, und oft dachte ich in ähnlichen Situationen: »Bleibe integer und sauber. Wenn du unbelastet in die Zukunft gehst, wirst du langfristig bessere und befriedigendere Geschäfte abschließen. Du kannst dann immer frei agieren und das Richtige und Nötige tun.«

Leider war der geschilderte Vorfall zu Beginn meiner beruflichen Laufbahn keineswegs das einzige Mal, dass ich in meinem Berufsleben dubiose Praktiken beobachten musste. Ein weiteres Beispiel: Um einiges später, ich glaube, das war im Jahr 2005 und ebenfalls in Berlin, nahm eine unserer Tochtergesellschaften in einem Konsortium an einer Ausschreibung teil, bei der es um Facility Management und Medizintechnik ging. Wir waren in unserem Bereich die günstigsten, aber unser Konsortialpartner war in seinem Bereich zu teuer. Der Senat hätte rechtlich eindeutig die Möglichkeit gehabt, uns einen anderen, günstigeren Partner für den zweiten Bereich zuzuweisen – und diesem dann insgesamt preiswerteren Konsortium den Auftrag zu erteilen. Das hätte der ohnehin chronisch klammen Stadt jedes Jahr rund 20 Millionen Euro gespart. Aus uns damals nicht erklärlichen Gründen wurde auf diese Möglichkeit verzichtet und das Geld unnötig ausgegeben. Später erfuhr ich dann, dass die Auftragsvergabe auf »parteipolitischem Wege« erfolgt sei. Der frühe Rat meines Vaters war stets das wichtigste Handlungsprinzip für mich.

Auf dieser Basis konnte ich alle Entscheidungen glasklar treffen – ohne lange darüber nachzugrübeln oder unsicher zu werden. Ich denke auch immer an das Politiker-Bonmot, dass man durchaus ein dickes Fell haben müsse, dass dieses Fell aber wiederum nicht so dick sein darf, dass man ohne Rückgrat stehen kann.

Michael Buscher

Erziehe nicht deine Kunden, sondern führe deine Mitarbeiter

Dr. Michael Buscher ist Gründer und Hauptaktionär der CITTTIC AG, die mittelständische Industrieunternehmen erwirbt und entwickelt. Er war bis 2014 Vorstandsvorsitzender der Knorr-Bremse AG. Zuvor leitete er als CEO die Sanierung des börsennotierten und ebenfalls weltweit agierenden Schweizer Technologiekonzerns OC Oerlikon. Er verfügt über mehr als ein Vierteljahrhundert Erfahrung in Fach- und Führungspositionen der Schienenverkehrs- und Zulieferindustrie.

Dankenswerterweise habe ich in den zurückliegenden Jahren viele durchdachte Ratschläge erhalten, die für bestimmte Situationen sehr hilfreich waren. Der Rat »Erziehe nicht deine Kunden, sondern führe deine Mitarbeiter« lässt sich jedoch in viele Bereiche übertragen. Deshalb möchte ich diesen in Erinnerung an den sehr erfahrenen und leider viel zu früh verstorbenen Rolf Gammert, Großprojektleiter der ABB Daimler Benz Transportation, hervorheben.

Rolf, den immer die Zielerreichung und die dazu erforderlichen Menschen interessierten, gab mir seinen Rat, als ich mit Anfang 30 die technische Leitung für ein milliardenschweres Projekt übertragen bekam. Unser Kunde hielt damals die gesamte Organisation mit immer neuen Nachfragen, Ideen und Änderungsforderungen auf Trab. Um Terminverzögerungen und Kostenüberläufe zu vermeiden, wollte ich eine Besprechung mit den wesentlichen Vertretern unseres Kunden organisieren, um diesen die unstrukturierten Kontakte zu unseren Abteilungen zu untersagen. Doch Rolf meinte nur: »Erziehe nicht deine Kunden, sondern führe deine Mitarbeiter.«

Rolf wollte mit diesem Rat verdeutlichen, dass man seine Kunden und deren Wünsche grundsätzlich respektieren und ernst nehmen soll. Wichtig ist, was die Organisation aus den Erwartungen der Kunden macht. Sofern diese – intelligent umgesetzt – auch für das Unternehmen Mehrwert generieren, sollte man die Kundenanforderungen erfüllen oder sogar übertreffen. Das führt zu langfristigen Kundenbindungen. Diesem Rat folgend sammelten wir alle die an den verschiedensten Stellen der Organisation eingespeisten Kundenwünsche und entschieden in strukturierter Form, ob wir diese kostenlos, gegen Bezahlung oder gar nicht ausführen. Am Projektende hatten wir einen zufriedenen Kunden und zusätzliche Einnahmen gewonnen.

Oft habe ich Rolfs Rat auch in der Zusammenarbeit mit meinen Vorgesetzten, Verwaltungs- und Aufsichtsräten sowie Investoren beherzigt. Letztendlich sind sie Kunden beziehungsweise Auftraggeber, denen zunächst immer zuzuhören ist und deren Anforderungen zum Wohle der Firma intelligent umzusetzen sind. Nur wenn dies nach gewissenhafter Prüfung aller Optionen nicht möglich ist, sollte man von seinen Kunden im weitesten Sinne keine Aufträge mehr annehmen. Eine solche Entscheidung muss dann aber auch konsequent umgesetzt werden.

Wichtig ist zu erkennen, welche Randbedingungen man verändern kann und sollte – und welche nicht. So wird ein einzelnes Unternehmen scheitern, wenn es darauf vertraut, dass sich makroökonomische Rahmenbedingungen den eigenen Bedürfnissen anpassen. Besser ist es, seine Organisation und deren Mitarbeiter im Rahmen der gegebenen Umfeldbedingungen weiterzuentwickeln. So ziehe ich es tagtäglich vor, meine Mitarbeiter aktiv zu führen, anstatt Dinge beeinflussen zu wollen, die ich nicht beeinflussen kann oder sollte.

Danke, Rolf.

Alain Caparros

Kleiner Rat mit großer Wirkung

Alain Caparros begann seine berufliche Laufbahn beim Kosmetikkonzern Yves Rocher. 1994 wechselte er zum europäischen Discount-Marktführer Aldi und wurde Generaldirektor von Aldi Frankreich. 1999 übernahm er als Vorstandsvorsitzender von Aldi Service Plus (ASP) die Verantwortung für das in Frankreich führende Unternehmen in der Gastronomiebelieferung. Ab 2000 war Caparros zugleich in der Geschäftsführung des damaligen ASP-Gesellschafters Bon-Appétit-Gruppe in der Schweiz für den Abhol- und Belieferungsgroßhandel im Gastronomiebereich zuständig und ab 2003 CEO der Bon-Appétit-Gruppe, die von der REWE Group übernommen wurde. 2004 wurde er Mitglied der REWE-Unternehmensleitung, 2006 Vorstandsvorsitzender der REWE Group. 2010 wurde Caparros in den Aufsichtsrat von Karstadt berufen und zu dessen Vorsitzenden gewählt. 2011 trat er von diesem Posten zurück. Von 2014 bis 2015 war er Präsident der Core, einer Beschäftigungsallianz europäischer Einzelhandelsketten. 2017 wechselte er zum Bekleidungsunternehmen C&A. Aus gesundheitlichen Gründen gab Alain Caparros 2019 seinen Chefposten bei C&A auf.

Wenn man mich fragt, was der beste Rat war, den ich in meinem Berufsleben bekommen habe, dann fällt mir der frühere Vorstandsvorsitzende der Metro-Gruppe, Hans-Joachim Körber, ein. Ich war vor vielen Jahren Geschäftsführer der Schweizer Bon-Appétit-Gruppe und hatte den Auftrag, dieses Handelsunternehmen zu verkaufen. Körber gab mir den Rat, mich an Hans Reischl zu wenden, der damals Vorstandsvorsitzender der Kölner REWE Group war. Körber sagte mir: »Gehen Sie zu Reischl. Der sucht nach Optionen, und der hat viele Freiheiten.« Tatsächlich konnte ich 2003 die Bon-Appétit-Gruppe an die REWE verkaufen – aber Reischl war sehr schlau und hat dem Verkauf nur unter der Bedingung zugestimmt, dass ich mit zur REWE komme. Ohne diesen Deal wäre ich damals nicht bei REWE und wahrscheinlich nie an der Spitze der REWE Group gelandet.

Diese Anekdote verdeutlicht, dass es in vielen Fällen eben nicht eine große philosophische Weisheit ist, die einem jemand als Rat mitgibt und die dann einen beruflichen oder privaten Weg bestimmt. Sondern es ist manchmal nur ein ganz einfacher, aber guter Tipp – und das Schicksal nimmt seinen Lauf.

Trotzdem gibt es einen weiterreichenden Rat, den ich erst vor wenigen Jahren kennengelernt habe und der mich sehr beeindruckt hat. Deshalb gebe ich diesen Rat an junge Menschen weiter. Denn ich glaube, er spiegelt eine sehr wichtige Grundeinstellung wider. Dieser Rat stammt von Apple-Gründer Steve Jobs. Er hat ihn bei einer Abschlussfeier der amerikanischen Stanford University den Absolventen gegeben. Und es war zugleich sein persönliches berufliches Credo: »Stay hungry, stay foolish.« Ich las diesen Rat und dachte: »Ja, das trifft den Kern der Sache.« Gib dich nicht einfach mit dem zufrieden, was du hast oder tust. Sondern horche immer wieder in dich hinein und frage dich: »Tue ich wirklich das, was ich tun will?« Was könnte ich anders oder besser machen? Das verstehe ich unter »hungrig bleiben«. Und das »verrückt bleiben« ist dazu die komplementäre Idee. Denn nur, wenn man ein bisschen verrückt ist – und mutig –, bringt man die Energie auf, etwas völlig Neues zu denken und auszuprobieren und schließlich auch tatsächlich etwas grundlegend zu verändern. Ich glaube an die Kraft der Innovation. Ich bin überzeugt davon, dass die Idee der »schöpferischen Zerstörung«, die der Ökonom Joseph Schumpeter als Triebkraft einer positiven wirtschaftlichen Entwicklung ansah, so richtig und lebendig ist wie eh und je. Deshalb brauchen wir Menschen, die Steve Jobs' Rat folgen: »Stay hungry, stay foolish.«

Dario Casari
Hör genau zu und mach dir ein eigenes Bild

Dario Casari ist Country Manager von Samsung Schweiz. Davor war er in der Position des Sales Director tätig, wo er für die Leitung des operativen Geschäfts von Samsung Schweiz verantwortlich zeichnete. Der Zürcher verfügt über einen Executive Master-Abschluss der Universität Zürich und sammelte zunächst Erfahrungen in den Bereichen Marketing und Distribution international tätiger Unternehmen, bevor er im Jahr 2007 zu Samsung Schweiz wechselte. Er prägte maßgeblich die erfolgreiche Entwicklung des Unternehmens auf dem Schweizer Markt.

Der beste Ratschlag, den ich in meinem Leben erhielt, stammt von meinem Vater: »Hör genau zu und mach dir ein eigenes Bild.« Wie wichtig das ist, zeigte er mir anhand einer Geschichte aus seinem Berufsalltag. Als ich noch klein war, erzählte mir mein Vater oft von seiner Arbeit. Er war an der Drehbank in einer Werkzeugmaschinenfabrik tätig, in der es fortwährend um Profit-Optimierung und -Maximierung ging. Ein Ingenieur, der die Aufgabe hatte, den Output der Maschinen zu steigern, ordnete eine Erhöhung der Drehzahl bei der Maschine an, an der mein Vater arbeitete. Dieser kannte jedoch seine Maschine in- und auswendig und erwiderte mit dem Einwand, eine höhere Drehzahl würde dazu führen, dass die sehr teuren Messer an der Maschine kaputtgingen. Sein Widerstand half nichts. Ihm wurde sogar mit Kündigung gedroht, falls er der Anordnung nicht folge. Also sah er sich gezwungen, die Maschine schneller laufen zu lassen. Prompt gingen die Messer, die hauchdünnes Metall abschneiden sollten, kaputt.

Mich beeindruckte diese Erzählung sehr. Ich fragte mich immer wieder: »Wieso hat der Ingenieur nicht zugehört und den Einwänden und Argumenten meines Vaters keinen Glauben geschenkt?« Seine Berechnungen und Überlegungen zur Optimierung waren sicher richtig, doch er übersah Faktoren wie Temperatur, Feuchtigkeit und dergleichen. Schlimmer war aber: Er hörte nicht zu, als mein Vater, der es aus eigener Erfahrung besser wusste, ihn darauf hinwies. Vor lauter Analysen vergaß er, sich selbst einmal die Maschine anzuschauen. Hätte er dies getan, so wären ihm die seltsamen Geräusche aufgefallen, die bei erhöhter Drehzahl zu hören waren.

Heute erlebe ich täglich, wie essenziell das Zuhören und der eigene Eindruck sind. Viele Menschen sitzen den ganzen Tag in ihren Büros, schauen sich die Zahlen an und treffen dann Entscheidungen. Ich dagegen gehe immer aus meinem Büro raus. Ich will stets den Double-Check bei einer Entscheidung. Ich möchte selbst sehen, spüren und erfahren, worum es geht und welche Aspekte und Kriterien es zu berücksichtigen gibt. Selbst wenn meine Entscheidung schlussendlich anders ausfällt, als mir empfohlen worden ist, so treffe ich Entscheidungen stets erst dann, wenn ich die Meinung der Betroffenen dazu gehört habe. Da wiegt die Wahrnehmung mit allen Sinnen oft mehr als das, was auf dem Papier steht oder ein Computer ausspuckt. Das gilt in vielen Bereichen, nicht nur in der Produktion, sondern auch im Marketing und im Sales.

Der direkte persönliche Kontakt zu den Mitarbeitern über sämtliche Hierarchieebenen hat für mich einen hohen Stellenwert. Oft amüsieren sich die Mitarbeiter, wenn ich drei- bis viermal pro Tag durch die ganze Firma laufe und einfach nur frage, wie es geht, oder zuhöre, was andere gerade diskutieren. Allerdings erschrecken auch manchmal Mitarbeiter, die neu sind, wenn ich an die Tür eines Besprechungszimmers klopfe, mich für zehn Minuten dazusetze, zuhöre, vielleicht auch an der Diskussion teilnehme und dann wieder gehe. Für mich ist dieses Management by Walking Around, das auf Tom Peters und Robert Waterman zurückgeht, enorm wichtig.

Das habe ich von meinen früheren Chefs gelernt. Ich habe versucht, die Dinge, die mich selbst als Mitarbeiter beeindruckt haben, zu übernehmen. Dazu gehört zum Beispiel auch, eine offene Bürotür zu haben. Jeder kann immer zu mir ins Büro kommen und eine Minute mit mir sprechen. Ich will ein Gefühl dafür haben, was meine Mitarbeiter machen und was sie beschäftigt. Das geht nur, wenn ich viel mit ihnen kommuniziere. Kommuniziert wird bei uns nicht nur im Büro, sondern auch nach der Arbeit, in den Pausen oder unterwegs auf dem Fahrrad. Da ich ein leidenschaftlicher Radrennfahrer bin, können Sie mich regelmäßig mit einigen Mitarbeitern auf dem Bike treffen, wenn wir auf dem Uetliberg fahren.

21°
Zürich

Mirco J. Castellan

Lenkräder werden nicht gestoßen. Oder doch ...?

Mirco J. Castellan war von 2011 bis 2015 CEO von USM U. Schärer Söhne AG (USM Möbelbausysteme). Der Betriebsökonom mit MBA belegte Kaderfunktionen in den Branchen Versicherung, Telekommunikation und Beratung, bevor er 2007 zu USM stieß. Vor seiner Ernennung zum CEO war er als Exportdirektor für den Auf- und Ausbau des weltweiten Vertriebssystems verantwortlich. In den Jahren 2008/2009 baute er die USM-Tochtergesellschaft in Tokio, Japan, auf.

Einen der nützlichsten Ratschläge, der mir sowohl beruflich wie auch privat immer wieder hilft, unterschiedliche Standpunkte aufzulösen, hat mir mein Sohn – zugegebenermaßen unbewusst – gegeben. Er war damals knapp zwei Jahre alt. Während gemeinsamer Autofahrten rief er mir jeweils begeistert nach vorne, was er von seinem Rücksitz aus gerade sah: »Papi, ein Bus!«, »Papi, eine Straßenbahn!«, »Papi, ein Tunnel!« et cetera. Ein paar Monate später fing er an, auch Fragen zur Fahrt zu stellen: »Wohin fahren wir?«, »Warum halten wir?«, »Fahren wir schnell?« und so weiter.

Zu Hause imitierte er mit viel Einsatz die verschiedenen Motorengeräusche, während er seine Spielzeugautos mal schnell, mal langsam hin und her schob, parkte oder einen »Berg« hinauffahren ließ. Ohne mich jemals darüber gewundert zu haben, wieso, war für mich automatisch klar, dass er das Prinzip des Antriebs (Motor) bereits in groben Zügen verstanden haben musste.

Eines Tages – wieder im Wagen unterwegs – rief mein Sohn von hinten: »Papi, du stößt das Lenkrad, gell?« Leicht amüsiert antwortete ich, dass ich das Lenkrad nur festhalte und er doch wisse, dass der Motor uns bewege. Mein Sohn sah mich verständnislos durch den Rückspiegel an.

Wie oft erleben wir, geschäftlich oder privat, ähnliche Situationen, in denen zwei Parteien bezüglich einer völlig offensichtlichen Fragestellung komplett anderer Meinung sein können. Dabei sind beide Seiten natürlich stets überzeugt, dass ihre Sicht der Dinge die einzig richtige ist! Was folgt, sind

langwierige, oft emotionale und nicht selten erfolglose Versuche, die andere Partei vom Gegenteil (beziehungsweise der eigenen Meinung) zu überzeugen. Man fragt sich, wie um Himmels willen das Gegenüber die Dinge so anders sehen kann als man selbst? Die kleine Anekdote mit meinem Sohn führt an einem simplen Beispiel vor Augen, wozu asymmetrische Informationszustände führen. Kann man denn ernsthaft davon ausgehen, dass ein zweijähriges Kind das Prinzip des motorisierten Antriebs verstanden hat …? Ich erlebe immer wieder, dass unser Denken und Handeln als Erwachsene und Geschäftsleute in einer Vielzahl der Fälle ganz natürlich vom Zustand der vollständigen Information aller Parteien ausgeht. Bei Meinungsverschiedenheiten sucht man die Auflösung von Konflikten dadurch automatisch nur am Ende der Kette – der Schlussfolgerung. Dabei können offensichtlich unauflösbare Konflikte entschärft und sehr oft gänzlich aus der Welt geschaffen werden, indem man die Schlussfolgerungen für einen Moment einfach mal ausblendet und sich stattdessen gegenseitig über die Informations- und Datengrundlage austauscht. Häufig stellt sich heraus, dass nicht in der Schlussfolgerung, sondern in der Grundlage, auf welcher sie aufbaut, der große Unterschied liegt.

Ich habe mir angewöhnt, in Situationen wie oben beschrieben, das Denkmuster »Du hast unrecht« möglichst komplett auszublenden und stattdessen mit der Frage »Was genau lässt dich zu diesem Schluss kommen?«, einen Dialog zu starten. Ich rate jedem, es einmal ganz bewusst so zu versuchen.

Henri de Castries

Werte sind das Wichtigste

Henri de La Croix de Castries war von 2000 bis 2016 Vorstandsvorsitzender des französischen Versicherungskonzerns AXA mit über 160 000 Mitarbeitern weltweit. Nach seinen Studienabschlüssen der Pariser Hochschule für Wirtschaft (École des Hautes Études Commerciales) und der ENA (École Nationale d'Administration) war Henri de Castries von 1980 bis 1989 Beamter des französischen Wirtschaftsministeriums. Der passionierte Jäger und frühere Fallschirmspringer trat 1989 als Finanzdirektor in die AXA ein, war von 1991 bis 2000 Generaldirektor und Mitglied des Vorstands, bevor er 2000 CEO wurde. Darüber hinaus fungierte Henri de Castries von 2003 bis 2008 als Präsident der internationalen Forschungsorganisation Geneva Association, die sich mit Fragen der Versicherungswirtschaft auseinandersetzt. Er gehört den Verwaltungsräten von Nestlé AG und Argus Media an. Seit 2021 ist er auch Mitglied des Verwaltungsrates bei Stellantis, dem viertgrößten Autohersteller der Welt.

Der entscheidendste Rat, den ich je erhielt, setzt sich faktisch aus drei sich hervorragend ergänzenden Komponenten zusammen, die mir zu unterschiedlichen Zeitpunkten mitgegeben wurden. Ein wichtiger Baustein kam von meiner Familie, die anderen beiden von Mentoren aus meinem geschäftlichen Umfeld. Mein Vater und mein Großvater, die beide sehr starke Persönlichkeiten waren und ihre Leben erfolgreich gemeistert haben, sagten mir schon, als ich noch ein Teenager war, dass es absolut in Ordnung sei, ambitioniert zu sein und etwas erreichen zu wollen. Aber ebenso sei es unerlässlich, ethische und moralische Werte stets an die erste Stelle und über alles andere zu setzen. Das gab mir eine wichtige Grundstruktur für später, zumal die beiden dies nicht nur mit Worten, sondern vor allem auch mit ihren Taten deutlich machten.

Die beiden anderen Ratschläge erhielt ich, nachdem ich meinen akademischen Abschluss in Wirtschaft absolviert hatte und im französischen Finanzministerium sowie für die Regierung gearbeitet hatte. Ich wollte in die freie Wirtschaft wechseln und fragte daher zwei Manager, die ich sehr respektierte und die ebenfalls früher für den Staat gearbeitet hatten, was sie mir für mei-

nen Wechsel empfehlen würden. Denn sie hatten ja den Weg bereits beschritten, den ich zukünftig gehen wollte.

Einer von ihnen legte mir nahe, unbedingt eine eigene Vorstellung, eine Vision für die Welt zu entwickeln und mir klarzumachen, was ich konkret ändern wolle. Wenn man versucht zu verstehen, wie die Welt funktioniert und wie die Dinge zusammenhängen, vermeidet man automatisch, im Geschäftsleben zu engstirnig zu agieren, oder wie man sagt, »betriebsblind« zu werden. Für meinen zweiten Mentor war klar, dass man am Ende des Tages immer das tun sollte, was einem der »Bauch« empfiehlt. Langfristig sei es daher das beste Fundament für beruflichen Erfolg, Mitarbeiter sorgfältig auszuwählen, gut zu behandeln und zu fördern – aber auch, nur für Vorgesetzte zu arbeiten, die man achtet und respektiert. Nur so könne man dauerhaft erfolgreich sein und gleichzeitig die eigenen Werte hochhalten.

Aus diesen drei Komponenten besteht die Maxime meines Arbeitslebens. Diese half mir zum Beispiel als CEO des Assekuranzkonzerns AXA. Unser Geschäft durchlebte einen umfassenden Wandel durch die Digitalisierung und die neuen Möglichkeiten, große Datenmengen zu sammeln und auszuwerten – Big Data eben. Für uns als Versicherer war es eine sehr wichtige Frage, wie wir mit der Vielzahl sensibler Daten umgehen, die uns unsere Kunden anvertrauen. Hier war es unverzichtbar, stets das eigene Grundgerüst an Werten zu beachten. Es geht um weit mehr, als die umfangreichen technischen Errungenschaften unreflektiert anzuwenden und nur zu fragen, was dem eigenen Unternehmen nutzen könnte. Es geht vielmehr darum, zu hinterfragen, ob das, was man mit den Daten anfängt, legitim und im Kundeninteresse ist. Gibt es da nur die kleinsten Zweifel, sollte man die Finger davonlassen.

Belastbare Werte plus eine solide eigene Vision von der Welt sind gerade heute aber auch noch aus einem weiteren Grund wichtig: Auch in anderen Bereichen gibt es wahre Durchbrüche bei den Technologien, mit denen oft völliges Neuland betreten wird, für das es noch keine Landkarte gibt. Besonders Führungskräfte in der Wirtschaft haben daher die Verantwortung, dieses Terrain sorgfältig zu erkunden. Genau dabei helfen einem erprobte Überzeugungen und Leitlinien. Denn man sollte immer bedenken: Die Entscheidungen, die wir treffen, sind oft so einschneidend und verändern Dinge so nachhaltig, dass sie sich nur schwer wieder zurückdrehen lassen. Wenn der Zug Fahrt aufgenommen hat, ist es oft schwer, ihn noch zu stoppen. Und nicht zuletzt kommt hier der dritte Teil des »Rat-Pakets« zum Tragen: Gerade in so anspruchsvollen

Zeiten mit massiven ethischen Herausforderungen lässt sich ein Unternehmen eben viel effektiver, nachhaltiger und moralischer führen, wenn man vorher die richtigen Mitarbeiter ausgewählt hat, die diese Visionen auch mittragen.

Romeo Cerutti

Dem Tüchtigen öffnen sich zehn neue Türen, wenn sich eine schließt

Dr. Romeo Cerutti war von 2009 bis 2022 Mitglied der Geschäftsleitung der Credit Suisse Group AG und der Credit Suisse AG. Der Jurist promovierte und habilitierte an der Universität Freiburg i. Ue. und hat einen Master of Laws der University of California (Los Angeles). Seine Berufslaufbahn begann Romeo Cerutti als Anwalt bei Latham & Watkins LLP in den USA. Anschließend arbeitete er bei Homburger Rechtsanwälte und wurde 2004 Partner der Group Holding von Lombard Odier Darier Hentsch & Cie, zu der er 1999 als Leiter Corporate Finance gewechselt hatte. 2006 erfolgte dann der Wechsel zur Credit Suisse. Romeo Cerutti ist Mitglied des Verwaltungsrats der Galenica AG, Mitglied des Stiftungsrats der Universität Freiburg und Vorstandsmitglied der Zürcher Kunstfreunde.

Nach Abschluss meines Studiums an der Universität Freiburg plante ich, zurück ins Wallis zu gehen, wo ich aufgewachsen war, um dort als Anwalt zu arbeiten. Ich hatte seinerzeit bereits eine Praktikumsstelle in einer dortigen Kanzlei in Aussicht. Der Inhaber dieser Kanzlei vertrat damals meinen Vater, der eine Beteiligung an einem Handelsgeschäft verkaufen wollte, und – wie sich herausstellte – auch die potenziellen Käufer. Ich empfand diese Konstellation als merkwürdig und entschied mich kurzerhand, meinen Vater selbst juristisch zu beraten; mit dem Ergebnis, dass ich einen höheren Preis erzielen konnte. Daraufhin bestellte mich der Anwalt, der die Gegenseite vertrat und mein Arbeitgeber werden sollte, zu sich ins Büro und sagte: »Meine Vertragsentwürfe sind Kunstwerke, und in all den Jahren hat es noch niemand gewagt, auch nur ein Komma daran zu ändern. Sie kommen quasi frisch von der Uni und haben den ganzen Vertrag umgestaltet. Ich glaube, Ihnen fehlt der nötige Respekt, um für mich zu arbeiten.«

Einigermaßen ratlos rief ich daraufhin meinen Doktorvater an und erzählte ihm von meiner Lage. Da er ohnehin schon zuvor der Meinung war, dass meine Berufsaussichten in Zürich besser wären als im Wallis, rief er gleich bei der renommierten Zürcher Anwaltskanzlei Homburger an und vereinbarte einen Vorstellungstermin für mich. In dieser Situation fiel mir meine italienische Großtante ein, die mir, schon als ich noch keine zehn Jahre alt war, wiederholt sagte: »Wenn eine Tür zugeht, öffnen sich zehn neue. Man muss sie nur finden.« Als ich mich bei Homburger vorstellte, öffnete sich mir, dem Jungen aus den Bergen, nicht nur eine Tür, sondern eine ganze Welt: Ich wurde in ein edles Restaurant eingeladen, aus der Kanzlei blickte man damals auf den Zürichsee. Es war einfach toll, und ich unterschrieb sofort. Von Anfang an war ich in interessante Mandate eingebunden. Höhepunkt war die Fusion von BBC und Asea zur heutigen ABB. Im Nachhinein betrachtet hätte mir also gar nichts Besseres als die Absage des Walliser Anwalts passieren können.

Meine Großtante hatte wirklich recht mit ihrem Rat, und ich habe mich immer wieder daran erinnert, auch wenn ich vielleicht kurzzeitig enttäuscht war, sobald sich eine Tür schloss. Allerdings gilt es auch den Nachsatz zu beachten: »Man muss sie nur finden.« Klar ist, dass derjenige, der die Flinte ins Korn wirft oder zu Hause im stillen Kämmerlein sitzt, die Tür nicht finden wird. Man muss sich anstrengen, ansonsten findet man nicht nur offene Türen nicht, sondern verpasst möglicherweise auch sehr viele Chancen. Ohne harte Arbeit kommt man nicht voran. Deshalb sage ich jungen Leuten immer wieder: »Gib den ganzen Tag lang, in jeder Situation und für jedes Projekt dein Bestes.« Das versuche ich auch selbst stets zu beherzigen. Ein bisschen Glück gehört natürlich auch dazu, wobei es bei genauer Betrachtung eben oft das Glück des Tüchtigen ist. Wer die offenen Türen finden, also Chancen erhalten und ergreifen will, muss natürlich auch präsent sein – oder wie Woody Allen sagte: »Eighty percent of success is showing up.«

Mit Hilfe harter Arbeit und Präsenz gelingt es, die offenen Türen zu finden. Zutritt – um im Bild zu bleiben – erhält aber nur, wer sich im Laufe seines Lebens nicht zu viele Feinde gemacht und einen einwandfreien Leumund bewahrt hat. Wer aufrecht durch sein Arbeitsleben geht, wird natürlich auch den einen oder anderen Feind oder Gegner haben. Das gehört dazu. Wichtig ist jedoch, sich nicht unnötig Feinde zu machen.

Clayton M. Christensen

Du kannst von jedem etwas lernen

Prof. Dr. Clayton M. Christensen lehrte an der Harvard Business School. Er galt als einer der weltweit führenden Experten für Innovation und Wachstum. Professor Christensen erhielt viele Auszeichnungen für seine Arbeit und veröffentlichte mehrere Bestseller. Sein Buch *The Innovator's Dilemma* wurde vom Economist zu den sechs wichtigsten Wirtschaftsbüchern, die je geschrieben wurden, gezählt. Professor Christensen engagierte sich über 25 Jahre umfassend für Boy Scouts of America. Clayton Christensen verstarb im Jahr 2020.

Kent Bowen war mein Partner in einer Firma, die wir in Boston gegründet hatten, bevor ich zur Universität wechselte. Er war damals Professor am MIT. Falls jemals ein Nobelpreis in Materialwissenschaft verliehen wird, sollte er ihn bekommen. Nachdem mir klar geworden war, dass niemand ihm in seinem Fach das Wasser reichen konnte, fragte ich ihn: »Was ist das für ein Gefühl, in deinem Bereich der Beste zu sein?« Ohne meine Beschreibung von ihm zu korrigieren, sagte er: »Weißt du, es ist irgendwie eine echte Enttäuschung.« Er sagte so etwa: »Als ich jünger war, habe ich zur Spitze des Berges aufgeschaut und gedacht, Mensch, diese Kerle sind wirklich schlau! Und wenn man sich der Spitze des Berges nähert und nach unten schaut, denkt man sich, wenn niemand schlauer ist als ich, ist es wirklich schlecht bestellt um die Welt.«

Das hat mich wirklich tief beeindruckt. Mir wurde bewusst, dass viele, wenn sie noch in der Schule sind, glauben, dass man nur von Leuten lernen kann, die schlauer sind als man selbst. Aber wenn man sich auf die Spitze dieses Berges zubewegt und das immer noch glaubt, verringern sich nach und nach die Möglichkeiten, etwas zu lernen. Was man also braucht, ist wirkliche Bescheidenheit – der Glaube, dass man von jedem etwas lernen kann.

Reinhard Clemens

Wer redet, sät – wer zuhört, erntet

Reinhard Clemens war bis 2018 Vorstand der Deutschen Telekom und CEO von T-Systems. In dieser Doppelfunktion verantwortete er alle IT-Aktivitäten des Konzerns. Der Werdegang des studierten Elektrotechnikers führte ihn zu IBM, Systematics und EDS; dort bekleidete er unterschiedliche Top-Managementpositionen.

Der beste Rat, den ich jemals für mein berufliches Leben bekommen habe, stammt von Michael H. Jordan, einem amerikanischen Unternehmer im besten Sinne des Wortes. Der studierte Chemieingenieur hat den Ruf, einer der besten Sanierer seiner Zeit zu sein, hat er doch bei Unternehmen wie CBS und Pepsi schon dafür gesorgt, dass die Geschäfte wieder liefen.

Ich lernte Mike während meiner Zeit beim IT-Dienstleister EDS kennen, man hatte ihn 2003 nach Dallas, Texas, geholt, um das Unternehmen wieder auf Kurs zu bringen. Was zuerst an Mike auffiel, war seine Größe. Er konnte sich durchsetzen und tat einfach, was getan werden musste. Aber lautlos, ohne viel Aufheben. Das zeichnete ihn als Mensch aus: Er war eher still, jemand, der mehr zuhörte, als selbst zu reden. Und genau das hatte er mir als Rat für meine berufliche Karriere mitgegeben: »Listen genuinely« – »hör den Leuten wirklich zu.« Das ist einfacher gesagt als getan. Wir hören etwas, und schon schwirren uns eigene Gedanken durch den Kopf. Und dann hören wir nicht mehr wirklich zu. Oder wir setzen zu schnell auf eigene Erfahrungen mit »Das hat noch nie funktioniert«, anstatt neue Ideen einfach mal in Ruhe wirken zu lassen und durchzudenken. Nicht immer sind es so prominente Beispiele wie das des Vorstandsmitglieds bei Philips. Jan Timmer reagierte 1982 auf die hauseigene Innovation der Compact Disc mit »Wer braucht eigentlich diese Silberscheibe?«. Zum Glück hat man nicht auf ihn gehört … Selbst Steve Jobs hielt bei Apple 1985 tragbare Computer noch für ein »Nischenthema«, um dann Jahre später selbst den Markt entscheidend mitzubestimmen.

Wir sind geprägt von unseren Erfahrungen. Neue Situationen beurteilen wir in Sekundenschnelle – diese Überlebensstrategie ist in unserem Gehirn tief verankert. Nur – was für die Zeit des Säbelzahntigers genau richtig war, erweist sich heute oft als Innovationskiller. Denn Neues bringt Unruhe, stört das System, wirkt bedrohlich.

Das Dumme ist nur, dass nur so Innovationen, neue Business-Modelle entstehen. Oder hätten Sie sich vor einem Jahrzehnt vorstellen können, dass heute Millionen übers Internet einkaufen? Fußballfans die Spiele ihres Lieblingsvereins auf dem Handy verfolgen? Das Smartphone hat unser Leben verändert und ganze Branchen auf den Kopf gestellt. Alte Traditionsmarken sind verschwunden, ganz neue Player beherrschen den Markt: Ob Musik, Film, Foto – die digitale Revolution ist in vollem Gange.

Vor allem in großen Unternehmen brauchen wir eine offene Kultur, ein wirklich offenes Ohr. Denn nur eine Kultur des Zuhörens ermutigt Mitarbeiter dazu, kreativ zu sein und neue Vorschläge ohne Scheu vorzutragen. Jeder darf, ja soll neue Wege denken. Scheitern darf kein Makel sein, sondern ist Teil auf dem Weg zu wirklich Neuem. So vergibt der indische Konzern Tata beispielsweise jedes Jahr auch einen Preis für eine gescheiterte Innovation. Das ist ein sehr interessanter Weg, Mitarbeiter zu ermutigen und zu motivieren, wie ich finde.

Auch ich ertappe mich manchmal, dass mich eigene Gedanken oder Déjàvus vom wirklichen Zuhören ablenken. Aber aus mittlerweile langjähriger Berufserfahrung weiß ich, dass viel Wahrheit im argentinischen Sprichwort liegt: »Wer redet, sät – wer zuhört, erntet.« Diesen Rat gebe ich gerne weiter.

Jim Collins

Wahre Disziplin bedeutet, zu falschen Chancen Nein zu sagen

Jim Collins ist ein bekannter Managementexperte und Autor des internationalen Bestsellers *Der Weg zu den Besten (Good to Great)*. Er lehrte mehrere Jahre Entrepreneurship an der renommierten Stanford University in den USA. Im Jahr 1995 gründete er das Business Research Laboratory in Boulder, Colorado.

Es war im Jahr 1994. Mein Buch *Immer erfolgreich* (*Built to Last*) war gerade erschienen. Ich meine, ich war ein Niemand. Aber ein Kollege von mir kannte Peter Drucker, und eines Tages hatte ich eine Nachricht auf meiner Mailbox: »Hier ist Peter Drucker. Ich würde mich sehr freuen, einen Tag in Claremont (Kalifornien, wo Drucker lebt) mit Ihnen zu verbringen.« Ich rufe zurück, sehr nervös, und er sagt: »Sprechen Sie lauter! Ich bin nicht mehr jung!« Und ich daraufhin: »PETER DRUCKER, ICH BIN JIM COLLINS.« Und er hat tatsächlich einen Tag für mich reserviert. Wenn man bedenkt, wie wertvoll ein Tag mit Peter Drucker ist, der damals 85 war! Das Faszinierende daran ist, dass er mein Leben an diesem Tag von Grund auf verändert hat. An einem einzigen Tag.

Ich war an einem Punkt, wo ich eine Beratungsfirma hätte gründen können, Built to Last Consulting oder etwas in der Richtung. Er fragte mich als Erstes: »Was treibt Sie dazu, eine Beratungsfirma zu gründen?« Ich sagte ihm, mein Antrieb seien Neugier und Einfluss. Und er antwortete: »Ah, jetzt kommen Sie in den Bereich des Existenziellen. Sie müssen sehr auf Gewinn aus sein.«

Einen Moment lang hatte ich dieses Bild im Kopf, Meister Yoda aufzusuchen, um weise zu werden und von ihm zu hören: »Nimm dir eine Cola!« Aber entweder wollte er mich prüfen oder er hat einen Witz gemacht. Eins von beidem.

Dann hat er etwas ungeheuer Wichtiges gesagt: »Wollen Sie Ideen entwickeln, die bleiben, oder ein Unternehmen, das bleibt?« Ich sagte, ich wolle Ideen entwickeln, die bleiben. Daraufhin sagte er: »Dann dürfen Sie kein Unternehmen aufbauen.« Er war der Auffassung, dass man in dem Moment, in dem man ein Unternehmen hat, ein Monster füttern muss – diese Armee von Mitarbeitern. Wenn du jemals anfängst, Ideen zu entwickeln, um das Monster zu füttern, anstelle von Ideen, die von dem Monster gefüttert werden, wird dein Einfluss abnehmen, selbst wenn dein kommerzieller Erfolg zunimmt. Eine Idee zu lehren ist nämlich etwas ganz anderes, als eine Idee zu verkaufen. Die Frage ist letztlich, wofür man kämpft. Man kämpft, um das Denken von mächtigen, scharfsinnigen Leuten zu beeinflussen. Wenn man dieses Vertrauen jemals missbraucht, kann man sie verlieren. In dem Augenblick, in dem dieser Pfeil seine Richtung ändert, bist du tot.

Er hat noch etwas sehr Bedeutsames gesagt: Echte Disziplin besteht darin, zu den falschen Chancen Nein zu sagen. Wachstum ist einfach. Nein zu sagen ist schwer.

Ich werde nie vergessen, wie ich ihn gefragt habe: »Wie kann ich mich jemals revanchieren?«, und wie er mir antwortete: »Sie haben sich schon revanchiert. Ich habe so viel aus unserem Gespräch gelernt.« In dem Moment wurde mir klar, worin Druckers Größe bestand: Im Gegensatz zu vielen anderen ging es ihm nicht darum, etwas zu sagen. Es ging ihm darum, etwas zu lernen. Ich bin stolz darauf, den Rat befolgt zu haben. Ich schulde ihm unendlich viel, und dafür werde ich mich nie revanchieren können. Das Einzige, was ich tun kann, ist, seinen Rat an andere weiterzugeben. Drucker hatte gesagt: »Geh hinaus und mach dich nützlich.« Auf diese Weise kann ich mich bei Peter Drucker revanchieren. Indem ich für andere tue, was Peter Drucker für mich getan hat.

Philippe Corti
Was willst du tun?

Philippe Corti ist Inhaber und CEO der im Großraum Zürich tätigen CORTI SPLEISS Gruppe. Als Vertreter der fünften Generation übernahm er das 1869 gegründete Familienunternehmen CORTI Bau AG Anfang der Nullerjahre und baute es zur heutigen Gruppe aus. Das Dienstleistungsspektrum reicht von Baumeisterarbeiten im Um- und Neubau, über Natursteinarbeiten, Asbestsanierung und Fassadenbau, bis hin zum treuhänderischen Bauen als General-/Totalunternehmen und als Projektentwickler. Die Dienstleistungen werden von unabhängig agierenden Tochterfirmen erbracht. Die CORTI SPLEISS Gruppe beschäftigt heute rund 500 Mitarbeitende.

Interessanterweise war der beste Rat, den ich je bekam, eigentlich eine Frage. Ich war gerade Anfang dreißig und saß im Büro meines Geschäftspartners und damaligen Mentors in New York. Zu diesem Zeitpunkt war ich schon seit mehreren Jahren in der väterlichen Firma tätig, und hatte in Prag die neu gegründete CORTI Praha als selbstständige Auslandstochter aufgebaut und mit einigem Erfolg betrieben. Mit der Übernahme der Leitung der CORTI Gruppe in der Schweiz, standen größere Change-Management-Aufgaben an. Der Schweizer Baumarkt war im Umbruch und unsere Firma noch nicht fit für die entsprechenden Anforderungen. Ich war mir nicht sicher, ob ich diesen Job konnte und auch wirklich wollte. Erstrebenswert schien mir in jenem Augenblick viel mehr die Mitarbeit bei meinem geschäftlich erfolgreichen Mentor. Statt mir jedoch einen vernünftigen Rat zu geben oder mich gar in seine Firma aufzunehmen, stellte er mir die Frage: »Was willst du tun?«

Anfangs konnte ich mit dieser Frage gar nichts anfangen. Ich empfand sie als wenig hilfreich und war auch entsprechend enttäuscht. Wohl gerade deswegen befasste ich mich lange damit und suchte nach Antworten. Was mache ich mit Leidenschaft? Was gibt mir Energie? Wofür bin ich gerne bereit, Hindernisse zu überwinden und Grenzen zu verschieben? Bin ich aus innerer Überzeugung und Freude bereit, das Erbe innerhalb der Familie anzutreten, oder fühle ich mich vielmehr dazu verpflichtet? Am Ende der Überlegungen stand mein Entschluss fest, die Herausforderungen mit voller Überzeugung anzunehmen. Es war mein persönlicher Entschluss, der mit allen Konsequenzen zu mir passte.

Später kam ich manchmal in Situationen, in denen ich mir sagte: »Du wolltest es ja so.« Dass ich dies allein mit mir ausmachte, frei von jedweder gefühlten Verpflichtung, gab mir in jungen Jahren die Unabhängigkeit, meinen Weg als Unternehmer zu gehen. Als Unternehmer bist du bisweilen einsam. Umso wichtiger ist es, dass die Antworten auf deine wichtigsten Fragen von dir selbst kommen.

Unabhängigkeit prägt auch in vielerlei Hinsicht das Denken unserer Unternehmensgruppe. Die Geschäftsleiter der einzelnen Tochterfirmen führen diese wie ihre eigenen Unternehmen und werden am Erfolg beteiligt. Auch bei der Übernahme der traditionsreichen Zürcher Bauunternehmung Robert Spleiss im Jahr 2017 haben wir darauf geachtet, dass das Unternehmen seine Unabhängigkeit bewahrt. Da sich für die 280 Mitarbeiter von Spleiss kaum etwas geändert hat, dürfte auch die für Übernahmen typischen Verunsicherungen ausgeblieben sein. Zumindest hat nur ein einziger Mitarbeiter gekündigt.

Natürlich würde ich mich freuen, wenn sich meine Kinder für die Nachfolge in der sechsten Generation interessieren würden. Viel wichtiger ist es mir aber, dass sie selbst die Frage »Was willst du tun?« für sich – und nur für sich – beantworten und Erfüllung finden in dem, was sie machen.

Die Antwort auf »Was willst du tun?« war der Anfang meines Lebens als Unternehmer. Ich habe den Schritt in die unabhängige Familiennachfolge nie bereut. Dieses Glück verdanke ich einer simplen Frage.

Kathrin Dahnke

Der größte Fehler ist, nicht genug zu fragen

Kathrin Dahnke ist seit 2016 Mitglied des Aufsichtsrats der B. Braun Melsungen AG, seit 2018 Mitglied des Aufsichtsrats der Knorr-Bremse AG. Nach ihrem Studium der Betriebswirtschaftslehre startete sie ihre Laufbahn 1982 im Beteiligungscontrolling von Beiersdorf und wechselte danach zur WestLB-Gruppe. Von 1995 bis 2005 verantwortete die Diplom-Kauffrau und ausgebildete Wirtschaftsdolmetscherin den Finanzbereich der Firmengruppe Otto Bock – zuletzt als Geschäftsführerin –, bevor sie als Finanzdirektorin zum Werkzeugmaschinenbauer Gildemeister AG (heute DMG Mori AG) wechselte. Dort war sie von 2010 bis 2014 CFO. Im Anschluss war Kathrin Dahnke Finanzvorstand bei dem Familienunternehmen Wilh. Werhahn KG. 2020 wurde sie Finanzvorstand der OSRAM Licht AG. Von 2021 bis 2022 leitete sie bei Otto Bock als CFO das Finanzressort und war Mitglied des Verwaltungsrats.

Am Anfang meiner Berufslaufbahn bot mir mein damaliger Vorgesetzter die Position der Leiterin der Finanzabteilung an. Auf meine zögerliche Reaktion und den ehrlichen Hinweis, dass ich über nicht allzu viel Wissen in diesem Bereich verfügte, antwortete mein Chef lapidar: »Der einzige Fehler, den Sie machen können, ist, nicht genug zu fragen.« Man beachte, dass er mir nicht riet, ich solle halt fragen, wenn ich etwas nicht wisse, sondern dass es mein Fehler wäre, wenn ich zu wenig fragen würde. Das bedeutete, dass ich verantwortlich war, wenn ich nicht ausreichend Fragen stellte, bis ich eine Maßnahme, eine Strategie oder ein Finanzinstrument und die damit verbundenen Chancen und Risiken vollkommen verstanden hatte. Außerdem wies er mich ganz klar darauf hin, dass sich zum einen niemand eine Blöße gibt, der eine Frage stellt, und zum anderen eine Frage nie ein Angriff auf eine Idee oder eine Person darstellt, sondern immer aufrichtiges Interesse und Wissensdurst signalisiert. Bis heute bin ich dieser souveränen und erfahrenen Führungspersönlichkeit dankbar, dass er mir mit diesem Rat die Augen geöffnet und den Rücken gestärkt hat.

Ich denke, dass es mir auch aufgrund dieses Ratschlags gelungen ist, immer wieder in unterschiedlichen Branchen Fuß zu fassen. Wer neu in einem Bereich ist, kann natürlich besonders leicht und unbefangen Fragen stellen. Jeder wird offen reagieren, wenn man sagt: »Ich bin hier neu, erklären Sie mir das bitte mal.« Aber auch bei sogenannten Kaminkarrieren halte ich Fragen für ein nützliches Instrument, weil man zeigt, dass man auch nach Jahren in einer Position noch offen für neue Perspektiven und Möglichkeiten ist. Vielleicht wäre es mir schwerer gefallen, meinem Frage-Prinzip treu zu bleiben, wenn ich immer in der gleichen Firma geblieben wäre, aber ich hätte dennoch versucht, daran festzuhalten. Auch meinen Mitarbeitern gebe ich diesen Rat immer wieder und überzeuge sie davon, dass sich niemand eine Blöße gibt, wenn er eine Frage stellt, sondern nur der falsch handelt, der profundes Verständnis vortäuscht, wo er nur »gesundes Halbwissen« hat.

Fragen sind generell ein hervorragendes Kommunikations- und Führungsinstrument, das, richtig angewandt, sehr gute inhaltliche Ergebnisse zeitigt. Mit präzisen Fragen kann ich feststellen, ob mein Gegenüber sich seiner Sache wirklich sicher ist oder ob der Vorschlag oder die Vorgehensweise wirklich so unumstößlich ist, wie es den Anschein hat. Sehr wichtig ist es mir aber auch, mit Fragen abzuklären, ob meine Gesprächspartner den Inhalt unseres Austauschs genauso verstanden haben wie ich. Nur so kann man Sicherheit erzeugen, dass der Inhalt eines Gesprächs bei allen gleich und richtig angekommen ist. Im Bereich Finanzen ein absolutes Muss, aber auch im gesamten Arbeits- und Privatleben ein Königsweg, um Missverständnissen vorzubeugen!

Thomas Deininger

Agiere mit Bescheidenheit, Fleiß und Demut

Thomas Deininger ist der Gründer, Geschäftsführer und Gesellschafter von Deininger Consulting. Er konzentriert sich insbesondere auf die Besetzung von Führungspositionen in den Bereichen Investitionsgüterindustrie, Financial Services und Hightech. Der studierte Diplom-Ingenieur arbeitete zunächst mehrere Jahre in der Industrie. Von dort aus wechselte er in die international führende Unternehmens- und Personalberatung PA Consulting Group, London, wo er wenige Jahre später Geschäftsführer wurde. Ende 1981 gründete er in Frankfurt am Main Deininger Consulting.

Zu meinem Beruf als Personalberater kam ich auf Umwegen. Mit Menschen hatte ich anfangs wenig zu tun – mehr mit Maschinen. Zunächst bekam ich an der TU Dresden eine sehr gute Ausbildung als Ingenieur. Technik, Maschinenbau und all die Innovationen haben mir viel Spaß gemacht. Aber schon nach den ersten Berufsjahren als Ingenieur merkte ich, dass mir der Human-Resources-Bereich fehlte. Wenn man die Technik zu den Menschen bringen will, muss man die Menschen miteinbeziehen. Auf diesem Gebiet war ich zu diesem Zeitpunkt völlig unerfahren. Nach sieben Jahren in der Industrie, bot sich mir glücklicherweise die Möglichkeit, zu der großen internationalen Consultinggesellschaft PA Consulting zu wechseln. Das englische Unternehmen hatte Mitte der 1970er-Jahre schon zweieinhalbtausend Berater. Dort fand ich einen tollen Einstieg als Ingenieur für Personalberatung, lernte viel und schaffte den Brückenschlag zwischen zwei hochspannenden Bereichen. Deininger Consulting gründete ich Ende 1981 als partnergeführte Personalberatung.

Der beste Rat, den ich vor mehr als dreißig Jahren von sehr erfahrenen Kollegen aus meiner Branche erhalten habe, lautet: »Agiere mit Bescheidenheit, Fleiß und Demut.« Im Rückblick fungierte dieser Rat für meinen beruflichen Werdegang wie eine Leitplanke. Ich persönlich halte diese drei Tugenden für zentral und erfolgsentscheidend.

Obschon wir bei Deininger Consulting heute vor allem Top-Positionen in der deutschen Wirtschaft besetzen, habe ich mit Stellenbesetzungen im unteren und mittleren Bereich begonnen. Am Anfang war Bescheidenheit gefragt. Schließlich konnte ich nicht eine Personalberatung gründen und behaupten, ich wüsste schon alles. Viel Fleiß war da erforderlich, um mir über die Jahre eine Klientel aufzubauen und so langsam vom unteren und mittleren Bereich nach und nach in die Top-Ebenen vorzurücken. Dafür habe ich bestimmt zehn bis fünfzehn Jahre gebraucht. Und schließlich ist da noch dieses Quantum an Demut, das ich stets empfunden habe. Man lernt ja nie aus. Immer gibt es neue Themen und neue Technologien, zu denen man sich erst einmal Wissen aneignen muss. Stets ist man ein Lernender (und automatisch ein bisschen demütig). Dies wiederum ist es, was mich als Ingenieur noch heute am meisten an meinem Beruf fasziniert: dabei zu sein und die Entwicklung der verschiedensten Technologien mitzuerleben.

Diese drei Tugenden sind aus meiner Sicht so wichtig, um der hohen Verantwortung gerecht zu werden, die ich mit jedem Auftrag übernehme. Zum einen gegenüber dem beauftragenden Unternehmen, die richtigen Kandidaten zu präsentieren, zum anderen gegenüber den Kandidaten, ihr Potenzial herauszufinden und ihre Interessen zu vertreten.

Welche Verantwortung in unseren Händen liegt, wird deutlich, wenn man sich einmal unser Vorgehen bei einer Stellenbesetzung im Detail ansieht. Zunächst müssen wir ein sehr gutes Verständnis für das Unternehmen, für dessen Philosophie und Technologien entwickeln. Als Erstes eine Analyse, worum es in dem Unternehmen geht. Wie ist die Ausgangslage? Wie sind die Mitarbeiter in dem Unternehmensbereich? Was erwarten sie von dem neuen Kollegen? Es geht darum, schnell zu verstehen, welche Spezialdisziplinen gesucht werden.

Der zweite Schritt besteht darin, herauszufinden, wer als potenzielle Kandidaten in Frage kommen, auszuloten, ob diejenigen offen für ein Gespräch sind, mit den Menschen zu diskutieren, sie aufzuschließen und zu begeistern. In sämtlichen Gesprächen – sowohl mit dem Auftraggeber als auch mit den Know-how-Trägern – ist es wichtig, dass man als Personalberatung einen gewissen Namen für Seriosität, Vertraulichkeit und fachliche Kompetenz mitbringt. Sensibilität ist ganz besonders gefragt, um beispielsweise die familiäre Situation eines Kandidaten richtig einzuordnen. Spätestens wenn von der fachlichen Seite alles gut ist, muss ich mein Gegenüber fragen, ob er das Thema eines (Orts-)Wechsels auch mit der eigenen Familie besprochen hat. Wie die Frau dazu steht. Im Zuge des Kennenlernens sprechen wir ja nicht nur über die berufliche Karriere, sondern auch über Privates. Da merke ich oft sehr schnell, ob in der eigenen Familie überhaupt Zustimmung da ist für einen Karriereschritt beziehungsweise Wechsel. Nur wenn man sensibel genug ist, zu einem frühen Zeitpunkt der Gespräche zu erkennen, dass die Familie nicht mitzieht, kann man verhindern, dass ein Kandidat in eine neue Position kommt und wegen fehlender familiärer Zustimmung nicht in der Lage ist, in der neuen Stelle sein Potenzial voll auszuschöpfen.

Die Sache mit der Verantwortung, in der Personalberater stehen, lässt sich auch so betrachten: Im Grunde haben wir zwei Auftraggeber. Da ist zunächst das Unternehmen, das uns dafür bezahlt, dass wir passende Kandidaten für eine Position vorschlagen, und viel Zeit investiert, um uns Beratern klarzumachen, was die Aufgabenstellung ist. Dabei sind die Umstände einer Besetzung häufig diffizil. Es handelt sich nicht immer um Schön-Wetter-Positionen. Oft befinden sich Unternehmen, die vakante Stellen besetzen müssen, in einer kritischen Phase.

Außerdem legt uns der Kandidat – quasi als zweiter Auftraggeber – sein berufliches und persönliches Schicksal in die Hand. Nicht nur der Kandidat muss zur Position, sondern auch die Position muss zum Kandidaten passen. Wir stehen also ständig in der hohen Verantwortung herauszufinden, welche Potenziale der Kandidat hat. In unterschiedlichen Gesprächsphasen zu verschiedensten Tageszeiten versuchen wir, das herauszubekommen – ein höchst komplizierter Abwägungsprozess.

Für Personalberater ist am Schluss die nüchterne Erfolgsquote das Basiskriterium für Weiterentwicklung, für weitere Empfehlungen und für einen soliden Ruf.

In den über 45 Jahren, die ich in der Personalberatung tätig bin, bin ich zur festen Überzeugung gekommen, dass jeder im Management Sympathie – also ein dezidiertes Interesse am Gegenüber – haben muss. Nur wenn dieses gegeben ist, kann ich vorurteilsfrei auf Menschen zugehen und mit ihnen einen Dialog führen. Gerade in kritischen Phasen sind eine überzeugende positive Führung und eine optimistische Grundeinstellung erforderlich. Den Kontakt mit Menschen suchen, mit ihnen sprechen, überzeugend agieren, zuhören und nicht missionarisch autoritär arbeiten, sondern die Menschen wirklich wertschätzen – dies sind meiner Meinung nach Qualitäten, ohne die das Management heute nicht erfolgreich sein kann.

Bobby Dekeyser

Sei unverkäuflich

Der geborene Belgier Robert Dekeyser ist Gründer der Firma Dedon, die exklusive Outdoormöbel herstellt. Dekeyser war Fußballprofi und unter anderem Torwart bei FC Bayern München. Als er sich im Krankenhaus von einer im Spiel zugezogenen Gesichtsverletzung erholte, beschloss er, Unternehmer zu werden und gründete 1990 die Firma Dedon. 2017 verkaufte er seine Anteile am Outdoormöbelspezialisten, 2012 gründete er Dedon Island, ein exklusives Hotelressort auf den Philippinen. Bobby Dekeyser engagiert sich auch sozial. 2009 gründete er die Stiftung Dekeyser & Friends, die junge Menschen weltweit ermutigt und befähigt, ihre Träume zu verwirklichen.

Freiheit war mir immer wichtig. Ich will und wollte immer frei sein in meinem Tun und Handeln. Dabei ist Freiheit nicht zu verwechseln mit Bindungslosigkeit. Meine Familie, meine Freunde und meine Mitarbeiter können stets auf mich zählen. Für mich bedeutet Freiheit, das zu tun, was mir persönlich wichtig ist und was zu mir passt. Im Umkehrschluss bedeutet dies aber auch, Dinge zu beenden, die einem nicht mehr richtig oder passend erscheinen. Diese Erkenntnis habe ich schon mit 15 Jahren umgesetzt, als ich im Englischunterricht spontan die Schule für immer verließ, um Fußballprofi zu werden. Dazu hatte mich der große Fußballer Pelé inspiriert, der mir während eines Fußballcamps eindringlich riet: »Follow your dream.« Pelé hat den Mut, der dazu nötig ist, auch selbst bewiesen und war mir so ein Vorbild. Freiheit bedeutet auch, sich hin und wieder von allem frei zu machen. In die Natur zu gehen, allein zu sein und das eigene Leben zu betrachten. Zu hinterfragen, welche Bereiche im Leben sich noch richtig anfühlen und welche vielleicht verändert werden sollten. Auch wenn etwas gut läuft, muss man sich diese Fragen stellen. Passt das noch zu mir? Ist das noch der Traum, den ich verfolgen wollte, oder haben sich die Dinge zu sehr verändert? In dieser Situation befand ich mich, als ich 2006 Dedon verkaufte. Das Unternehmen war sehr groß geworden, ich lebte nicht mehr, wie ich leben wollte: auf dem Land, mit der Natur, mit Zeit für meine Familie, mit einem Unternehmen, das wie ein Freundeskreis funktioniert. Daher habe ich das Unternehmen verkauft, aber 2009 wieder zurückgekauft, als ich merkte, dass meine Mitarbeiter, für die ich mich stets verantwortlich fühlte, und das

Unternehmen mich brauchen. Heute arbeiten wir bei Dedon so, wie es uns allen Spaß macht. Daher trenne ich auch nicht zwischen Berufs- und Privatleben – es ist einfach mein Leben, in dem ich mich wohlfühle. Im Unternehmen herrscht eine Atmosphäre der Menschlichkeit und des Vertrauens. Vertrauen ist in allen Lebensbereichen sehr wichtig. Der größte Vertrauensbeweis war der von Daniel Borer, der mir – obwohl wir uns damals kaum kannten – mit einem per Handschlag besiegelten »Vertrag« einen großen Teil des Kapitals für den Rückkauf von Dedon zur Verfügung stellte. Dieses Vertrauen hat sich für uns beide in vielerlei Hinsicht ausgezahlt.

Seinen Traum konsequent zu verfolgen ist aber auch sehr anstrengend. Es gilt, sich nicht verbiegen und allzu sehr vom »Mainstream« beeinflussen zu lassen oder nur der Spur des Geldes zu folgen. Gleichzeitig bedeutet es aber auch, kritisch mit sich selbst zu sein und Pläne immer wieder zu ändern, wenn es nötig wird. Diese Anstrengung allerdings lohnt sich. Wie jedes Glück erfordert auch das Glück eines erfüllten Traums eine große Anstrengung.

Aus der Erfahrung meines eigenen unkonventionellen Lebens heraus kann ich Jugendlichen nur raten, mutig zu sein, wenn es um die eigenen Ziele geht, und sich nicht verbiegen zu lassen. Man muss nicht alles haben, nicht jede Strömung mitmachen, sich nicht vorwiegend um Materielles kümmern. Lasst euch nicht kaufen, sondern verfolgt mutig euren Traum, geht euren Weg – und Erfolg und Glück werden kommen.

Marijn Dekkers
Denke Dinge vom Ende her

Dr. Marijn Dekkers war von 2010 bis 2016 Vorstandsvorsitzender der Bayer AG. Bevor der promovierte Chemiker und Chemieingenieur seine Tätigkeit bei dem DAX-Unternehmen aufnahm, arbeitete er in der Forschungsabteilung von General Electric sowie bei dem US-Technologieunternehmen Honeywell. Seinen ersten Posten als CEO übernahm Marijn Dekkers im Jahr 2002 beim Laborgerätehersteller Thermo Electron. Von 2010 bis 2016 war er Vorstandsvorsitzender der Bayer AG. In dieser Funktion übernahm er im September 2014 die zweijährige Präsidentschaft des Verbandes der Chemischen Industrie (VCI), Frankfurt.

Der beste Rat, den ich bislang in meinem Leben erhalten habe, stammt von Michael Porter, dem renommierten Harvard-Professor für Ökonomie. Ich hatte ihn kennengelernt, als ich beim Laborgerätehersteller Thermo Electron (heute: Thermo Fisher Scientific Inc.) arbeitete, wo Porter als Mitglied des Aufsichtsrats fungierte. Nachdem ich dort als COO zuerst für das operative Geschäft zuständig gewesen war, wurde ich als Firmenchef, als Chief Executive Officer, berufen – das erste Mal in meiner Laufbahn. Das war ein sehr wichtiges Ereignis in meinem Leben und wirklich spannend für mich.

Zu dieser Zeit kam Michael Porter auf mich zu, gratulierte mir, erklärte mir, dass er meine Ernennung unterstützt hatte – und lud mich auf eine Veranstaltung ein. Ich sollte mit anderen neuberufenen CEOs für ein paar Tage nach Harvard kommen, um an einem Kurs teilzunehmen, bei dem wir viel über die Aufgaben und Risiken des Jobs lernen sollten. Wir würden uns aber auch damit beschäftigen, wie man Teams zusammenschweißt, gute Mitarbeiter findet, mit Investoren oder der Presse kommuniziert etc.

Wer könnte einer solchen Einladung des eigenen Aufsichtsrats widerstehen? Als das Seminar dann ein paar Monate später stattfand, staunten wir Teilnehmer nicht schlecht. Porter bat jeden von uns, beim Abendessen vor dem eigentlichen Beginn eine zehnminütige Rede zu halten. Und zwar unsere Abschiedsrede als CEO, wenn wir uns von unserem Posten zurückziehen würden. Wir hatten doch gerade erst voller Eifer unsere neuen Aufgaben übernommen – wer denkt da schon an die eigene Abschiedsrede?

Gleich nachdem ich angefangen hatte, mir Gedanken über meine Ansprache zu machen, wurde mir schlagartig klar, dass das eine hervorragende Idee war. Im Nachhinein betrachtet, war das sogar das Beste, was mir passieren konnte. Denn dieses Vorgehen zwingt einen dazu, sich frühzeitig zu überlegen, was man in dem neuen, tollen Job wirklich erreichen möchte. Welche Leistungen und Errungenschaften würden einen wirklich stolz machen? Wie will ich mein gesamtes Leben, meine Familie, mit den Anforderungen des Berufs verbinden? Wie möchte ich mit Mitarbeitern und Kunden umgehen, und viele weitere Fragen gilt es so zu beantworten. All diese Überlegungen musste man in Worte fassen und daher klar durchdenken und abwägen.

Wenn man Dinge auf diese Weise quasi »von hinten her denkt«, so der Rat Porters auf den Punkt gebracht, wird einem viel klarer, was die Konsequenzen des eigenen Handelns sind, wie man die Weichen richtig stellt und was man wirklich tun muss, um die eigenen Ziele zu erreichen und nicht aus den Augen zu verlieren. Konkret hinterfragt man alle eigenen Handlungen dahingehend, welchen Beitrag sie später einmal zur Abschiedsrede liefern würden – etwas Gutes, gar nichts oder etwas Negatives? Man kann dieses Vorgehen auch so umschreiben: »Denke Dinge vom Ende her.«

Später habe ich mir auch überlegt, welche Rede wohl meine Töchter halten würden, wenn sie irgendwann nach meinem Tod an meinem Grab sprechen würden. Sie könnten vielleicht sagen, dass sie mich zwar geliebt haben, ich aber immer so beschäftigt war, dass sie nur wenig von mir mitbekommen haben. Vielleicht würden sie etwas äußern wie: »Das Wenige, das wir von ihm gesehen haben, war wirklich nett.« Weitaus lieber aber wäre mir, wenn sie sagten: »Natürlich war Papa immer sehr beschäftigt, aber er hatte auch immer Zeit für uns. Er hat niemals die Qualität unserer Beziehung leiden lassen, nur weil er viel zu tun hatte.« Auch Dank des Rats von Michael Porter kann ich rechtzeitig viel dafür tun, dass meine Töchter später einmal die letztere Rede halten werden.

Michael Diekmann

Eine kleine Lüge wird immer größer

Michael Diekmann war von 2003 bis 2015 Vorstandsvorsitzender der Allianz SE und hat während seines Berufslebens auf allen fünf Kontinenten gearbeitet. Seit 2017 ist er Vorsitzender des Aufsichtsrats bei der Allianz. Zusätzlich sitzt er in den Aufsichtsräten bei Fresenius und Siemens.

»Eine kleine Lüge wird immer größer«, das war der beste Rat, den ich bekommen habe.

Immer wieder habe ich erlebt, dass Unwahrheiten ihren Schöpfer einholen und womöglich übermannen. Deshalb rate ich der nachfolgenden Generation zur Aufrichtigkeit. Nicht nur privat; beruflich erst recht. Ich finde es künstlich, die zwei Bereiche unter diesem Aspekt zu unterscheiden. Wenn ich beruflich handle, tue ich das als Person. So werde ich auch wahrgenommen. Und ich muss die Folgen meiner Entscheidungen auch vor mir selbst verantworten.

Wenn das so einfach klingt und überzeugend – warum folgen nicht alle diesem Weg? Eine meiner Antworten lautet: »Die Nachfrage nach Aufrichtigkeit ist manchmal gering.« Man wird damit nicht immer beliebt. Mark Twain hat einmal gesagt, ein Dutzend verlogener Komplimente seien leichter zu ertragen als ein einziger aufrichtiger Tadel. So ist es. Das macht die Sache manchmal unbequem.

Andererseits bietet Aufrichtigkeit viele Vorteile. Es zahlt sich aus, wenn man die eigenen inneren Überzeugungen ohne Verstellung ausdrückt. Es wirkt entwaffnend und setzt sich immer durch. Mit Aufrichtigkeit kann man bei Verhandlungen die verblüffendsten Wirkungen erzielen. Sie ist außerdem Ausdruck einer inneren Unabhängigkeit, die stressmindernd wirkt, weil man befreit ist vom Zwang zur taktischen Verbiegung und Gefallsucht. Auch die ökonomischen Wirkungen sind schlagend. Wer Haltung zeigt, schafft Vertrauen. Das strahlt unmittelbar auf das berufliche Umfeld aus. Denn Menschen kooperieren nur dann, wenn sie den Partner, den Chef oder den CEO für vertrauenswürdig halten. Und Kooperation ist eine der Grundvoraussetzungen dafür, dass Wachstum und Wohlstand entstehen.

Ulrich Dietz

Lieber Geld verlieren als Vertrauen

Ulrich Dietz ist ehemaliger Vorstandsvorsitzender der GFT Gruppe, die er zusammen mit einem Partner 1987 in St. Georgen gegründet hat. Er engagiert sich in verschiedenen nationalen Gremien und fungiert seit Juni 2013 als Vizepräsident des Bundesverbandes für Informationswirtschaft, Telekommunikation und neue Medien e. V. (BITKOM). Ulrich Dietz ist Ernst & Young Entrepreneur des Jahres 2011 und Initiator der Innovationsinitiative CODE_n. Seit 2017 ist er Geschäftsführer des von ihm gegründeten Venture Capital-Unternehmens RB Capital GmbH. 2020 gründete Dietz die Technologie Holding und Innovationsplattform 1886 Ventures GmbH. Strategische Partner sind die Daimler AG und GFT Technologies SE.

Ein Unternehmer erhält im Laufe seines Lebens viele Ratschläge – oft stellt sich die Güte dieser Ratschläge erst im Nachhinein heraus. Einen wirklich fundierten und immer wieder wertvollen Rat erhielt ich von dem ehemaligen Vorsitzenden der Robert Bosch GmbH Dr. Markus Bierich. Er lautete: »Lieber Geld verlieren als Vertrauen.«

Gerade in der heutigen schnelllebigen Zeit, in der in Unternehmen oft nur von Quartalsbericht zu Quartalsbericht gedacht wird, ist dieser Rat wichtiger denn je. Der zitierte Rat stammt ursprünglich von Robert Bosch. Markus Bierich hat ihn mir weitergegeben und auf seine bescheidene und kluge Art und Weise interpretiert.

Ein Unternehmen entwickelt sich im Laufe der Jahre immer unterschiedlich. Es gibt Phasen der Euphorie und Momente der Depression. In all diesen Zeiten ist es immens wichtig, dass die inneren Werte des Unternehmens Bestand haben. Vertrauen von Mitarbeitern, Kunden und Lieferanten ist die Basis für ein gutes, auf Nachhaltigkeit ausgerichtetes Unternehmenskonzept. Bei GFT sind wir diesem Rat von Dr. Bierich im Laufe von fast 30 Jahren treu geblieben. Dieser Rat hat uns geholfen, die Navigation unseres Unternehmens jederzeit stringent nach unserem Wertesystem, in dem Vertrauen ganz oben auf der Skala steht, auszurichten. Entscheidungen und Handlungsweisen werden daraus abgeleitet, und im Zweifelsfall konzentrieren wir unser Handeln immer auf den Erhalt von Vertrauen.

Warum ist Vertrauen so wichtig? Weil sich nur auf Vertrauen wirklich langfristige und tragfähige Beziehungen aufbauen lassen. Diese Beziehungen eines Unternehmens sind es, die seinen wahren Wert ausmachen. Eine abgebrannte Niederlassung kann man wieder aufbauen, verbrannte Erde in Beziehungen löschen diese für immer aus.

Verlässliche Beziehungen zu Kunden, Lieferanten und Mitarbeitern lassen sich nur dann generieren, wenn man diese Stakeholder auch fair behandelt. Nur wenn alle zufrieden sind, wird das Unternehmen auf Dauer Erfolg haben. Wenn Sie den letzten Cent aus Ihren Lieferanten herauspressen, wird Ihr Quartalsergebnis vielleicht besser aussehen. Ihr bewährter Lieferant wird sich das aber nicht lange gefallen lassen und schnell neue Kunden aufbauen. Ist Ihnen damit geholfen? Wahrscheinlich nicht, denn in einer langfristigen Zusammenarbeit kann man Zeit, Geld und Nerven sparen. Das gilt für Lieferanten, Kunden und Mitarbeiter gleichermaßen.

Es gilt in der Tat ganz besonders für Mitarbeiter, dass Vertrauen wichtig ist, weil die Mitarbeiter dieses Vertrauen mit ihrem besonderen Einsatz honorieren. Sie haben das Potenzial, ein Unternehmen weiterzuentwickeln, sie wissen meist am besten, wo es hakt oder an welchem Punkt Kunden unzufrieden sind. Mitarbeiter honorieren Vertrauen, weil sie es berechtigterweise als Wertschätzung empfinden. Sie reagieren auf Vertrauen mit Motivation, Leistungsbereitschaft, Verlässlichkeit und hoher Loyalität.

Ein wesentlicher Faktor beim Vertrauensaufbau ist es, selbst auch verlässlich zu sein – in Worten und in Taten. Wer Entscheidungen beständig ändert – nach dem Motto »Was kümmert mich mein Geschwätz von gestern« –, kann auch nicht erwarten, dass seine Geschäftspartner dauerhaft verlässliche Entscheidungen treffen. Aber nur, wenn alle sich langfristig aufeinander verlassen können und Abmachungen eingehalten werden, kann man gemeinsame Ziele erreichen, ohne unnötig Geld zu verschwenden. Verlässlichkeit und Vertrauen sind also bare Münze wert.

Mathias Döpfner
Folge deiner Leidenschaft

Mathias Döpfner ist Vorstandsvorsitzender der Axel Springer AG sowie Präsident des Verwaltungsrats der Axel Springer Schweiz AG. Darüber hinaus hat er unter anderem Mandate in Kontrollgremien bei Axel Springer Schweiz AG, eMarketer Inc., Insider Inc., Netflix Inc. sowie Warner Music.

Der beste Rat, den ich bekommen habe, kam von einem alten Mann. Artur Joseph, Journalist, Buchautor und früher Besitzer eines Schuhgeschäfts, war ein Herr jenseits der 80 Jahre und ein väterlicher Freund meiner Mutter. Er hatte den Holocaust in Deutschland überlebt und genoss das Leben als Ikone des Frankfurter Kulturbetriebs. Ich hielt ihn für einen weisen Mann.

Als ich mit 17 Jahren darüber grübelte, was wohl das richtige Studium wäre, um ein berühmter Journalist zu werden, und mir mein gesamter Bekanntenkreis und alle Profis rieten, Publizistik zu studieren, fragte ich zur Sicherheit noch einmal Artur Joseph. Er lächelte: »Es ist völlig egal, was du studierst, nur ein Fach auf keinen Fall: Publizistik.«

Ich war verwirrt: »Aber das ist doch der direkteste Weg?«

»Eben«, sagte der alte Herr, »und deshalb ist er falsch. Wenn du es eilig hast, mach einen Umweg.« Ich verstand nicht, hörte aber weiter zu. »Was interessiert dich, was liebst du, worüber willst du später schreiben?«

»Musik, Literatur, Theater«, sagte ich. »Na also, da haben wir's, dann studiere das.« Das tat ich dann. Zwei Jahre später begann ich als freier Musikkritiker der *Frankfurter Allgemeinen Zeitung*. Zwölf Jahre später war ich Chefredakteur der *Wochenpost* in Berlin. 20 Jahre später CEO von Axel Springer.

Musikwissenschaft zu studieren ist genauso daneben, um Chefredakteur zu werden, wie es daneben ist, als Musikkritiker sein Berufsleben zu beginnen, wenn man später als Vorstandsvorsitzender eines börsennotierten Medienunternehmens arbeitet. Und doch waren diese Umwege für mich richtig, wichtig, vielleicht sogar eine entscheidende Erfolgsvoraussetzung.

Hätte ich Publizistik studiert, wäre ich einer von Hunderten Publizistikstudenten gewesen, die gerne mal für eine Zeitung schreiben würden. Hätte ich Betriebswirtschaft studiert, wäre ich einer von Tausenden gewesen, die gerne mal ein Wirtschaftsunternehmen leiten möchten.

Wichtiger aber als die Suche nach einem Alleinstellungsmerkmal ist das Finden einer Leidenschaft.

Folge deiner Leidenschaft. Die Wahrscheinlichkeit, dass man exzellent ist, wenn man das tut, was man liebt, ist höher, als wenn man das tut, was einem alle oder alle aktuellen Statistiken raten. Nur Leidenschaft ermöglicht, besser zu sein als andere. Vernunft erzeugt Mittelmaß. Als ich zu studieren begann, waren Lehrer Mangelware, und das Lehramt bot die sicherste Jobperspektive. Als ich fertig studiert hatte, gab es zu viele Lehrer, und kaum ein Lehramtsstudent fand noch eine Arbeit. Der Musikwissenschaftler als Journalist und der Chefredakteur als CEO – das waren Marktlücken.

Geleitet hatte mich dabei nicht Taktik oder Berechnung, sondern Leidenschaft und Lust. Und der Rat des alten Artur Joseph. Das, was scheinbar daneben liegt, ist oft richtiger als das Naheliegende. Oder: »Wenn du es eilig hast, mache einen Umweg.« Oder noch besser: »Mach, was du wirklich liebst!«

Peter F. Drucker

Mach deine Sache gut – oder mach dich vom Acker

Peter F. Drucker gilt als der herausragendste Managementvordenker des 20. Jahrhunderts. Er hat entscheidend zur Entwicklung der modernen Managementlehre beigetragen, viele bezeichnen ihn daher als »Erfinder des Managements«. Als Autor verfasste er zahlreiche Bestseller der Wirtschaftsliteratur, die ihm international große Anerkennung von Top-Managern einbrachten. Sein besonderes Interesse galt auch der Führung von Non-Profit-Organisationen. Im Jahr 2002 wurde er mit der Presidential Medal of Freedom geehrt.

Die wichtigste Lehre meines Lebens habe ich bekommen, als ich gerade 20 war und seit drei Wochen meinen ersten echten Job als Auslands- und Wirtschaftsredakteur der weitverbreiteten Zeitung in Frankfurt hatte.

Ich brachte meinem Chefredakteur, einem Deutschen, meine ersten beiden Leitartikel. Er warf einen Blick darauf, schmiss sie weg und sagte mir: »Die sind total daneben.« Nachdem ich drei Wochen lang dort gearbeitet hatte, rief er mich in sein Büro und sagte: »Drucker, wenn Sie in den nächsten drei Wochen nicht sehr viel besser werden, sollten Sie sich nach einem anderen Job umsehen.«

Für mich war diese Behandlung genau richtig. Er hat nicht versucht, mich zu betreuen. Diese Idee wäre ihm absurd erschienen. Das Mentoring-Konzept ist nach dem Zweiten Weltkrieg aufgekommen. Damals (vor dem Zweiten Weltkrieg) wurde man eingestellt, um seine Arbeit zu machen, und wenn man es nicht tat, wurde man entlassen. Ganz einfach.

Stefan Dürr

Mut hat Genie, Kraft und Zauber in sich

Stefan Dürr ist Gründer und Gesellschafter sowie Vorstandsmitglied der Ekosem-Agrar AG sowie Präsident der russischen Tochtergesellschaft Ekoniva. Das Unternehmen ist der größte Milchproduzent in Europa und in der Russischen Föderation. Als Student organisierte Dürr bereits Anfang der 1990er-Jahre einen regelmäßigen deutsch-russischen Austausch der Studenten der Agrarwissenschaften. Er erkannte als einer der Ersten die Möglichkeiten, die sich für die Landwirtschaft in Russland bieten, und prägte die Modernisierung der russischen Landwirtschaft entscheidend mit.[1]

Von vielen Menschen werde ich gefragt, wie es mir gelungen ist, von einem kleinen Bauernhof in Süddeutschland kommend, innerhalb weniger Jahre in Russland eines der größten Agrarunternehmen Europas aufzubauen und zum größten Milcherzeuger in Europa zu werden.

Dabei nenne ich immer wieder ein Zitat von Johann Wolfgang von Goethe, das mir der Landrat des Landkreises in der russischen Schwarzerderegion, in dem wir unseren Agrarbetrieb gegründet und bis heute unsere Firmenzentrale haben, immer und immer wieder als Ratschlag gegeben hat:

Was immer du tun kannst
oder träumst, es zu können,
fang damit an!
Mut hat Genie, Kraft und Zauber in sich.

Das darf natürlich nicht heißen, dass man sich blauäugig in Abenteuer stürzen soll, und das soll auch nicht heißen, dass einem etwas im Schlafe zufällt. Im Gegenteil: Der Aufbau eines erfolgreichen Unternehmens ist harte Arbeit, geprägt von guten Fortschritten, großen Hindernissen und schweren Rückschlägen. Aber dieser Ratschlag hat mir den Mut gegeben, die Chancen zu nutzen, die sich mir geboten haben.

---

1 Mit Ausbruch des Ukraine-Krieges im Jahr 2022 geriet das Unternehmen zunehmend in unsicheres Fahrwasser und die Perspektiven für das unternehmerische Wirken von Stefan Dürr verdüsterten sich. Bei Drucklegung dieser Neuauflage war die weitere Entwicklung noch nicht absehbar.

Wir haben zu Beginn des 21. Jahrhunderts angefangen, in Russland Landwirtschaft zu betreiben – als die Bedingungen hierfür über zehn Jahre nach dem Zusammenbruch der Sowjetunion denkbar schlecht waren. Und als die Chancen des Pflanzenbaus sich verbessert hatten – und viele sich damit beschäftigten –, haben wir damit begonnen, unsere Energie für den Aufbau einer Milchproduktion einzusetzen, was damals bei den meisten Kollegen im Agrarbereich nur Kopfschütteln hervorrief. Heute messen wir uns mit den besten Milchproduzenten weltweit.

Chancen zeigen sich immer wieder – man muss sie sehen, erkennen und den Mut haben, sie zu ergreifen!

Mohamed El-Erian

Wage dich aus deiner Kuschelzone hervor

Dr. Mohamed El-Erian war bis 2014 CEO und Co-CIO von PIMCO, einer der weltweit größten Investmentgesellschaften. Er kehrte im Jahr 2008 dorthin zurück, nachdem er zwei Jahre als Präsident und CEO der Harvard Management Company tätig war, die das Vermögen der Universität Harvard Business School verwaltet. Mohamed El-Erian ist unter anderem Vorstandsmitglied des National Bureau of Economic Research (NBER) und des Peterson Institute for International Economics. Seit 2020 ist er Präsident des Queens' College (Cambridge). El-Erian ist in den USA einem breiten Publikum bekannt, vor allem durch seine zahlreichen Auftritte bei den Wirtschaftsnachrichtensendern Bloomberg und CNBC.

Als mein Vater Ägyptens Botschafter in Frankreich war, lebten wir in Paris. Wir bekamen jeden Tag mindestens vier Tageszeitungen, von *Le Figaro* auf der rechten Seite des politischen Spektrums bis zu *L'Humanité*, der Zeitung der kommunistischen Partei. Ich erinnere mich noch, wie ich meinen Vater fragte: »Warum brauchen wir so viele Zeitungen?« Und er sagte: »Wenn du nicht verschiedene Perspektiven kennenlernst, verengt sich dein Geist, und du wirst einer gewissen Sichtweise folgen, ohne sie jemals infrage zu stellen.«

Gerade jetzt ist eine breit gefächerte Lektüre besonders wichtig. Die meisten Marktforscher stellen heutzutage die gleiche Frage: »Ist der Markt auf dem Tiefpunkt?« Um diese Frage zu beantworten, ziehen sie historische Bewertungen heran und versuchen, daraus etwas abzuleiten. Meistens ist das der richtige Ansatz. Aber wir erleben heute wichtige und unvorhersehbare Änderungen in der Finanzlandschaft. »Ist dies der Tiefststand?«, ist daher die falsche Frage. Allerdings muss man die Texte von Leuten wie Nouriel Roubini (Professor für Ökonomie der New York University), wie Nassim Nicholas Taleb (Verfasser von *Der Schwarze Schwan*) und das eine oder andere über Behavioral Finance gelesen haben, um zu verstehen, warum die Frage falsch ist. Wir sollten uns heute die folgenden Fragen stellen: »Wie verändern sich die historischen Variablen in dieser neuen Welt, und welche unbeabsichtigten Folgen hat die Regierungspolitik?« Alle neigen dazu, in ihrer Kuschelzone zu bleiben, und lesen am liebsten das, womit sie vertraut sind. Aber wenn du nur einer Person oder einer Zeitung folgst, werden dir diese großen Veränderungen entgehen.

Alexander Erdland

Aus eigenen Fehlern lernen

Dr. Alexander Erdland ist Versicherungs- und Bankenmanager. Er war von 2006 bis 2016 Vorsitzender des Vorstands der Wüstenrot & Württembergische AG (W&W) und von 2012 bis 2017 Präsident des Gesamtverbands der Deutschen Versicherungswirtschaft (GDV). Nach seiner Ausbildung zum Bankkaufmann studierte er Betriebswirtschaftslehre und Rechtswissenschaft an den Universitäten Münster, Saarbrücken und Tuscaloosa (Alabama, USA). 1980 promovierte er in Staats- und Wirtschaftswissenschaften. Seit 1984 war Erdland Vorstandsmitglied verschiedener Bankinstitute, 1999 übernahm er den Vorstandsvorsitz der Bausparkasse Schwäbisch Hall AG, bevor er 2006 zur W&W wechselte.

Eltern haben viele gute Ratschläge, die Kinder jedoch oft nur eingeschränkt beherzigen wollen – oder erst später. Auch meine Mutter hat mich früh bestärkt: »Trau dir etwas mehr zu, als du bis dahin bewiesen hast«, sagte sie. Diese Ermutigung hat mich mein Leben lang begleitet – und immer wieder ein Stück nach vorn gebracht. Ob Traktorfahren auf unserem Hof in jungen Jahren, erste Freundschaften, das Amt als Schülersprecher, die Doktorarbeit, der Berufseinstieg oder auch der Neustart nach einer Enttäuschung: Stets haben mich Ambitionen, Zuversicht in das eigene Tun, der Erfahrungsaustausch mit anderen und die Freude an Verantwortung und Erfolg motiviert und zu neuen Leistungen geführt.

Es ist wichtig, sich Ziele zu setzen, sich auf den Weg zu machen – auch wenn dieser schwer, lang oder hindernisreich und ein Stück weit ungewiss erscheint. Sich nach dem »Mehr« auszurichten ist nicht einfach, denn die Gefahr des Scheiterns ist ein stetiger Begleiter. Aber die Herausforderung, der man sich stellt, macht stark und zuweilen auch erfinderisch. Denn: Lösungen entwickeln sich auch mal aus Irrwegen, und aus eigenen Fehlern zu lernen ist der beste Rat.

Dabei ist es wichtig, sich klarzumachen: Ein hochgestecktes Ziel erreicht man in der Regel nicht sofort, sondern oft nur schrittweise. Jeder neue Schritt erlaubt den Rückgriff auf Erfahrungen und ist zugleich ein neues Wagnis. Durchhaltevermögen und Kritikfähigkeit sind erforderlich. Indem wir uns nicht auf den (eigenen) Lorbeeren ausruhen, sondern immer wieder neue Gelegenheiten ergreifen und Aufgaben mutig und mit Freude angehen, eröffnen sich uns weitere Perspektiven und Chancen.

Als Vorstandsvorsitzender der Wüstenrot & Württembergischen sehe ich mich auch in der Verantwortung gegenüber meinen Mitarbeiterinnen und Mitarbeitern. Mit Bedacht und dem Blick auf meine eigenen Erfahrungen, die die Worte meiner Mutter bewirkt haben, gebe ich ihnen gern den Rat, sich mehr zuzutrauen, als sie bis dahin bewiesen haben. Deshalb ist es mir wichtig, Förderung mit Forderung zu verbinden und mutiges Handeln sowie innovative Ideen zu unterstützen. Sich an Dinge heranzuwagen, die man vorher noch nie gemacht hat, und die eigene Komfortzone zu verlassen, erfordert Mut. Wohin der Weg führt, lässt sich vorab nicht sagen: Als gelernter Bankkaufmann stand ich dem Gesamtverband der Deutschen Versicherungswirtschaft vor – auch das hat etwas mit dem Rat meiner Mutter zu tun.

Sergio Ermotti
Der beste Rat ist der, den man sich holt

Sergio Ermotti war von 2011 bis 2020 Group Chief Executive Officer von UBS. Seine berufliche Laufbahn begann er nach einer Banklehre 1987 bei Merrill Lynch. Dort bekleidete er verschiedene Positionen im Aktiendevivate- und Kapitalmarktgeschäft. 2005 wechselte Ermotti zu UniCredit. Von 2007 bis 2010 war er Group Deputy Chief Executive Officer von UniCredit in Mailand und verantwortlich für die strategischen Geschäftsbereiche Corporate and Investment Banking und Private Banking. Danach wechselte er zur UBS Group, wo er von 2011 bis 2020 die Position des CEO innehatte. 2020 wurde Ermotti in den Verwaltungsrat des Rückversicherers Swiss Re gewählt.

Was war der beste Rat, den ich je erhalten habe? Die möglichen Antworten auf diese Frage sind so vielfältig wie die Ratschläge selbst. Im Lauf des Lebens wird die Summe aller Ratschläge, Tipps und Empfehlungen immer größer. Was sich ändert, ist das Verhältnis zwischen Geben und Nehmen. Am Anfang profitiert man von den Erfahrungen anderer – oft ohne es zu wollen. Man wird in eine bestimmte Richtung beeinflusst, mit mehr oder weniger sanftem Druck. Die Eltern nennen das Erziehung. Als junger Mensch erhält man viele Ratschläge, auch solche, auf die man gut und gerne verzichten könnte. Schließlich müssen wir alle unseren eigenen Weg gehen, unsere eigenen Fehler machen. Gut gemeinte Ratschläge, die uns davon abhalten wollen, ignorieren wir erst recht.

Später im Leben macht man die Erfahrung, dass man Ratschläge weitergibt, die man selbst einst erhalten hat. Freilich sind viele davon derart allgemeingültig, dass kaum jemand widersprechen würde. Lerne Sprachen, hieß es immer. Wer sich daran hält, macht bestimmt nichts falsch. Ich war früh schon fasziniert von Fremdsprachen. Gerade in der heutigen globalisierten Welt bleibt es einer der besten Ratschläge für junge Menschen: Lernt Sprachen, studiert im Ausland, wagt euch hinaus in die Welt – auch wenn oder gerade, weil es bedeutet, die eigene Komfortzone zu verlassen.

Wie man seine berufliche Zukunft gestalten soll, ist im Leben der allermeisten eine zentrale Frage. Idealerweise ist der Beruf nicht nur Broterwerb,

sondern Berufung. Ein oft gehörter Rat lautet, sich auf die eigenen Stärken zu konzentrieren und auf das, was man gerne tut. Sich für das Richtige zu entscheiden, setzt aber voraus, die eigenen Fähigkeiten und Möglichkeiten richtig einzuschätzen. Ich selbst bin dem Bankgeschäft stets treu geblieben. Natürlich wusste ich nicht von Anfang an, wohin mein Weg mich führen wird. Aber ich habe immer versucht, in jeder Situation das Beste zu geben. Das kann jeder tun, auch wenn nicht jeder der Beste sein kann. Es hilft auch, sich Ziele zu setzen. Ambitionen sind gut, aber übertriebene Ambitionen führen oft zu Frustration, wenn Hoffnungen sich nicht oder nicht schnell genug erfüllen. Dann ist Geduld gefragt, nicht zu verwechseln mit Resignation.

Jemandem mit Rat und Tat zur Seite zu stehen: Diese Formulierung gefällt mir. Und sie gehört auch in meinem Beruf als Banker zum Alltag. Die Verbindung von Rat und Tat ist deshalb so wichtig, weil auch die beste Empfehlung nichts bringt, wenn die konkrete Umsetzung auf der Strecke bleibt. Ich habe erlebt, dass Menschen, die verunsichert sind, im Zweifel lieber gar nichts tun – aus Angst, etwas falsch zu machen. Lange hin- und herüberlegen ist keine Alternative. Denn dann droht Paralyse durch Analyse. Was also tun, wenn die Lösung nicht auf der Hand liegt? Meine Antwort darauf ist die über Jahre gewachsene Einsicht, die ich gerne mit anderen teile: Der beste Rat ist der, den man sich holt. Fragen Sie andere um Rat, wenn Sie nicht weiterwissen. Das ist kein Zeichen von Schwäche, im Gegenteil. Aber wählen Sie Ihre Berater sorgfältig aus. Und messen Sie die Qualität der Ratschläge stets daran, ob und wie gut diese auf Ihre eigenen Bedürfnisse und Ziele zugeschnitten sind. Dies zu beurteilen kann Ihnen kein Berater abnehmen.

Norbert Fieseler

Konzentrieren Sie sich bei der Übernahme einer neuen Funktion zunächst auf die Themenfelder, die Sie noch nicht beherrschen

Nach dem Abschluss des Betriebswirtschaftsstudiums an der Universität zu Köln war Norbert Fieseler von 1979 bis 2012 im Bayer-Konzern tätig. Er sammelte Managementerfahrungen auf zahlreichen Positionen sowohl in der Konzernzentrale (Deutschland, Leverkusen) als auch während langjähriger Aufenthalte bei den Bayer-Landesgesellschaften in Brasilien, Italien und den USA. Als Mitglied des Executive Board führte er in den letzten sechs Berufsjahren die global agierenden Bayer Business Services mit einem Geschäftsvolumen von über einer Milliarde Euro. Seit 2021 ist er als Senior Coach bei den Wirtschaftssenioren des ALT HILFT JUNG NRW e. V. tätig.

Den wichtigsten Rat meines Berufslebens erhielt ich von einem älteren Kollegen kurz vor der Übernahme einer umfangreicheren Funktion: »Teilen Sie in den ersten Wochen und Monaten Ihre Zeit und Kräfte so ein, dass Sie den Schwerpunkt Ihrer Aufmerksamkeit auf die Themengebiete konzentrieren, in denen Sie sich nicht auskennen und die Sie noch nicht beherrschen. Flüchten Sie sich zu Beginn nicht in die Themen, die Ihnen sicher und vertraut sind!« Nach einigen Jahren reiner fachlicher Arbeit und des Führens von kleinen spezialisierten Teams im Rechnungswesen der Zentrale des Bayer-Konzerns, stand nun die Ausübung der Funktion des Chief Financial Officer der Bayer-Gruppe in Brasilien bevor. Ich hatte mir bisher gute Kenntnisse in der Kostenrechnung, dem Controlling und der Bilanzierung des Konzerns angeeignet. Nun kam nicht nur die Leitung eines Bereichs mit den Abteilungen Finanzen, Rechnungswesen, Informatik sowie Recht und Steuern auf mich zu, sondern auch das Führen von größeren Einheiten, in denen ich nicht mehr auch gleichzeitig der fachliche Spezialist war. Eine große Herausforderung in einem neuen Kulturkreis mit einer noch zu lernenden Sprache. Der Rat des Mentors wurde die Leitlinie meines ersten Jahres des insgesamt vierjährigen Einsatzes in Brasilien. Lediglich zehn Prozent der

Zeit wurden auf das Rechnungswesen verwandt; meine Hauptaufmerksamkeit galt damals der SAP-R3-Einführung, der Finanzierung mit extremen Kurs- und Währungsschwankungen, dem brasilianischen Rechtssystem und dem Erlernen der portugiesischen Sprache.

Nach den positiven Erfahrungen mit dieser fokussierten Vorgehensweise, habe ich die Methode bei jeder der folgenden Karrierestufen angewandt. Als Mitglied des Executive Board der global agierenden Bayer Business Services und Arbeitsdirektor der Führungsgesellschaft, habe ich viele junge Führungskräfte auf für sie verantwortungsvollere Positionen im In- und Ausland versetzt. All diesen Kolleginnen und Kollegen gab ich während des sogenannten Entsendungsgesprächs diesen persönlichen Rat aus meiner eigenen Erfahrungswelt: »Stellen Sie sich zunächst intensiv dem Neuen und verwenden Sie weniger Zeit auf das Bekannte und Vertraute!«

Jürgen Fitschen

Jeder ist Teil der Zukunft

> Jürgen Fitschen verbrachte den größten Teil seines beruflichen Lebens bei der Deutschen Bank – von 1987 bis 2016. Von Juni 2012 bis Mai 2016 war er Co-Vorstandsvorsitzender der Deutschen Bank AG. Von April 2013 bis April 2016 war er zusätzlich Präsident des Bundesverbandes deutscher Banken. Heute berät er die Deutsche Bank noch als Senior Advisor. Neben dieser Tätigkeit führt er den Vorsitz in den Aufsichtsräten der Ceconomy AG und der Vonovia AG. Außerdem ist er Mitglied in den Aufsichtsräten der Kühne + Nagel International AG sowie der Syntellix AG.

Neugier und Lernbereitschaft sind wesentliche Begleiter für ein erfolgreiches Berufsleben. Eine rasche Auffassungsgabe und ein komplexes Denkvermögen sollten hinzukommen. Beides kann trainiert und erlernt werden. In Veränderungen sollte man eine Chance sehen, diese Welt und die Zukunft (mit)gestalten zu können. Denn Zukunft geschieht nicht von allein: Jeder Einzelne ist Teil der Zukunft. Wer davor Angst hat, wird in unserer schnelllebigen Zeit keine Chance haben. Technischer Fortschritt und gesellschaft-

licher Wandel in einer äußerst kompetitiven Umgebung erlauben keinen Müßiggang.

Dennoch ist nicht nur der Wandel wichtig, sondern auch Leitplanken setzende Tradition. Die Rückbesinnung auf die alten kaufmännischen Tugenden ist gerade in meiner Branche, der Finanzindustrie, von höchster Aktualität: Fairness gegenüber allen Geschäftspartnern, schonender und sparsamer Umgang mit den stets knappen natürlichen und finanziellen Ressourcen sowie ein korrekter und persönlich zugewandter Umgang mit den anvertrauten Mitarbeitern. Dies schließt im Zeitalter der Globalisierung eine offene Einstellung zur partnerschaftlichen Zusammenarbeit in multikulturellen Teams ein – ja, man muss Freude daran haben, sonst ist das Scheitern vorprogrammiert. Daher empfiehlt es sich, auch in jüngeren Jahren die nötigen Sprachkompetenzen – möglichst durch Auslandsaufenthalte – gepaart mit den geforderten fachlichen Fähigkeiten im Studium und in Berufspraktika zu erwerben.

Kommen eine ausgeprägte Bereitschaft zur Leistung, gesunder Menschenverstand und soziales Verantwortungsbewusstsein hinzu, vermag man auch Dritte zu überzeugen. Dann sollte man sich aber auch nicht scheuen, seinen Standpunkt, seine wohlabgewogene Meinung, in angemessener Form in die Entscheidungsfindung einzubringen. Der berufliche Erfolg wird dann nicht ausbleiben.

Bernard Fontana

Führen heißt, sich selbst entwickeln

Bernard Fontana ist seit 2015 CEO bei Framatome (vormals Areva NP), einem französischen Unternehmen, das auf den Bau von Atomkraftwerken spezialisiert ist. Zuvor war er CEO von Holcim, dem weltweit größten Produzenten von Zement und Zuschlagstoffen sowie von Fertigbeton und Asphalt.

»Eine Führungsrolle einzunehmen ist, als ob man sich in drei und nicht in zwei Dimensionen bewegt: Man kann lernen, sich weiterentwickeln und neue Dimensionen in sich selbst erleben.« Diese Einsicht von David Gutmann, Präsident von Praxis International, hat mich stark beeinflusst.

Ich war die »Nummer zwei« des französischen Chemiekonzerns SNPE, als David auf einer von dem damaligen Chairman und CEO des Konzerns, Jacques Loppion, organisierten Sitzung diese Sicht über Führung äußerte. Diese Bemerkung hat im Gegensatz zu vielen anderen Dingen, die über Führung gesagt werden, einen tiefen Wahrheitsgehalt. Führung verändert das Leben derjenigen, die geführt werden, aber noch viel mehr das Leben der Führungskräfte selbst. Ist man sich dessen erst einmal bewusst geworden, ist das Führen anderer nicht mehr bloß »ein weiterer Aspekt«, der mit zunehmenden Managementpflichten einhergeht, sondern eine einzigartige Chance, sich sowohl beruflich als auch persönlich zu entwickeln. Führungskräfte, die diese Sichtweise verstehen und sich zu eigen machen – und die Möglichkeit bekommen, sie zu erforschen –, werden ihre Funktion leidenschaftlicher erfüllen und daher andere besser führen.

Mich persönlich hat Davids Bemerkung zu der Entscheidung bewogen, meine Ausbildung in Leadership-Entwicklung zu intensivieren und mein Bewusstsein für die verschiedenen Situationen, denen eine Führungskraft begegnen kann, zu vertiefen. Ich habe auch aktiv nach Gelegenheiten gesucht, meine Erfahrung in Sachen Menschenführung zu erweitern und diese neuen Dimensionen in mir aufzuspüren und zu entwickeln. Ich betrachte diese kontinuierliche persönliche Entwicklung als eine »Reise«. Diese Reise hat mir gefallen – und gefällt mir immer noch –, und die Suche nach neuen Dimensionen in mir selbst hilft mir auch, neue Dimensionen für die von mir geführten Unternehmen zu entdecken. Und schließlich, was vielleicht am wichtigsten ist, bin ich auch sehr glücklich und stolz, anderen Führungskräften die Möglichkeit zu bieten, sich weiterzuentwickeln. Das Wesen der Menschenführung besteht meiner Meinung nach darin, andere an Orte zu bringen, wo sie noch nie zuvor gewesen sind – und die zu erreichen sie sich niemals hätten träumen lassen.

Als ich zu ArcelorMittal kam, hatte ich die Möglichkeit, als EVP von Automotive Worldwide am Aufbau globaler Geschäftsplattformen für Automobilhersteller mitzuwirken. Als Nächstes nahm ich die Herausforderung an, für drei Jahre ArcelorMittals Personalwesen zu leiten, wieder mit einem starken Fokus auf Leadership-Entwicklung. Als CEO von Aperam – und jetzt von Holcim – habe ich eine »Leadership-Journey« ins Leben gerufen, auf der Führungskräfte aus dem Konzern aufgefordert werden, hier und jetzt neue Möglichkeiten zu erforschen, sich selbst zu entwickeln und neue Führungskräfte hervorzubringen, mit einem starken Fokus auf Leistung und der Nachhaltigkeit des von uns herbeigeführten Wandels. Ich vermittle ihnen ständig die Botschaft, dass sie diese Reise trotz aller Herausforderungen, der langen Arbeitstage und der Rückschläge, die sie erleben, genießen sollten. Kann es eine größere Freude bei der Arbeit geben, als sich menschlich weiterzuentwickeln und neue Dimensionen in sich selbst zu erforschen? Und gibt es eine vornehmere Aufgabe, als anderen zu helfen, sich zu entwickeln und Hervorragendes zu leisten? Wahre Führung baut auf Überzeugung und Leidenschaft auf und kann nur in einer Umgebung Erfolg haben, in der Führungskräfte die notwendige Freiheit haben, um zu lernen und sich zu entwickeln – jeden Tag und auf jeder Ebene des Unternehmens.

Christoph Franz
Bewahre Bodenhaftung

Dr. Christoph Franz ist Verwaltungsratspräsident von Roche. An sein Studium und die Promotion an der TU Darmstadt schloss er einen Post-Doc-Aufenthalt an der University of California (Berkeley) an, bevor er 1990 bei der Lufthansa seine Berufslaufbahn begann. Es folgten Führungspositionen bei der Deutschen Bahn AG und als CEO der Swiss International Airlines. 2009 kehrte Christoph Franz zur Lufthansa zurück, deren Vorstandsvorsitzender und CEO er von 2011 bis 2014 war. Seit 2014 ist er Verwaltungsratspräsident von Roche. Darüber hinaus ist der fünffache Vater Mitglied des Beirats der Universität St. Gallen sowie Mitglied in den Verwaltungsräten der Zurich Insurance Group, der Stadler Rail AG und von Chūgai Seiyaku.

Der Mann, der mir viel mit auf den Weg gegeben hat, starb bereits im Jahr 547. Er war Einsiedler, Abt und Ordensgründer. Und er verstand etwas von Mitarbeiterführung. Benedikt von Nursia, der Vater der weltberühmten Benediktinerregeln, verteilte zwar keine Ratschläge – wer jedoch sein Regelwerk aufmerksam liest und auf die heutige Zeit, auf das heutige Management anwendet, wird gut beraten sein. Als eine der Haupttugenden beschreibt Benedikt die Demut. Der Begriff wirkt etwas angestaubt – ich würde das heute mit Bodenhaftung (»down to earth«), Bescheidenheit beschreiben.

Als ich Anfang 20 das erste Mal dieses kleine Regelwerk in der Hand hielt, maß ich dem Kapitel 7 über die Demut noch keine so große Bedeutung zu. Bodenhaftung, Respekt vor anderen Menschen, das hatten mir bereits meine Eltern mitgegeben. Das waren also Selbstverständlichkeiten. Erst später habe ich die Erfahrung gemacht, dass Bodenhaftung zu bewahren nicht unbedingt jedermanns Sache ist. Es gibt in Deutschland diesen Spruch: »Ist er noch Mensch, oder ist er schon Vorstand?« Das ist mir in meinem Berufsleben mehrfach in Erinnerung gerufen worden. Ich konnte beobachten, dass Führungskräfte, die die Karriereleiter hochsteigen, andere Verhaltensmuster entwickeln. Und irgendwann entsteht die Gefahr, an die eigene Propaganda zu glauben, zu meinen, etwas Besseres zu sein. Dieses Phänomen hat mich oft erstaunt. Man gibt den Anstand, die Integrität, das »Ich« nicht an der Firmengarderobe ab. Und ein wohlklingender Titel auf der Visitenkarte ist kein

Grund abzuheben, sondern Verantwortung zu übernehmen. Bodenhaftung sollten auch jene bewahren, die gerade vom Erfolg verwöhnt werden – auf dass sie das richtige Augenmaß nicht verlieren. Und in diesem Sinne hat die Benedikt'sche Regel auch heute noch Bestand: Bescheidenheit und Demut sind keine überholten, altmodischen Tugenden, sondern sollten zur charakterlichen »Grundausstattung« einer jeden Führungskraft gehören.

Evelyne Freitag

Nimm dir die Freiheit, deine Kreativität zu entfalten!

Evelyne Freitag war von 2017 bis 2022 Geschäftsführerin und CFO vom Gesundheitsunternehmen Sanofi Aventis in Deutschland, Österreich und der Schweiz. Zuvor war sie sechs Jahre als Geschäftsführerin und CFO für die D-A-CH-Region bei Goodyear Dunlop tätig. Davor war sie sieben Jahre Mitglied der deutschen Geschäftsleitung von Pfizer, nachdem sie vier Jahre das deutsche Geschäft des Markenherstellers Pentland geleitet hatte. Begonnen hat die Französin ihre Karriere nach dem BWL-Studium in Paris und Stuttgart bei Kraft General Foods sowie im Daimler-Konzern, wo sie in diversen Finanzpositionen an innovativen Geschäftsmodellen wie dem SMART mitwirkte. Sie war von 2015 bis 2017 im HVB Frauenbeirat der HypoVereinsbank in Frankfurt. Seit 2019 ist sie Außenhandelsrätin Frankreichs in Deutschland, seit 2022 Aufsichtsratsmitglied des Vorstands bei der KfW IPEX-Bank GmbH und der HPS Home Power Solutions AG.

Kreativität braucht Freiraum. Für Künstler und Kreative mag das eine Selbstverständlichkeit sein, für Finanzexperten keineswegs – kreativer Umgang mit Zahlen wird allenfalls Betrügern unterstellt. Nach meinem BWL-Studium hatte ich daher nicht damit gerechnet, dass Freiraum für Kreativität einmal die wichtigste Voraussetzung für meine Arbeit werden würde. Alles fing mit dem SMART an. Als junge Finanzexpertin von 30 Jahren war ich beim Daimler-Konzern Teil eines Teams, das den Auftrag hatte, alles neu zu entwickeln: ein Geschäftsmodell und ein Mobilitätskonzept namens »Micro Compact Car«, das heute unter SMART bekannt ist. Meine Aufgabe, für die ich in die Schweiz geschickt wurde: die Entwicklung und Umsetzung neuer Unternehmensprozesse mit dem Schwerpunkt Finanzen und Einkauf. Unsere einzige Maxime: jeden einzelnen Prozess ganz neu zu denken und schlankere, agilere Wege als die bisherigen zu finden.

Also beschäftigten wir uns mit GPS, Car-Sharing und Elektromobilität – alles Dinge, die heute längst selbstverständlich sind, von denen damals aber noch nie jemand gehört hatte. Parallel arbeiteten wir daran, die acht Jahre, die es üblicherweise brauchte, um ein neues Modell zu entwickeln, auf vier Jahre zu halbieren. Es gelang!

Das radikale Denken führte zu revolutionären Ergebnissen: So führten wir beispielsweise die »Zahlung nach Verbrauch« ein. Wurden unsere Lieferanten bislang nach Bestellung und Rechnung bezahlt, ging es von nun an nach Verbrauch: Erst wenn das Auto in unserer Fabrik in Lothringen vom Band rollte, wurden zum Beispiel die Reifen vergütet. Für uns hieß das: kleinere Bestände, weniger Vorfinanzierung, bessere Liquidität. Inzwischen ist dieses Gutschriftverfahren eine übliche Vorgehensweise, aber damals war »Pay per use« so revolutionär, dass ich eine Sondergenehmigung vom französischen Finanzministerium einholen musste.

Wir schufen im Detail so manche sensationelle Neuerung. Ersonnen werden konnten sie, weil viele kreative Köpfe aufeinandertrafen und ein großer Pioniergeist herrschte. Mir wurde erst bewusst, wie ungewöhnlich frei und kreativ wir arbeiten konnten, als ich das Unternehmen wechselte. Zum Abschied sagte mir mein Chef: »Evelyne, du hast Freiheit gebraucht, und ich habe dir Freiheit gegeben. Du hättest sie dir sowieso genommen.« Als ich ihn perplex ansah, ergänzte er: »Und das war genau richtig. Wenn du frei arbeiten kannst, hast du die besten Ideen.« Und dann gab er mir einen Rat mit auf den Weg, ohne den ich nicht wäre, wo ich heute bin: »Such dir immer ein Umfeld, in dem du die Freiheit hast, deine Kreativität zu entfalten.«

Ich habe mich darangehalten. Denn er hatte recht: Wenn ich mich nicht eingeschränkt fühle, bin ich kreativ und kann konzeptionell neue Wege gehen. Ich stelle die Dinge gern infrage. Die Unternehmen, für die ich gearbeitet habe, konnten alle davon profitieren.

Beim Pharmakonzern Pfizer etwa stieß ich auf eine starre Großhändlerlobby, konnte aber weitere neue Distributionswege erschließen. Seitdem wird auch direkt vom Hersteller an die Apotheken geliefert. Natürlich drehe ich mich vor allem um Zahlen, Finanzen und Prozesse, aber es reicht weit darüber hinaus: Am Ende erhalten Patienten in Deutschland ihre Medikamente schnell, verlässlich und sicher. Das zählt aus Kundensicht.

Raum für Kreativität bedeutet keinen Freifahrschein für Verrücktheiten, im Gegenteil: Die Kunst besteht darin, kreative Innovationen mit der unternehmerischen Wirklichkeit zu verknüpfen. Mit Industrie 4.0 meinen die meisten nur die Digitalisierung der Produktionswege. Doch wie viel taugen diese Konzepte? Welche Chancen und Risiken bedeutet die Vernetzung von Produkt, Kunde und Partner für unser Geschäftsmodell? Passt der neue Kurs zu unseren Unternehmenszielen? Unterm Strich geht es immer darum, Kunden zu begeistern und Geld zu verdienen. »Wilde Technikfantasien« müssen also einer strengen Prüfung standhalten: Finanzierbarkeit, Kostensenkungspotenzial, Chancen und Risiken, das alles muss analysiert werden. Echte Innovation kommt ohne Hirngespinste und Fantastereien aus.

Für mich ist Innovation eine Gratwanderung zwischen zwei Welten, zwischen Tradition und Moderne, zwischen gestriger Technikverliebtheit und zukunftsgewandter Dynamik. Das war schon bei Daimler so, zwischen der soliden Premium-Mercedes-Limousine und dem ungewohnt wendigen SMART.

Wer kreativ sein will, muss andere Welten kennen. Reisen allein genügt nicht. Deutschland und Frankreich sind sich beispielsweise viel zu ähnlich, um auf den ersten Blick große Unterschiede auszumachen. Erst recht nicht, wenn man die Reise im neumodischen »Head-Down-Modus« unternimmt und mit dem Handy seine virtuelle Umgebung überallhin mitnimmt. Um sich mit anderen Kulturen und Lebensweisen vertraut zu machen und die Dinge aus einer anderen Warte zu betrachten, braucht es eine gedankliche Offenheit. Ein Tag im Altenheim um die Ecke kann ganz anders als erwartet sein. Der Besuch einer Moschee im Nachbarort überraschend vertraut. Wer in diesem Sinne weltoffen ist, findet überall neue Ideen. Also: Handy aus, Augen und Ohren auf!

Peter Friedli
Ich bin mein Kompass

Peter Friedli war Gründer und Unternehmer der Friedli Corporate Finance in der Schweiz. Er ist Verwaltungsrat von Osiris Therapeutics, der weltweit führenden Gesellschaft für Stammzellenforschung, und mehreren privaten Unternehmungen in den Bereichen Biotechnologie und Technologie in den USA. Er ist in den meisten Gesellschaften größter Aktionär und seit 30 Jahren in den USA tätig.

Mein Leben ist so vielfältig, spannend und ein großes Ganzes, dass ich es schwierig finde, den besten Ratschlag, den ich bekommen habe, herauszupicken. Die wichtigsten Wegweiser haben sicher meine Eltern gesteckt. Das habe ich aber erst viel später kapiert. Ich war und bin seit je eher skeptisch eingestellt gegenüber Ratschlägen. Sie können problematisch sein, gar in die Irre führen, wenn man sich ihnen mehr verpflichtet fühlt als sich selbst. Ich sage immer, ich höre auf niemanden. Das ist etwas überspitzt formuliert, aber im Kern ist es wahr. Ich habe das Glück zu wissen, was ich will. Muss ich entscheiden, befrage ich nicht andere, sondern mich, denn ich trage ja auch die Verantwortung. Der Kompass, dem ich folge, ist meine Intuition.

So widerwillig ich gegenüber Ratschlägen von außen bin, so aufgeschlossen bin ich für Inspiration aus der Natur und von Menschen. Ich versuche, in der Gegenwart zu leben – den Blick in die Zukunft gerichtet – und empfänglich zu sein für das, was mich umgibt. Mit offenen Augen und Ohren durchs Leben zu gehen heißt, Energie und Ideen aufzunehmen, sein Leben zu gestalten und sich persönlich zu entwickeln. Ich möchte gerne weiser werden. Hier liegt für mich der Schlüssel zu Zufriedenheit, Erfolg und Erfüllung.

Der beste Rat, den ich mir je erteilt habe, ist, Unternehmer zu werden. Ich habe diesen Entschluss noch nie bereut, im Gegenteil. Unternehmertum ist eine hervorragende Lebensschule und kein Privileg von Unternehmern. Denn das Leben an sich ist ja nichts anderes als Unternehmertum – einfach ohne Zahlen: überlegen, abwägen, entscheiden, ausführen und Verantwortung übernehmen – wieder und wieder. Stimmig kann das nur für den sein, der auf sich selbst hört und vertraut. Das bedeutet Freiheit und Unabhängigkeit: etwas zu wagen und das Leben nach den eigenen Vorgaben zu leben und nicht nach den Erwartungen der anderen.

Ich werde immer wieder um Rat gebeten, insbesondere im unternehmerischen Bereich. Je länger dies geschieht, desto weniger gern mache ich das. Mein Rat ist: »Folge deinem Inneren und sei offen, aber vor allem auch überkritisch für Ratschläge von außen. Lebe dein Leben.«

Jean-Pierre Garnier

Triff Entscheidungen so, als würden sie auf der Titelseite der New York Times stehen

Jean-Pierre Garnier wurde im September 2011 zum Präsidenten des Verwaltungsrats der Actelion ernannt, nachdem er im Mai 2011 in deren Verwaltungsrat berufen worden war. Zuvor war er von 2000 bis 2008 als erster CEO der GlaxoSmithKline tätig, die aus dem Merger zwischen SmithKline Beecham und Glaxo Wellcome entstanden war. Nach seinem Studium der Pharmakologie an der Louis-Pasteur-Universität in Straßburg machte er als Fulbright-Stipendiat seinen MBA an der Stanford University in Kalifornien. Im Laufe seines Berufslebens nahm Jean-Pierre Garnier zahlreiche Führungspositionen in unterschiedlichen Unternehmen der Pharmabranche ein, unter anderem war er 15 Jahre für Schering tätig und auch CEO von Pierre Fabre Lab. Jean-Pierre Garnier hat zahlreiche Auszeichnungen erhalten, unter anderem den chinesischen Marco Polo Award und den Business Leadership Award der Stanford University. Er ist Ritter der Ehrenlegion und Knight Commander of the British Empire.

Wie die meisten Menschen erhielt auch ich sehr viele wertvolle Ratschläge von meinen Eltern. Mein Berufsleben am nachhaltigsten beeinflusst hat aber der Rat eines Kollegen. Ich war damals CEO eines sehr großen Pharmaunternehmens. In dieser Branche verdient man, vereinfacht gesagt, Geld an der Krankheit anderer Menschen, daher muss man alle Entscheidungen unter ethischen Gesichtspunkten abwägen und steht unter der Beobachtung der Öffentlichkeit. Es gilt, sich stets tadellos zu verhalten, was nicht immer einfach ist, wenn man 200 000 Mitarbeiter zu führen hat, denen man auch ein gutes Beispiel sein will. Als ich mich mal wieder mit einer schwierigen Entscheidung herumschlug, sagte mir ein Kollege: »Wenn dich Zweifel plagen und du nicht weißt, welche Entscheidung du treffen sollst, stell dir einfach vor, diese Entscheidung würde auf der Titelseite der New York Times stehen.« Natürlich war mir sofort klar, was er meinte, aber ich erkannte darüber hinaus auch, dass es einen großen Zusammenhang gibt zwischen Integrität und Transparenz. Und was könnte für eine größere Transparenz sorgen, als auf der Titelseite der New York Times zu stehen? Von diesem Tag an stellte ich auf Vorstandssitzungen Vorschläge und Entscheidungen immer wieder nach diesem Prinzip auf den Prüfstand. Bis heute gehe ich so vor und habe damit sehr gute Resultate auf der höchsten Entscheidungsebene erzielt. Natürlich sind wir nicht perfekt, aber wir führen aufgrund dieses vergleichsweise einfachen Ratschlags unsere Geschäfte besser und auf einem höheren moralischen Niveau.

Als ich 2000 CEO bei SmithKline Beecham war, fusionierten wir mit dem wesentlich größeren Unternehmen Glaxo Wellcome. Mit der Übernahme des CEO-Postens des zu GlaxoSmithKline fusionierten Unternehmens »erbte« ich dann auch gleich ein großes Problem. Glaxo war der führende Anbieter von HIV-Medikamenten, ein Sektor, in dem ich bei SmithKline Beecham keinerlei Erfahrung hatte sammeln können. Damals wütete die Krankheit in den USA, und wir boten die Medikamente auf dem amerikanischen Markt an, als eine noch viel größere Problematik und ein viel größerer Bedarf in Afrika zutage traten. Die Preise für unsere Medikamente waren aber so hoch, dass nicht daran zu denken war, dass afrikanische Regierungen und Patienten diese bezahlen könnten. Neben den monetären Aspekten, gab es aber auch noch ganz andere Herausforderungen für die Patienten in den afrikanischen Dörfern: Es gab kein sauberes Wasser für die tägliche Einnahme der Medizin und auch noch andere Infrastrukturprobleme. Gleichzeitig standen wir als Unternehmen in der Kritik und wurden aufgrund der Tatsache, dass das Medikament für die afrikanischen Patienten unerreichbar war, regelrecht angefeindet. Wir dachten darüber nach, das Medikament günstiger auf dem gesamten Weltmarkt anzubieten, was immer noch zu teuer für die Ärmsten der Armen gewesen wäre. Ich dachte wieder an die Titelseite der New York Times und überraschte meine Vorstandskollegen mit den Worten: »Nein, wir machen das Medikament nicht weltweit billiger. Wir bauen in Südafrika eine Fabrik, um von dort aus den gesamten afrikanischen Markt mit diesem Medikament zu versorgen. Und: Wir verkaufen das Medikament in Afrika

zum Selbstkostenpreis.« Wir entschieden uns für dieses Vorgehen, weil wir wussten, dass die Welt auf uns blickt. Außerdem war es uns natürlich klar, dass es hier nicht um weniger Gewinn ging, sondern darum, unzählige kranke Menschen in Afrika zu retten. Also kamen die Medikamente in Afrika zu einem Preis auf den Markt, der nur etwa fünf Prozent des europäischen und US-amerikanischen Preises betrug. Mit diesem Preismodell gelang es uns, den afrikanischen Markt durch die Gewinne aus den anderen Märkten zu subventionieren. Gleichzeitig investierten wir weiterhin große Summen in die Forschung und die Weiterentwicklung des Medikaments. Dieses Vorgehen hat maßgeblich dazu beigetragen, dass die Sterblichkeitsraten bei HIV drastisch zurückgegangen sind und die Patienten immer länger trotz dieser Krankheit ein normales Leben führen können.

Natürlich war dieses Mehr-Preis-Modell nicht einfach in der Umsetzung. Beispielsweise musste ich mit Bill Clinton und auch europäischen Regierungsvertretern verhandeln, dass die Einfuhr und der Verkauf der günstigen Medikamente aus Afrika in den USA und Europa verboten wurden. Es gab in der Folge einige Verstöße und Verurteilungen von skrupellosen Großhändlern. Auch mussten wir mit etlichen Hindernissen kämpfen, die uns von afrikanischen Regierungen in den Weg gelegt wurden. Dies hatte viel mit Vorurteilen und schlichtweg auch mit Dummheit zu tun. Ich will hier nicht zu sehr ins Detail gehen. Denn was zählt, ist, dass wir vielen Menschen durch diese damals revolutionäre Preisgestaltung helfen konnten und ein Business-Modell geschaffen haben, das neue Wege eröffnet. Dieses Vorgehen wenden wir mittlerweile für unterschiedliche Medikamente an, beispielsweise auch in der Malariatherapie. Nicht nur die Patienten profitierten von diesem Vorgehen, sondern auch das Unternehmen, zum Beispiel wurden wir aufgrund unseres humanitären Vorgehens zum attraktiven Arbeitgeber für die besten Wissenschaftler, die Unternehmen mit einem großen Engagement für wirksame Philanthropie schätzen.

Brian Grazer

Alles, was du wirklich besitzt, sind deine Ideen und das Selbstvertrauen, sie aufzuschreiben

Brian Grazer ist seit über 35 Jahren in der Filmindustrie tätig. Seine Filme und TV-Shows wurden für über 50 Oscars und rund 100 Emmys nominiert. Im Jahr 2002 wurde Brian Grazer mit dem Oscar Bester Film für *A Beautiful Mind – Genie und Wahnsinn* geehrt.

Ich habe gut zwei Jahrzehnte damit verbracht, Rat von Leuten außerhalb des Filmgeschäfts zu suchen. Vorher habe ich Leute aus der Unterhaltungsindustrie um Rat gebeten. Im Laufe von über 35 Jahren sind so Ratschläge von fast 1000 Personen zusammengekommen. Jeden Monat lege ich eine neue Liste von Leuten an, die ich anrufen will. Das ist meine »Interessante-Leute-Liste«. Durchschnittlich rufe ich fünf Personen pro Woche an – Eliot Spitzer oder Isaac Asimov rufe ich persönlich an – und treffe mich schließlich alle zwei Wochen mit einer Person. Am liebsten treffe ich diese Leute in meinem Büro. Und bitte sie, mir etwas über ihre Welt zu erzählen. Ich treffe sie, um endlich zu lernen, ein effizienterer Filmemacher zu werden.

Meine ganze berufliche Laufbahn baut auf einem Ratschlag auf, den mir zwei Personen gegeben haben: (der MCA-Gründer) Jules Stein und (der ehemalige Chairman von MCA) Lew Wasserman. 1975 war ich Rechtsreferent bei Warner Bros. Ich habe ungefähr ein Jahr lang versucht, diese beiden Männer zu treffen. Schließlich gelang es mir. Sie sagten mir beide, unabhängig voneinander, das Gleiche: »Wenn du ins Unterhaltungsgeschäft einsteigen willst, brauchst du Einfluss. Da du keinen hast – kein Geld, keinen Stammbaum, keine nützlichen Beziehungen – musst du kreativen Einfluss haben. Der besteht aber nur in deinem Kopf. Also musst du es aufschreiben, deine Gedanken zu Papier bringen. Dann besitzt du ein Stück Papier. Das ist Einfluss.«

Mit diesem Rat schrieb ich die Geschichte, aus der Splash werden sollte, ein Hirngespinst über die Begegnung mit einer Meerjungfrau. Ich habe mir jahrelang Einschreibebriefe geschickt – Filmkonzepte und andere Ideen –, sodass ich meine Ideen offiziell auf Papier stehen hatte. Ich habe ungefähr

HOLLYWOOD

1000 Briefe in einem Tresor. Bis zum heutigen Tag bin ich davon überzeugt, dass meine wahre Macht nur darin besteht – Ideen und das Selbstvertrauen, sie schriftlich festzuhalten.

Calvin Grieder

Egal, was du tust, tu es gut

Calvin Grieder ist seit Februar 2014 Präsident des Verwaltungsrats der Bühler Gruppe, dem führenden Anlagenbauer in der Getreideverarbeitung. Daneben ist er Mitglied des Verwaltungsrats der Givaudan SA und seit 2017 deren Präsident. 2020 wurde er zum Verwaltungsratspräsidenten der Société General de Surveillance (SGS) ernannt. Nach seinem Studium an der ETH Zürich und in Harvard hatte er verschiedene Führungsfunktionen bei international tätigen Schweizer und deutschen Firmen im Bereich Automation, Telekommunikation und Regeltechnik inne. 2001 wechselte Calvin Grieder von der Swisscom zur Bühler Gruppe und übernahm die Funktion des CEO, die er 15 Jahre innehatte.

Ich war kein Meister in der Schule, und der Berufsberater hat mir empfohlen, die Privatschule zu besuchen. Mein Vater hatte dazu aber eine klare Meinung: »Du bleibst in der allgemeinen Schule und machst dort den Abschluss oder du wechselst in eine Lehre. Ein guter Facharbeiter ist mir lieber als ein schlechter Akademiker.« Dies hat mich beeindruckt. Mein Arbeitswille steigerte sich und Schule und Studium habe ich anschließend gut geschafft. Diese Erfahrung habe ich in mein unternehmerisches Wirken aufgenommen. Unternehmen werden sehr erfolgreich, wenn sie eine bestimmte Aufgabe perfekt erledigen. Es braucht nicht immer Hightech zu sein, um hohe Margen zu erreichen. Auch in traditionellen Branchen findet man immer wieder Firmen, die Spitzenleistungen vollbringen. Es ist die Fähigkeit, auch einfache Dinge besser zu machen als alle anderen, sich abzuheben und Kunden einen Vorsprung zu bieten. Es ist immer wieder erstaunlich, wie viele solcher »Hidden Champions« man im Wirtschaftsleben entdecken kann. Allerdings dürfen wir nicht vergessen, heute den Blick auch in die Ferne schweifen zu lassen. Die Welt verändert sich, die Märkte erweitern sich nach Osten und nach Süden. Die Konkurrenz ist größer geworden, und es gibt viele, die fähig sind, auch Gutes zu leisten. Um Marktführer zu werden, braucht es viel an Wille und Einsatz; es gilt, immer wieder an den Details zu feilen und damit besser zu sein als alle anderen. Das Prinzip ist immer gleich: Als Firma gilt es sich zu fokussieren, sich auf seine Stärken zu besinnen und aus diesem Kern heraus Weltmeister zu werden.

Diesen Grundsatz leben wir heute auch bei Bühler. Wir sind über viele Jahre hinweg zum Marktführer in der Alten Welt aufgestiegen. Wir haben auch angesichts härterer Konkurrenz nicht versucht, in neue Branchen auszuweichen. Wir haben uns auf unsere Stärken konzentriert und sind aufgebrochen, auch in der Neuen Welt Weltmeister zu werden. Unser Erfolg gibt uns recht.

Klaus Grohe

Seid immer »hands-on« – das gilt erst recht für den Chef

Klaus Grohe, 1937 als jüngster Sohn des Firmengründers Hans Grohe geboren, trat 1968 in das väterliche Unternehmen ein. Zunächst für die Leitung des Vertriebs zuständig, übernahm er 1975 die Geschäftsführung beim Schwarzwälder Bad- und Sanitärspezialisten, die er – nach der Umwandlung in eine nicht börsennotierte Aktiengesellschaft – als Vorstandsvorsitzender bis 2008 innehatte. Unter seiner Führung entwickelte sich die Hansgrohe AG vom kleinen deutschen Ablaufspezialisten zu einem der Global Player der Sanitärbranche und einem der weltweit führenden Armaturen- und Brausenhersteller. Bis 2015 war Grohe Aufsichtsratsvorsitzender des Unternehmens Hansgrohe AG, heute ist er Ehrenvorsitzender des Aufsichtsrats.

Ehrlich gesagt erinnere ich mich nicht mehr, ob mein Vater, der 1901 das Unternehmen Hansgrohe gegründet hat, mir seine Arbeitsmaxime ausdrücklich als Ratschlag mit auf den Weg gegeben hat. Er hat sie in jedem Fall vorgelebt, und vermutlich hat das bei mir einen viel stärkeren Eindruck hinterlassen, als dies wohlformulierte Worte vermocht hätten. Denn ich bemühe mich

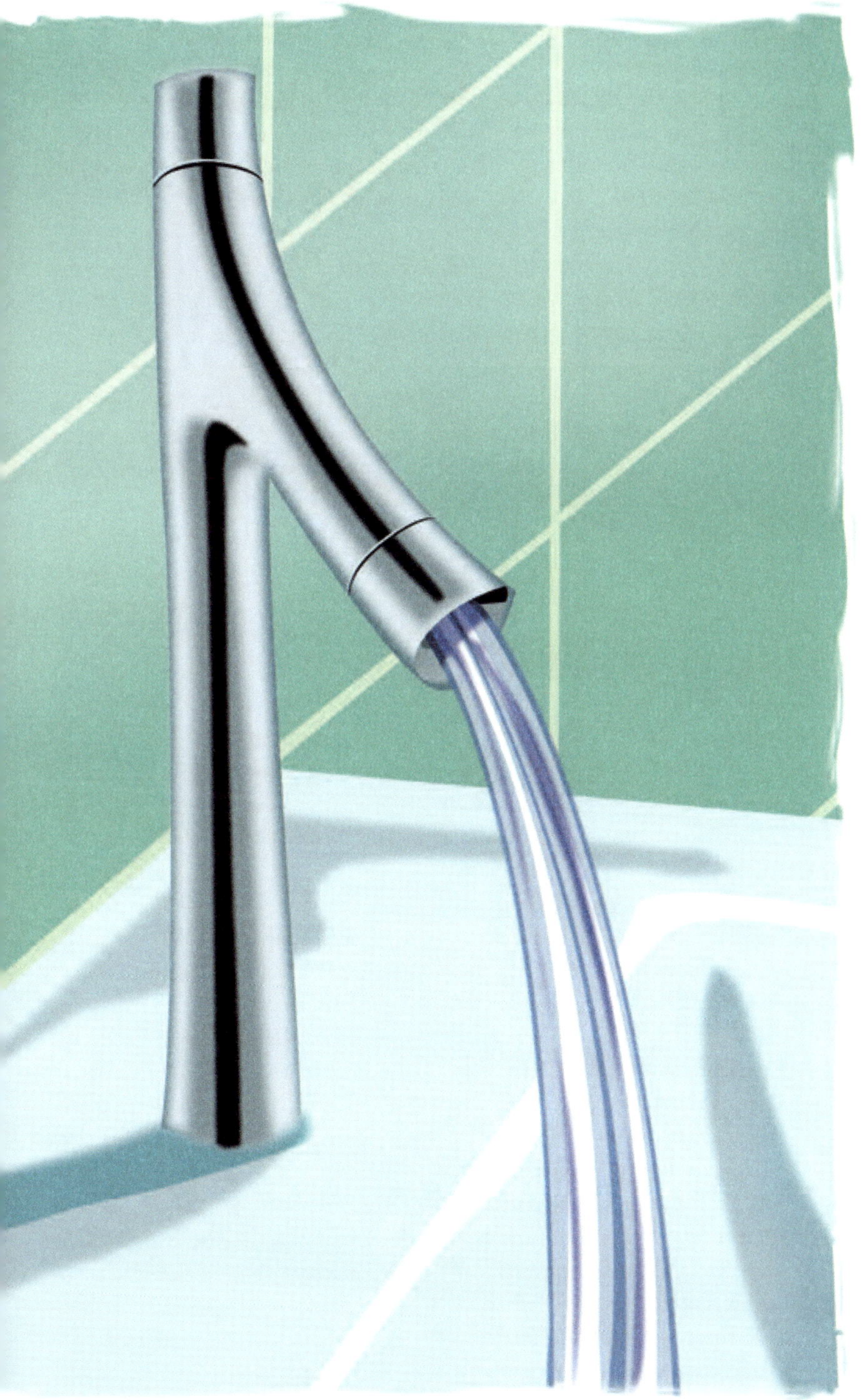

nicht nur bis heute, diesem Grundsatz zu folgen, sondern genau dies wäre auch mein bester Rat an die nachfolgende Unternehmergeneration – speziell an diejenigen an der Spitze von Hansgrohe: Seid immer »hands-on«, bleibt nah bei euren Produkten, Märkten, Kunden und Partnern, Mitarbeiterinnen und Mitarbeitern. Dies gilt ganz besonders für den Chef!

Es gibt für mich heute im Topmanagement, vor allem der großen Industriekonzerne, zu viele Vertreter denen das Verständnis für die Produkte, die ihr jeweiliges Unternehmen herstellt und die Fertigungsprozesse dahinter, zu großen Teilen fehlt. Ich frage mich häufig, wie man ohne dieses Wissen überhaupt ein erfolgreiches Geschäftsmodell entwickeln und weiter voranbringen kann. Gerade dort, wo der unternehmerische Erfolg Resultat der eigenen Innovationsstärke ist. In jedem Fall bleiben Authentizität und Leidenschaft auf der Strecke, wenn man gestern Schokoriegel vertrieben hat, heute in Mobiltelefonen macht und morgen für Investitionsgüter Verantwortung trägt. Und beides – Authentizität und gelebte Leidenschaft – ist aus meiner Sicht ganz wesentlich für die Gestaltung vertrauensvoller und tragfähiger Beziehungen zu Marktpartnern, aber auch zur eigenen Belegschaft. Denn man wird nur ernst genommen, wenn das Gegenüber, egal ob Kunde, Lieferant oder Mitarbeiter, das Gefühl hat: »Der weiß genau, wovon wir gerade reden.« So haben wir es bei Hansgrohe geschafft, dass wir immer noch markt-, kunden- und belegschaftsnah sind und uns als große Familie empfinden, obwohl wir längst nicht mehr der kleine Mittelständler sind, sondern ein Global Player mit mehr als 40 Niederlassungen auf allen Kontinenten.

Natürlich habe ich das Glück gehabt, dass ich in das Unternehmen hineingeboren wurde und mit dem Unternehmen aufgewachsen bin. Wenn man bei uns zu Hause eine Tür aufmachte, konnte es passieren, dass man im Treppenhaus der Fabrik stand. Für mich war es ganz selbstverständlich, in den Schulferien in der Produktion zu arbeiten und dabei eine lehrlingsähnliche Ausbildung zum Mechaniker zu durchlaufen. Das half mir, mein konstruktives Vorstellungsvermögen besser zu entwickeln. Während und nach dem Studium habe ich dann viel im Ausland – in England, in Südafrika und in den USA – gearbeitet und so vielseitige praktische Erfahrungen gesammelt. »Hands-on« zu sein hat für mich also auch eine ganz handfeste Komponente: neugierig auf Neues zu sein, Dinge anzupacken, zu tüfteln, auszuprobieren, Leidenschaften zu entwickeln, Erfahrungen in der Praxis zu machen. Vermutlich engagiere ich mich – neben meiner Arbeit für Hansgrohe – auch deswegen so stark in der Solarbranche, weil ich schon Mitte der 1970er-Jahre selbst an einem solarthermischen Kollektor gebastelt habe, der tatsächlich auch funktioniert hat. Und deswegen habe ich mich auch sehr gefreut, als meine beiden ältesten Enkel, mit denen ich gerade auf Formentera bin, mal ihren Laptop haben stehen lassen, um sich mit Hingabe mit unserem alten Motorroller zu befassen: Zündkerzen reinigen, Gaszug einstellen … ganz »hands-on« eben!

Heinz Walter Große

Es zählt nicht die Anzahl der Stunden unserer Arbeit, sondern die Ergebnisse in den Stunden unserer Arbeit

Prof. Dr. Heinz Walter Große war 14 Jahre im Vorstand der B. Braun Melsungen AG tätig, davon acht Jahre als Vorstandsvorsitzender. Nach seinem Abitur in Kassel studierte und promovierte Große in Göttingen. 1978 trat er als Assistent des Finanzvorstands bei der B. Braun Melsungen AG ein. In den Folgejahren war Große zunächst in den USA und später als Geschäftsführer der B. Braun Austria GmbH und deren Nachbarstaaten tätig. 2005 wurde er in den Vorstand der B. Braun Melsungen AG berufen und war dort zuständig für Finanzen, ab 2008 zusätzlich für Personal und Recht. Professor Große übernahm 2011 den Vorsitz des Vorstands von Professor Ludwig Georg Braun und war damit der erste Vorstandsvorsitzende, der nicht aus der Braun-Familie stammte. 2019 ging er in den Ruhestand. Heute ist er als Mitglied des Vorstands der B. Braun Familienholding SE und Co. KG sowie als Aufsichtsratsvorsitzender der Aesculap AG und der Baunataler Diakonie Kassel e. V. tätig.

Den oben zitierten Satz, der mich mein ganzes Berufsleben lang begleitet hat, hörte ich an einem meiner ersten Tage bei B. Braun in den USA. Dieser gute Rat stammte von Frank Petry, dem damaligen Präsidenten der Gesellschaft. Bis heute regt mich dieses Zitat zum Nachdenken an und lässt mich Arbeit eher nach Ergebnissen als nach abgeleisteter Zeit bewerten.

Fleiß alleine reicht nicht, um erfolgreich zu sein. Es ist ebenso wichtig, sich mit guten Ideen, Anregungen und Anstößen für Veränderungen einzubringen. Oft habe ich meinen Arbeitstag oder die Woche dahin gehend reflektiert, ob ich mich ganz vom »Räderwerk des betrieblichen Geschehens« habe vereinnahmen lassen, oder ob es mir gelungen ist, Anstöße zu geben und zu Veränderungen beizutragen. War ich ein »Unruhegeist« im positiven Sinne? Habe ich mit meiner Tätigkeit einen positiven Beitrag geleistet für Mitarbeiter, für Kollegen, für das Unternehmen? Ich halte es für wichtig, sich diese Fragen zu stellen und den Rat nicht etwa falsch zu verstehen als Entschuldigung für minimalen Einsatz getreu dem Motto »Zwei gute Ideen reichen, jetzt gehts nach Hause«.

Weiter gedacht lässt diese Herangehensweise auch den richtigen Weg finden, wie wir mit der uns geschenkten Zeit generell umgehen. Gerade in Zeiten zunehmender Entfremdung und von steigenden »Burn-out«-Symptomen hilft sie, den Wochenablauf dahin gehend zu überprüfen, ob denn auch Familie, Freunde, Sport und Spaß Teil des Alltags sind und waren. Denn: »It does not count how many hours you put in your work, it counts what you put in the hour.«

Andy Grove

Wenn jeder weiß, dass etwas stimmt, weiß keiner was

Dr. Andrew S. Grove war Mitbegründer der Intel Corporation. Seit der Gründung im Jahr 1968 lenkte er das Unternehmen; als Präsident von 1979 bis 1997, als CEO von 1987 bis 1998 sowie als Chairman of the Board von 1997 bis 2005. 1997 wählte ihn das *Time Magazine* zum »Man of the Year«. Der als Pionier des Silicon Valley bekannte Andy Grove verstarb 2016 im Alter von 79 Jahren.

Den besten Rat meines Lebens bekam ich von Alois Xavier Schmidt, meinem Lieblingsprofessor am City College von New York. Einer seiner Sprüche ist mir unvergesslich geblieben und beeinflusst mich auch heute noch. Er sagte oft: »Wenn jeder weiß, dass etwas so ist, weiß im Grunde keiner was.«

Unsere kleine Forschungsgruppe bei Fairchild (Halbleiter) begann vor rund 40 Jahren, die Eigenschaften von Oberflächenschichten zu untersuchen, die das Herzstück moderner integrierter Schaltkreise waren. Damals »wusste jeder«, dass Oberflächenzustände uns beim Bau solcher Chips in die Quere kommen würden. Wie sich herausstellte, wusste niemand etwas. Wir haben nie irgendwelche Oberflächenzustände gefunden. Was wir hingegen gefunden haben, waren Leiterbahnverschmutzungen. Als wir das erkannten und dieses Problem lösten, war der Weg für die Chipindustrie, wie wir sie heute kennen, frei.

Professor Schmidts Worte fielen mir wieder ein, als ich vor zehn Jahren die Diagnose Prostatakrebs erhielt. »Jeder wusste«, welche Behandlung am besten für mich sein würde. Ich sagte mir, vielleicht ist dies auch so ein Fall, in dem man sich nicht auf das allgemeine Wissen verlassen sollte, und stellte meine eigenen Untersuchungen an, verglich alle bekannten Daten über verschiedene Behandlungen miteinander und gelangte so zu weniger herkömmlichen Ergebnissen. Immer wieder hat Professor Schmidts Spruch mich dazu veranlasst, selbst nachzudenken, zu den ersten Grundsätzen, zum Grundwissen über Fakten zurückzugehen, anstatt sich an das zu halten, was »jeder weiß«.

Peter Gygax
Bleib unabhängig

Peter Gygax ist Inhaber und CEO der Carletto AG, deren Hauptsitz sich in Wädenswil am Zürichsee befindet und die er gemeinsam mit seinem Vater 1986 gründete. Davor war er in der Automobilbranche tätig. Seit 2000 ist er CEO der Firma. Heute ist das Unternehmen ein führender Spezialist für den Aufbau und die Distribution von markenzentrierten Spielwaren.

Ich habe viele gute Ratschläge erhalten und manche auch befolgt. Am meisten hat mich der Rat »Bleib unabhängig« geprägt. Diesen versuche ich bei Carletto konsequent umzusetzen. Wir handeln nicht nur mit Spielwaren, sondern unterstützen Lieferanten auch dabei, sich mit ihren Marken im Markt zu etablieren, was viel Sachverstand und Fingerspitzengefühl erfordert. So hat Carletto schon vielen Marken zum Durchbruch verholfen. Allerdings kann das auch zu einer Gratwanderung werden, wenn dabei hohe

Abhängigkeiten entstehen. Diese können sehr gefährlich sein und unter Umständen das unternehmerische Handeln komplett verzerren. Möglicherweise arbeitet man dann nicht mehr für das, woran man glaubt, sondern ist mehr oder weniger fremdbestimmt.

Ich habe die Erfahrung gemacht, dass man für Unabhängigkeit – vor allem die unternehmerische – oft einen hohen Preis bezahlen muss. In den 1990er-Jahren haben wir für die Firma International Games das Kartenspiel UNO aufgebaut, ein absoluter Superseller. International Games wurde allerdings eines Tages über Nacht an Mattel verkauft. Mattel übernahm die Distribution selbst und wir waren draußen. Wir mussten enorme Umsatzeinbußen hinnehmen – bis zu 90 Prozent. Zuerst dachten wir, um Himmels willen, das ist eine Katastrophe! Doch am Ende hat uns dieser Rückschlag neue Türen geöffnet, weil wir uns danach mit unserem Portfolio viel breiter aufgestellt haben. Heute beinhaltet unser Sortiment vier Segmente: Dolls und Soft Toys, Arts und Crafts, Traditional Toys sowie Games und Puzzles. Das Ende dieser Abhängigkeit von einem großen Lieferanten hat es uns also schlussendlich ermöglicht, das Unternehmen auf ein breites Fundament zu stellen. Heute bin ich jeden Tag dankbar dafür, dass das passiert ist.

Die Spielzeugbranche zählt eindeutig zu den Gewinnern der Pandemie. Zwar gab es bereits in den letzten Jahren stets konstantes Wachstum, doch die verschiedenen Lockdowns und die Situation, dass die Menschen sich viel mehr in den eigenen vier Wänden aufhalten, wirken in unserer Branche wie ein Wachstumsbooster. Meiner Meinung nach arbeiten wir für die spannendste Zielgruppe der Welt: Kinder. Spätestens seit dem Corona-Lockdown zeigte sich, dass auch Jugendliche und Erwachsene zur Spielwaren-Welt gehören. Vor allem der Absatz von Puzzles, Familienspielen und Baukästen ging durch die Decke.

Wir beobachten einen weiteren, sehr interessanten Trend. Auch wenn es auf den ersten Blick nicht logisch erscheint, hat die Digitalisierung den analogen Spielen wieder einen Weg bereitet. Natürlich wird viel mit Smartphones und anderen elektronischen Devices gespielt. Doch offensichtlich sucht der Konsument das, was er sonst nicht hat. Da er umgeben ist von virtuellen Spielen und die Spielwelt von der Digitalisierung komplett bestimmt zu sein scheint, ist die analoge Spielwelt plötzlich wieder total spannend. Viele Onlinespieler kehren irgendwann wieder in die analoge Welt zurück, dann das spannendste am Spiel ist der Mensch! Der Mensch hat ein starkes Interesse am Miteinander und kein elektronisches Spielzeug kann das Spiel mit anderen Menschen ersetzen. Die soziale Komponente, also der Wunsch nach einem gemeinsamen Erlebnis, verhilft der analogen Spielwelt zum Wachstum. Die Freude am Spiel fängt an, wenn man ganz klein ist, und hört meist im Erwachsenenalter nicht auf. Das kann die Digitalisierung mit dem riesigen Angebot an Onlinespielen auch nicht ändern. Auch wenn der Trend lange Richtung Onlinespiele wies, haben wir unabhängig von diesem Trend gehandelt und immer auf analoge Spiele gesetzt. Seit den 1990er-Jahren hat sich der Markt für analoge Spiele mehr als verfünffacht.

Wegen der hohen Nachfrage ist die Branche andauernd gefordert, neue Produkte zu entwickeln. Das ist bei uns recht spannend, weil die Spielzeugbranche in gewisser Weise ein Spiegel der Zeit und der Gesellschaft ist. Dass sich beispielsweise Escape-Spiele so gut verkaufen, liegt daran, dass das Beisammensein, das gemeinsame Rätseln und das Rausgehen aus der eigenen Komfortzone so gut ankommen.

Die Entwicklung neuer Spiele dauert in der Regel zwölf Monate. Wir helfen nicht nur anderen Marken zum Durchbruch. Unsere Spielespezialisten sorgen dafür, dass Carletto auch mit Eigenmarken auf dem Markt vertreten ist. Regelmäßig gehen bei uns Vorschläge für neue Spiele ein. Die Spielkarten sind meist von Hand koloriert und ausgeschnitten, die Anleitungen in einem Worddokument runtergetippt. Der jeweilige Spielvorschlag wird zunächst in unserer Redaktion auf Herz und Nieren geprüft. Wenn die Spiele dort für gut befunden wurden, werden sie den entsprechenden Fokusgruppen vorgestellt: Ein Partyspiel wird von einer Gruppe erwachsener Partygänger getestet, ein Familienspiel von einer normalen Durchschnittsfamilie, ein Kinderspiel von einer Kindergartengruppe und so weiter. Die Rückmeldungen der Fokusgruppen entscheiden, ob ein Spiel in die Produktion geht oder nicht.

Weil die Branche eingebunden ist in die Gesellschaft und gesellschaftliche Trends aufgreift, ist sie sehr dynamisch. Langeweile kommt da nie auf! Das ist es auch, was mich so motiviert. Ich übe seit über 30 Jahren diesen Beruf aus. Schon immer war hier viel Bewegung drin, aber was jetzt aufgrund der Pandemie geschehen ist und die vielen Chancen, die sich auftun – das motiviert und inspiriert mich unheimlich. Es ist eine tolle Challenge, mit den Veränderungen bei Konsum, Einkaufsgewohnheiten, Handel und Strukturen mitzugehen. Da ist es gut, wenn man das eigene Vorgehen nicht stur festgelegt hat, sondern stets dynamisch und im Kopf unabhängig agiert.

Simon Hammer
Setz dir Ziele und kämpfe dafür

Simon Hammer war bis Mai 2022 Mitglied der Geschäftsleitung der SAP Schweiz. Dort leitete er den für Partner und KMU verantwortlichen Geschäftsbereich. Nach seiner Ausbildung zum Verkaufsleiter stieg Simon Hammer in den Verkauf ein, zunächst in der Verlagsbranche, ab 2002 in der Softwareindustrie. Nach seiner Tätigkeit bei StepStone Solutions startete er 2010 bei SuccessFactors und kam durch deren Übernahme 2013 zur SAP Schweiz. Im Jahr 2015 übernahm er bei SAP Schweiz die Leitung des Cloud-Geschäfts und wurde 2018 in die Geschäftsleitung berufen. Inzwischen ist er in der Geschäftsleitung der Agilita, bei der er für das Business Development verantwortlich ist.

Die Hartnäckigkeit und der Wille, wirklich zu kämpfen, um ein Ziel zu erreichen, ist den Menschen abhandengekommen. Das liegt daran, dass man heutzutage sehr flexibel ist. Im Berufsleben beispielsweise gibt es nicht nur einen Weg, um zu wachsen und voranzukommen, sondern verschiedene. Man kann sogar mal aus dem System rausspringen – sprich: etwas ganz anderes tun – und wieder zurückkehren. Es lässt sich auch so ausdrücken: Fast immer bietet sich die Möglichkeit, den Weg des geringeren Widerstands zu wählen. Dass das immer den gleichen Erfolg bringt, bezweifle ich.

Für mich persönlich lautet vor diesem Hintergrund der beste Rat: »Setz dir Ziele und kämpfe dafür.« Diesen Rat habe ich nicht von einer bestimmten Person erhalten, sondern habe ihn mir bei Menschen quasi »abgeschaut«, die groß denken, also immer das große Ganze sehen und sich Ziele setzen, die sie dann ganz konsequent verfolgen. Ich beobachte, dass diese wichtige Fähigkeit in unserer Gesellschaft verloren gegangen ist: sich auf etwas konzentrieren und darum zu kämpfen. Mir hilft dieser Rat, im Alltag Dinge zu gestalten und Ziele zu erreichen. Ich halte mich selbst nicht für außergewöhnlich intelligent, aber ich habe die Erfahrung gemacht, dass Hartnäckigkeit, Dranbleiben und Kämpfen helfen, um etwas zu erreichen.

Die Softwarebranche passt zu meinem Charakter ausgesprochen gut. Ich bin ein sehr rastloser Mensch und daher begeistert es mich, dass die Branche unglaublich schnelllebig ist und sich in kürzester Zeit gleich mehrere Dinge verändern können. Ich mag auch die vielen Herausforderungen, die sich daraus ergeben.

Zur typischen Schnelllebigkeit der Softwarebranche brachte die Pandemie zusätzliche Dynamik. Vieles, was davor gültig war, wurde hinfällig. Und Themen, die davor bereits auf der Agenda standen, bekamen eine noch höhere Dynamik und Brisanz. Die größte Herausforderung heißt jetzt Digitalisierung. Sie wird uns auch in den nächsten Jahren extrem begleiten – nicht nur uns, sondern auch unsere Kunden und unser Umfeld. Viele Unternehmen, die bisher die Digitalisierung vernachlässigt hatten, haben in der Pandemie klar und hart aufgezeigt bekommen, dass sie hier aufrüsten müssen. Aber auch unabhängig von der Pandemie betrachte ich vor allem beim Mittelstand das Thema Transformation zum intelligenten Unternehmen als großen Trend. Hier geht es darum, einen Großteil der Prozesse in einem Unternehmen durch künstliche Intelligenz zu ersetzen. Gerade beim Mittelstand besteht hier ein enormer Nachholbedarf.

Der zweite Trend ist Machine Learning, ein Teilgebiet der künstlichen Intelligenz. Durch das Erkennen von Mustern in vorliegenden Datenbeständen sind IT-Systeme in der Lage, eigenständig Lösungen für Probleme zu finden. Gerade für mittlere Unternehmen ist der Zeitaufwand enorm, um beispielsweise eingegangene Zahlungen mit den eigenen Forderungen abzugleichen. Wenn bei Zahlungen der Verwendungszweck fehlt oder der Zahlungsbetrag nicht stimmt, ist es beim manuellen Bearbeiten ein mühsames Unterfangen, korrekt zuzuordnen. Beim Machine Learning werden IT-Systeme in die Lage versetzt, Muster und Gesetzmäßigkeiten zu erkennen, nach und nach eigenständig zu lernen und Lösungen zu finden. Dadurch wird die manuelle Arbeit um 90 Prozent reduziert.

Künstliche Intelligenz und Machine Learning – Skeptiker haben angesichts dieser Trends die große Sorge, dass viele Menschen dadurch überflüssig werden. Ich glaube, dass es wichtig ist zu automatisieren, wenn es sich um einfache und triviale Tätigkeiten handelt. Die freigewordenen Ressourcen können dann in Bereichen eingesetzt werden, in denen es wirklich spannend ist und die die Unternehmen weiterbringen und Innovationen generieren.

Ein dritter Trend ist in meinen Augen der Total-Experience-Trend. Den Kunden gesamtheitlich zu betrachten und jede Erfahrung, die man dem Kunden bietet, zu verbessern, ist für uns, aber auch für unsere Kunden gegenüber ihren Kunden extrem wichtig. Gerade in der Softwarebranche hat dieser Trend an Gewicht gewonnen. Das zeigt sich unter anderem an der zunehmenden Zahl von Software-Abonnements. Früher hat man einmalig Software verkauft und installiert. Bei Subskriptionsmodellen dagegen wird eine längerfristige Beziehung zwischen Käuferschaft und anbietenden Unternehmen begründet. Zudem bedeuten Software-Lizenzierungen auf Abonnementbasis vorhersehbare und wiederkehrende Einnahmen.

Die Herausforderungen, die aus diesen großen Trends entstehen, sind gewaltig. Nicht nur für die Softwarebranche. Ich bin überzeugt, dass sie für viele Unternehmen die Weichen stellen für ein erfolgreiches Bestehen. Umso wichtiger ist es, sein Ziel immer fest vor Augen zu haben und hartnäckig dafür zu kämpfen.

Morten Hannesbo

Viel Schlaf und viel Wasser

> Morten Hannesbo war von 2009 bis 2021 CEO der AMAG Automobil- und Motoren AG. Er übt Verwaltungsratsmandate bei AMAG Leasing AG, AMAG First AG, Auto 1 AG, Scott Corporation SA und Wohler KSU A-Technik AG aus. Zudem ist er Vizepräsident bei Auto Schweiz und Swiss eMobility sowie aktiver Stiftungsrat beim Genfer Auto-Salon.

Der beste Rat lautet: »Always go to bed the same day as you got up and drink twice as much water as wine …« Diesen Rat erteilte mir Thomas Hartwig, ehemaliger CEO bei IBM Dänemark. Er hat dies selbstverständlich etwas ausgeführt. Die Botschaft hinter dem Satz lautete, immer gut vorbereitet zu sein und immer auf die Gesundheit zu achten. Und dabei spielen genügend Schlaf und wenig Alkohol eben eine wichtige Rolle.

Seit über 20 Jahren versuche ich, diesem Rat zu folgen, und es ist erstaunlich, wie viel es ausmacht, wenn man ein bis zwei Stunden länger schläft, wenn man am nächsten Tag bei der Arbeit wieder zu 100 Prozent leistungsfähig sein will. Ich war viele Jahre ein- bis zweimal im Monat im Fernen Osten und bin meistens direkt vom Flughafen in eine Sitzung gegangen. Selbstverständlich musste ich bei diesen Verhandlungen immer topfit sein. Hartwigs Rat hat mir da sehr geholfen. Der Rat, den ich außerdem weitergeben würde, lautet: »Als Beruf sollte man das wählen, was einem wirklich Spaß macht, und gezielt für den besten Chef dieser Branche arbeiten.« Arbeit, die man gerne macht, ist keine Verpflichtung, sondern ein Vergnügen oder sogar ein Erlebnis. Wenn die Arbeit Vergnügen ist, sind auch lange Arbeitstage und viele Überstunden nicht so schlimm. Die Wahl des besten Chefs ist für unerfahrene Mitarbeiter zwar nicht immer möglich, aber das Image einer Firma und die Werte des Unternehmens sind gute Hinweise. Normalerweise sind die Mitarbeiter ein Spiegelbild des Unternehmens – achten Sie also bei der Berufs- und Stellenwahl genau darauf, in was für ein Unternehmen Sie eintreten.

Ina Hasdenteufel

Schau immer nach vorn, nie zurück!

Dr. Ina Hasdenteufel leitet die Bereiche Employment Law, Legal Data Protection & Sourcing sowie Corporate Security bei der Credit Suisse. Ebenfalls war sie über zwei Jahre Chief Operating Officer des Bereiches General Counsel, wo sie auch Mitglied des Management Committee ist. Ihre juristische Karriere begann Ina Hasdenteufel bei der weltweit tätigen Wirtschaftskanzlei Linklaters in New York, wo sie im Bereich Asset Finance tätig war. Im Jahr 2005 folgte sie dem Ruf der Credit Suisse, zog in die Schweiz und startete ihre Bankkarriere im General Counsel Department im Bereich Litigation.

Den besten Rat meiner Karriere erhielt ich bereits ganz am Anfang von einem sehr guten Kollegen: »Schau immer nach vorne, nimm nichts persönlich und gehe unbeirrt deinen Weg weiter.« Damals hatte ich mit einer großen Enttäuschung zu kämpfen: Es ging um eine Beförderung, die mir in Aussicht gestellt wurde, aber zu diesem Zeitpunkt dann nicht zu realisieren war. Mit der Empfehlung meines Kollegen konnte ich zunächst gar nichts anfangen, denn dieser Rückschlag setzte mir sehr zu und ich war tief enttäuscht. Ich dachte mir: »Wunderbar, aber wie sollen mir jetzt solche warmen Worte helfen?«

Dann habe ich mir diese aber doch zu Herzen genommen und versucht, bestmöglich mit der Situation umzugehen. Es stimmt ja auch, irgendwie musste es weitergehen. Wenn ich zurückschaue und überlege, was ich selbst meinen Mitarbeitern heute mitgebe, dann erkenne ich, dass ich immer wieder auf diesen Rat zurückkomme. So simpel es klingt, aber das bringt es auf den Punkt. Das Leben ist, wie man so schön sagt, nicht immer ein »Walk in the park«. Wer Karriere machen möchte, muss auch Fehlschläge akzeptieren sowie Kritik und negatives Feedback vertragen. Nicht immer kann alles so laufen, wie man es sich vorstellt, plant und wünscht.

Und ich bin rückblickend sehr dankbar, dass meine anschließende Karriere sehr geradlinig verlief. Ich musste keine weiteren dramatischen Schlappen erleben. Sicherlich hat es mir in die Karten gespielt, dass ich von Natur aus ein sehr neugieriger Mensch bin und vielfältige Interessen habe. Wenn sich mir beruflich etwas Neues geboten hat, dann war ich immer diejenige, die zugegriffen und alle Chancen mitgenommen hat – nach dem Motto: Bloß nichts auslassen! Ich bin aber nicht nur neugierig, sondern vom Charakter her immer positiv eingestellt. Allein für die Rechtsstreitigkeiten, mit denen ich mich beruflich befasse, muss man ein dickes Fell haben und darf sich nicht gleich die Laune verderben lassen. Es braucht eine Menge, um mir den Tag zu verderben.

Ich habe auch Glück gehabt, weil ich in meiner Umgebung stets Unterstützung gefunden habe – Menschen, die an mich geglaubt haben. In meinen Augen ist das ein sehr wertvoller Antrieb für die eigene Karriere. Diese Rolle übernimmt ja häufig ein Mentor: Dieser begleitet, unterstützt und fördert die Karriere seines Mentees zukunftsgerichtet – eine großartige Sache!

Einen Mentor im klassischen Sinn hatte ich selbst leider nicht. Dieses Konzept und der entsprechende Fokus kamen erst im Laufe meiner Karriere auf. Heute bin ich mit Begeisterung als Mentorin tätig, weil ich glaube, dass wir jungen Kolleginnen und Kollegen unsere Erfahrungen weitergeben sollten – und müssen. Man muss das Rad ja nicht immer neu erfinden.

Ich hatte über all die Jahre allerdings einen sehr guten Chef, der mir jederzeit ehrliches Feedback gab und eigentlich wie ein Mentor war, ohne dass wir es so benennen würden. Mit ihm konnte ich immer offen sprechen, auch am Wochenende, wenn es mal »brannte«. Das gibt mir Sicherheit – in meiner Position muss ich viele Entscheidungen treffen. Dazu muss ich sagen: Ich entscheide gern! Über ein Thema zu diskutieren, aber am Ende nicht zu entscheiden, ist mir fremd. Doch es war für mich in der Vergangenheit – und ist bis heute – unglaublich hilfreich zu wissen, dass ich unterstützt werde und dass jemand meine Entscheidungen mitträgt. Dieses Gefühl der Unterstützung und der damit einhergehenden Sicherheit versuche ich auch täglich meinem Team zu vermitteln.

Nach 17 Jahren bei der Credit Suisse komme ich immer noch jeden Tag mit Begeisterung zur Arbeit. Ich fühle mich wohl und freue mich, mit diesen Menschen zusammenzuarbeiten. Was ich an einem globalen Arbeitgeber auch liebe, ist die Vielfältigkeit. Diese äußert sich zum einen in der großen Bandbreite meiner Aufgaben, zum anderen in der Verschiedenheit der Menschen, mit denen ich zu tun habe.

Wir sind ein ausgesprochen diverses Team. Es läuft einfach besser und ist interessanter, wenn viele verschiedene Menschen zusammenwirken. Für manchen mag zum Beispiel unsere Frauenquote von aktuell fast 50 Prozent im Bereich General Counsel spektakulär sein – für uns ist sie normal. Bei der Credit Suisse hat man sehr früh angefangen, Diversity zu leben und umzusetzen, lange bevor die Diskussionen darüber überhaupt ins Rollen kamen. Für mich ist es selbstverständlich, dass alle mitmachen können und den eigenen Teil dazu beitragen, dass das Team Erfolg hat. Die Vielfältigkeit, die mir so zusagt, spiegelt sich natürlich auch in den unterschiedlichen Meinungen wider, auf die ich treffe. Hier arbeiten Menschen, die bestens ausgebildet und in ihrem jeweiligen Fachbereich sehr erfolgreich sind. Echte Persönlichkeiten, die ihre eigenen Meinungen auch klar vertreten. Da liegt es auf der Hand, dass wir uns nicht bei allen Themen immer einig sind. Das fände ich – ehrlich gesagt – eher beängstigend.

Wenn man mich nach Strategien fragt, wie man am Ende das Ziel erreicht und alle sich abgeholt fühlen, würde ich folgenden Tipp geben: Vor großen Meetings mit vielen Meinungen und unweigerlich langwierigen Diskussion führe ich zunächst Einzelgespräche. Bevor man sich in der großen Runde trifft, ist es wichtig, die einzelnen Leute »abzuholen«, ihre Meinung herauszufinden und ihre Motivation zu verstehen. Das ist nur möglich, wenn man offen miteinander spricht. Ich durfte immer wieder die Erfahrung machen, dass es in kleiner Runde gelingt, ehrlich zu sein und die eigenen Karten auf den Tisch zu legen. So kommt meistens ein Konsens zustande.

Hinschauen, hinhören, verstehen, vermitteln, fördern – das alles gehört zu einer guten Teamführung. Und man sollte viel Zeit investieren sowie gut zuhören können. Jungen Leuten, die danach streben, selbst ein Team zu führen, sage ich gerne Folgendes: Es ist nicht nur ein Spaziergang, Mitarbeiter zu führen. Man trägt Verantwortung, muss für die Menschen sorgen und sie ausbilden – also auch viel Zeit aufwenden.

Ich selbst kultiviere und lebe die »Open Door Policy«: Wenn es brennt, dürfen meine Teammitglieder mit Sorgen und Nöten aller Art immer zu mir kommen – auch ruhig mal am Abend oder am Wochenende.

Thomas Herbert

Angst ist ein schlechter Ratgeber

Thomas Herbert führte über zehn Jahre als Mitinhaber und CEO das Modehaus Schild. Nach einem Management-Buy-out und der Übernahme des Modehauses Spengler gelang es in dieser Zeit, das in Schieflage geratene Unternehmen grundlegend zu restrukturieren, neu zu positionieren und zu rentabilisieren. 2013 verkaufte er Schild als breit abgestütztes und ertragsstarkes Textilunternehmen an die Globus-Gruppe, deren CEO er von 2015 bis 2020 war. 2020 verkaufte Globus seine Filialen an den Ex-Chef Thomas Herbert. Er übernahm nach dem Kauf das Präsidium des Verwaltungsrat. Heute ist er Mitglied des Verwaltungsrates der Warenhauskette Globus. Thomas Herbert ist leidenschaftlicher Wasser- und Wintersportler und lebt mit seiner Familie in einem Vorort von Zürich.

Während meiner Zeit bei der Schweizer Armee wurde ich binnen drei Wochen zum Lastwagenfahrer ausgebildet. Etwa zehn oder zwölf Wochen später nahm ich als 21-Jähriger in den Schweizer Alpen an einer nächtlichen Übung am Lago del Sambuco am Ende des Maggiatals teil. Ich steuerte einen großen Lastwagen, auf dessen Ladefläche etwa 20 Kameraden saßen. Gegen ein Uhr morgens mussten wir über diesen Stausee auf rund 1500 Meter Höhe übersetzen. Die anderen Soldaten hatten eine provisorische, künstliche Brücke aus schwimmenden Teilen und Booten errichtet. Mir brach der kalte Schweiß aus, als mir klar wurde, dass ich mit den Kameraden hinten auf der Ladefläche mit dem schweren Lastwagen über diese 200 Meter lange »Brücke« fahren sollte. Ich hielt das für ungemein gefährlich, zumal es stürmte und der See sehr unruhig war. Aber: Befehl ist Befehl, und so fuhr ich unsicher los. Ganz langsam und zittrig, im Bewusstsein, dass ich die volle Verantwortung für die Soldaten auf der Ladefläche hatte, steuerte ich den Lastwagen über diese Konstruktion im Wasser, die zu allem Überfluss immer instabiler und schwankender wurde. Neben mir im warmen Führerhaus saß ein mir unbekannter, ranghoher Offizier, der schnell erkannte, dass ich wenig Praxiserfahrung im LKW-Fahren hatte. Unvermittelt brüllte er los: »Haben Sie keine Angst! Fahren Sie zu!« Ich sah ihn erschrocken an, und er machte mir lautstark klar: »Die Situation wird nicht besser, wenn Sie Angst haben und so zögerlich fahren. Los jetzt!« Ich schluckte, nahm das Steuer fest in die Hand und fuhr zügig weiter. Unterwegs sagte der Offizier zu mir: »Sehen Sie, die Lage verbessert sich, wenn Sie keine Angst haben und mit mehr Geschwindigkeit fahren.«

Ich war unendlich erleichtert, als wir auf der anderen Seite des Sees ankamen. Der Offizier aber sprang aus dem Wagen und schrie den Leiter der Übung, der im Rang unter ihm stand, an: »Sind Sie nicht ganz bei Trost? Das war absolut verantwortungslos, Sie haben die Truppe unnötig einer großen Gefahr ausgesetzt, das war die riskanteste Übung, die ich je mitgemacht habe!« Da wurde mir klar: Nicht nur ich hatte in dieser Nacht auf dem See Angst gehabt, sondern auch dieser erfahrene Militär, der seine Furcht während der Aktion aber nicht zeigte. Ich bin mir ziemlich sicher, dass dieser umsichtige Offizier die Teilnahme an der Übung abgelehnt hätte, wenn er darüber informiert gewesen wäre, wie es geplant war. Aber als es brenzlig wurde, waren wir schon auf dem See, und es wäre unmöglich gewesen, umzukehren. Da dachte er sich wohl: »Hier müssen wir jetzt durch, und das so schnell wie möglich.« Also überspielte er seine Angst gekonnt und brachte mich dazu, indem er mich autoritär anfuhr, das einzig Richtige zu tun, nämlich zügig und konzentriert über die Konstruktion im See zu fahren. Durch dieses drastische Erlebnis begriff ich, dass Angst ein schlechter Ratgeber und untauglicher Begleiter für fast alle Situationen des Lebens ist. Natürlich kann Angst uns auch schützen und vor Leichtsinn bewahren. Aber Angst lähmt uns und ist umso verheerender, je schwieriger die Situation ist. Diese Erkenntnis hat mich extrem geprägt und mein Leben immer wieder entscheidend beeinflusst. Seitdem analysiere ich meine Entscheidungen, und wenn ich feststelle, dass Angst mein Motivator ist, überdenke ich sie noch einmal. So entschied ich mich wenige Zeit nach der geschilderten Militärübung gegen ein Studium, da ich erkannte, dass ich nur aus dem Sicherheitsaspekt heraus studiert hätte, ohne überhaupt zu wissen, welchen Abschluss ich anstreben wollte. Über die Jahre hinweg gab es immer wieder Situationen, in denen ich mir eingestand, dass ich Angst hatte und diese Angst mein Handeln und meine Entscheidungen beeinflussen könnte. Fast immer ist es mir gelungen, die Angst bewusst abzulegen – und das mit Sicherheit auch aufgrund der Nacht im Maggiatal während meiner Militärzeit. Diese Erfahrung hat mir geholfen, meine eigenen Entscheidungen immer zu hinterfragen, aber auch die anderer, indem ich analysiere, was deren eigentlicher Motivator ist: Angst, Politik oder Taktik beispielsweise. Wenn ich schwierige Beschlüsse umsetzen musste oder es Probleme zu meistern gab, habe ich mir auch immer wieder die Ereignisse in jener Nacht in Erinnerung gerufen und mir gesagt: »Zaudern macht die Situation nicht besser, also mach dich gleich an die Arbeit!«

Natürlich gibt es für uns alle immer wieder Situationen, in denen Angst uns beeinflusst und sich nicht ganz unterdrücken lässt. Dies gilt insbesondere für Urängste, die ich auch bei meinen Kindern beobachte und ihnen nicht nehmen kann. Wichtig ist dann eines: die eigene Angst zu überspielen – so wie der Offizier neben mir im LKW –, damit sie nicht auf die Umgebung, die Mitarbeiter oder die Familie abstrahlt. Wenn ich als Führungskraft eine Entscheidung treffe, deren Konsequenzen ich nicht einschätzen kann oder vor denen ich sogar Angst habe, dann ist es für die Umsetzung der Entscheidung essenziell, dass meine Mannschaft diese Angst nicht spürt. In solchen Situationen achte ich besonders darauf, souverän und sicher aufzutreten, um auch meinem Team mögliche Ängste zu nehmen. Durch den Aufbau dieses Gefühls der Sicherheit gelingt es, besonders schwierige Situationen zu entschärfen, das Ziel am Ende der Straße nicht aus den Augen zu verlieren und auch große Herausforderungen zu meistern.

Volker Herre

Besonnen ans Ziel

Volker Herre arbeitet seit 1997 in verschiedenen Positionen und unterschiedlichen Ländern der Welt für den Konzern HUGO BOSS. Er war CEO für HUGO BOSS Schweiz und verantwortlich für die Geschäfte von HUGO BOSS in Osteuropa und Afrika. Ab 2015 verantwortete der Diplom-Kaufmann als COO die Bereiche Finanzen, Human Resources und Administration für den HUGO BOSS Hub Südeuropa mit Sitz in Paris. Ab 2017 war er Managing Director Southern Europe und an den Umbauarbeiten des Boss Flagship-Stores auf der Champs-Elysées sowie der Eröffnung der Hugo-Boutique im Pariser Marais beteiligt. Seit 2019 betreut er als Managing Director Western Europe ganz Westeuropa (mit Ausnahme von Deutschland, der Schweiz und Österreich) sowie den Mittleren Osten und Indien.

Als mich vor vielen Jahren mein damaliger Chef in meinen ersten Auslandseinsatz entsandte, sagte er sinngemäß: »Jetzt werden Sie mal gutes Benehmen lernen.« Ich war brüskiert, da ich durchaus der Meinung war, mich gut zu benehmen. Vielleicht hat er sich etwas ungeschickt ausgedrückt, denn sehr schnell wurde mir klar, dass es vor allem darum ging, dass ich mich in jedem Land und auf jedem Parkett korrekt verhalten konnte. Als Deutscher war ich naturgemäß immer sehr direkt, vielleicht ein bisschen stur und auch dominant. Im Laufe meines Berufslebens war ich unter anderem für 25 osteuropäische und ebenso viele afrikanische Länder zuständig. Da lernt man natürlich die unterschiedlichsten Kulturen und Usancen kennen. Ich habe es mir dann zur eisernen Regel gemacht, erst mal zu beobachten und zuzuhören. Dies ist mir nicht immer leichtgefallen, denn ich wollte ja schnell Ergebnisse erzielen. Ich habe aber gelernt, dass man Ziele oft zügiger erreicht, wenn man besonnen vorgeht und sich an den Verhaltensprämissen des Gegenübers orientiert, ohne natürlich das Ziel aus den Augen zu verlieren.

Erst wenn ich die Kulturunterschiede erfasst hatte, wusste ich, wie ich am besten kommunizieren und handeln sollte. In vielen osteuropäischen Ländern ist es immer noch so, dass überwiegend die Männer das Sagen haben, auch wenn sich das seit einiger Zeit verändert. Auch in den afrikanischen Ländern habe ich diese Beobachtung gemacht, hier spielt auch die Hautfarbe immer noch eine Rolle – besonders in Südafrika. Ganz generell ist es natürlich auch wichtig, sensibel für religionsbedingte Kulturunterschiede und Haltungen zu sein. Eines ist dabei entscheidend: Auch wenn einige Gegebenheiten und Gepflogenheiten in den betreffenden Ländern meinem Wertesystem als Westeuropäer nicht entsprechen, muss ich sie im Geschäftsleben doch akzeptieren und mit ihnen umzugehen wissen. Ein Beispiel: In Osteuropa sind die Hierarchien noch sehr starr, und die Vorgesetzten gehen ganz anders mit ihren Mitarbeitern um als wir in mittel- und westeuropäischen Führungsstrukturen. In diesem Umfeld ist es immens wichtig, diese deutliche Führungsrolle zu kennen und in den Verhandlungen zu berücksichtigen. Zum einen bedeutet dies, die Berichtsstrukturen einzuhalten und nicht einfach etwas »auf dem kleinen Dienstweg« zu regeln. Zum anderen ist es in einem solchen Umfeld erfolgsentscheidend, den Vorgesetzten auch nicht in der kleinsten Kleinigkeit vor seinen Mitarbeitern zu kritisieren. Er würde dann nämlich sofort das Gesicht vor seinen Leuten verlieren und könnte seine Führungsrolle nicht mehr ausfüllen. Diese Herangehensweise des Beobachtens, Zuhörens und adäquaten Handelns hilft einem natürlich nicht nur in anderen Kulturen, sondern auch im eigenen Umfeld, da es generell zu einem wertschätzenden Miteinander führt. Dazu gehört beispielsweise auch, dass man sich nicht dazu verführen lässt, der Schnelllebigkeit unserer heutigen Kommunikation und den damit verbundenen Gefahren zu erliegen. Eine harsche E-Mail oder ein wütender Telefonanruf ist schnell getätigt – und kann kaum mehr gutgemacht werden. Daher halte ich mich und andere dazu an, bei kleinen und großen Ärgernissen erst mal eine Nacht zu schlafen, bevor man die Antwort verfasst oder das entsprechende Telefonat führt. So gelingt es, eine sachliche, zielorientierte Kommunikation zu pflegen, ohne jemals verbrannte Erde zu hinterlassen. Denn – wie sagt man so schön: »Man begegnet sich immer zweimal im Leben.«

Joh. Christian Jacobs

Melden macht frei

Dr. Joh. Christian Jacobs war nach langjähriger Karriere als M&A-Rechtsberater in einer globalen Law Firm von 2004 bis 2015 Chairman der Jacobs Foundation und ist heute deren Ehrenpräsident. Die Jacobs Foundation ist die gemeinnützige Stiftung der Familie Jacobs, die zugleich größter Aktionär der Adecco SA und der Barry Callebaut AG ist. Die Stiftung investiert fokussiert in die Verbesserung der Lebensbedingungen von Kindern und Jugendlichen und ist unter anderem durch ihr Engagement bei der Jacobs University bekannt geworden. Joh. Christian Jacobs ist heute als unternehmerischer Investor tätig.

Ich hatte das Glück, als junger Mitarbeiter der Generaldirektion Wettbewerb der Europäischen Kommission, dem damaligen Kommissar, Peter Sutherland, zu einem für die Europäische Kommission wichtigen Kartellverfahren vortragen zu dürfen. Sutherland ermutigte meine Kollegen und mich, das Verfahren mit unserem kleinen Team gegen eine übermächtig erscheinende Industrie anzugehen. Angesprochen auf die erheblichen Risiken für die Europäische Kommission entließ er mich und die Kollegen mit dem militärisch klingenden Spruch: »Melden macht frei.«

Ich erinnere mich, wie motiviert wir den Raum verließen, wissend, dass hier ein Vorgesetzter die politische Verantwortung übernimmt, und wie wir so ermutigt und befreit die Aufgabe angegangen sind.

Ich habe seitdem den Spruch »Melden macht frei« meinen Mitarbeitern stets mit auf den Weg gegeben und im Gegenzug Dankbarkeit für die gewonnene Handlungsfreiheit und Eigeninitiative der Mitarbeiter gewonnen. Auch ich selbst habe mich an diesen Spruch gehalten und Probleme immer so früh wie möglich kommuniziert. Das hat mir mein ganzes Leben lang ein hohes Maß an innerer Freiheit eingebracht.

Eva Jaisli

Betrachte die Dinge aus einem anderen Blickwinkel

Eva Jaisli ist seit Ende der 1990er-Jahre CEO und Mitinhaberin von PB Swiss Tools AG, einem familiengeführten Unternehmen, das Präzisionswerkzeuge fertigt und international vertreibt. Eva Jaisli war bis 2020 zudem Präsidentin des Verwaltungsrats der Spital Emmental AG und ist Mitglied des Verwaltungsrats der Krankenkasse Concordia. Sie förderte und unterstützte den Wirtschaftsstandort Schweiz bis 2021 in ihrer Funktion als Vizepräsidentin der Switzerland Global Enterprise und seit 2019 als Vizepräsidentin von SWISSMEM, dem führenden Verband der Schweizer Maschinen-, Elektro- und Metallunternehmen. Die ausgebildete Lehrerin hat Sozialarbeit und Psychologie studiert sowie Masterstudiengänge in Betriebswirtschaft und Internationalem Marketing absolviert.

Mir fällt bei der Frage nach dem besten Rat, den ich je erhielt, sofort das Stichwort »Perspektivenwechsel« ein. Also der Ansatz, in allen zentralen Bereichen des Lebens immer wieder den Blickwinkel anderer Menschen einzunehmen. Die Perspektiven können dabei so unterschiedlich sein wie die Personengruppen, mit denen man vor allem im Geschäftsleben zu tun hat – Kunden, Mitarbeitende, Anteilseigner und andere Stakeholder. Ich kann den Rat keiner konkreten Person zuordnen, aber dennoch hat er mich und mein Denken geprägt. Denn er bietet sehr viele Anwendungsmöglichkeiten und hilft in den meisten Situationen weiter. Nimmt man sich den Rat zu Herzen, kann man schon die Ausgangslage vieler Gespräche und Verhandlungen deutlich verbessern. Man kann von vornherein klarer erkennen, welche Prioritäten das Gegenüber setzt, was der Person oder auch einer Gruppe wichtig ist, wo deren Interessen liegen. Das definiert von vornherein den Rahmen, in dem Gespräche ablaufen, und klärt, welches Ergebnis überhaupt möglich sein kann. Sich stets in die Position der relevanten Personen wie Kunden oder Lieferanten hineinzudenken, führt auch dazu, dass man wesentlich schneller Resultate erzielt, weil man von Anfang an in die richtige Richtung agiert. Man kann sofort unterscheiden, welche Punkte auf jeden Fall gelöst werden müssen, weil sie Kernpunkte sind, und was eher nebensächlich ist.

Die Dinge aus dem Blickwinkel der anderen Beteiligten oder Betroffenen zu betrachten kann sogar dazu führen, dass man ganze Prozesse oder Prozessketten, die bereits etabliert sind, überprüft und verbessert. Ganz konkret stellen wir uns immer die Frage: »Können wir aus Kundensicht mehr Nutzen erbringen, wenn wir diesen oder jenen Prozess anders gestalten?« Oder: »Können wir Produkte so verändern oder neu gestalten, dass sie mehr Nutzenvorteile und maximal mögliche Akzeptanz finden?« Natürlich kann uns der konsequente Perspektivenwechsel auch in die Lage bringen, dass wir liebgewonnene oder lange praktizierte Vorgehensweisen hinterfragen und gegebenenfalls ändern müssen – aber das muss man dann eben akzeptieren und beherzt umsetzen.

Auch und besonders im internationalen Kontext ist es unerlässlich, für uns als exportorientiertes Unternehmen, das in mehr als 80 Länder seine Produkte verkauft, immer wieder die Perspektive anderer einzunehmen. Ich möchte dazu ein paar Beispiele nennen: Im Prinzip müssen wir identische Sachverhalte etwa in den USA völlig anders handhaben als in Asien. Die Art, miteinander umzugehen, ist in beiden Regionen unterschiedlich. Auch muss man als globaler Lieferant von Werkzeugen die regionalen Bedürfnisse kennen und wissen, wie und womit in unterschiedlichen Regionen der Welt gearbeitet wird. Das kann bis zum Design oder beispielsweise zur Auswahl der Farben für Schraubendrehergriffe gehen. Das wird in Japan anders wahrgenommen als in Europa. Während hier weiße Schraubendrehergriffe bei den Käufern aus Sorge, sie könnten leichter verschmutzen, nicht beliebt sind, ist das in Japan ganz anders. Dort strahlt die Farbe Weiß eine hohe Wertigkeit aus und wird für Werkzeuge geschätzt.

Als weitere positive Aspekte des Perspektivenwechsels sind die Steigerung der Innovationsfähigkeit und die Unterstützung der Lernfähigkeit zu nennen. Immer neue Innovationen auf den Markt zu bringen und die Rolle als Trendsetter einzunehmen ist für sehr viele Unternehmen wichtig, damit sie sich einen Vorsprung vor den oft zahlreichen Nachahmern erarbeiten können. Genau dabei hilft es sehr, den Blickwinkel des Kunden einzunehmen. Denn so erkennt man früher als die Konkurrenz, was dessen Bedürfnisse sind, und kann zeitnah entsprechende Produkte lancieren. Wir haben beispielsweise im Gespräch mit Anwendern und Anwenderinnen erfahren, dass die Färbung unserer Winkelschraubenzieher für die Unterscheidung nach Größen hilfreich wäre. Das Kundenanliegen haben wir umgesetzt und die Farbkodierung als Lösung für den sicheren Griff zum richtigen Werkzeug für weitere Produktreihen realisiert. Auch wenn diese Werkzeuge am Anfang als »Buntstifte« kritisch beurteilt wurden, überzeugten sie Anwender und Anwenderinnen rasch und wurden schnell zum großen Erfolg.

Auch die Lernfähigkeit ist mit dem Perspektivwechsel eng verbunden. Ich stelle mir vor wichtigen Gesprächen immer die Fragen: »Was will man, was muss man, was darf man und was kann man?« Das ermöglicht es mir, sehr schnell Interessenlagen einschätzen und einordnen zu können. Während sich die Punkte »müssen« und »dürfen« eher auf nüchterne Fakten wie den Rechtsrahmen vor Ort beziehen, geht es bei »können« und »wollen« sehr stark darum, wie man sich weiterentwickeln kann und möchte. Wenn ich mich hierbei in andere Menschen hineindenke, hilft das sehr – beispielsweise auch bei der Weiterbildung und Entwicklung von Mitarbeitenden.

Marianne Janik

Man muss mit dem auskommen können, was man hat – und dies kreativ nutzen

Marianne Janik war bis November 2020 Country General Manager von Microsoft Schweiz und wechselte dann als Geschäftsführerin zu Microsoft Deutschland. Bevor sie in die Schweiz ging, hatte sie die Bereiche öffentliche Verwaltung, Bildung und Gesundheitswesen in der Geschäftsleitung von Microsoft Deutschland verantwortet. Zudem gehört sie dem Verwaltungsrat des Migros-Genossenschafts-Bunds an. Die gebürtige Französin und promovierte Juristin startete ihre berufliche Karriere bei der Daimler Benz AG und arbeitete danach unter anderem für ein EADS-Tochterunternehmen, Plaut und ESG. Marianne Janik ist verheiratet und Mutter zweier Kinder.

Als ich noch keine 30 Jahre alt war, wurde mir mit der Leitung von 150 Mitarbeitern meine erste große Führungsaufgabe übertragen. Die Situation damals war sehr schwierig, da das Unternehmen in gewisser Weise vom Verteidigungshaushalt Deutschlands abhängig war, der nach dem Mauerfall natürlich stark im Sinkflug war. Mir war klar, dass die Aufgabe kein

Zuckerschlecken werden würde. Daher war ich auch im ersten Moment gar nicht glücklich, als mir mein Chef folgenden Rat mit auf den Weg gab: »Ich habe gelernt, dass man mit dem auskommen können muss, was man zur Verfügung hat.« In der Situation konnte ich dieser Aussage nichts Positives abgewinnen und hätte nie und nimmer gedacht, dass ich dies jemals als den besten Rat, den ich je bekam, ansehen würde. Für mich bedeutete dieser Satz in der Situation erst mal nur, dass weder Investitionen geplant waren noch externe Unterstützung für mich möglich sein würde.

Erst im Laufe meines Berufslebens und vor dem Hintergrund meiner Führungserfahrung habe ich verstanden, was dieser Rat alles beinhaltet. Wenn man mit dem auskommen muss, was da ist, bedeutet das unter anderem, dass man das Vorhandene und auch die Möglichkeiten genau analysieren muss. Das gilt ganz besonders auch für jeden einzelnen Mitarbeiter. Der Bereich befand sich in einer krisenbehafteten Situation und es war klar, dass wir eine deutliche Umstrukturierung anstreben mussten, was auch Entlassungen zur Folge haben würde. In meiner Unerfahrenheit – oder sollte ich es meinen jugendlichen Leichtsinn nennen? – führte ich mit allen 150 Mitarbeitern Einzelgespräche. Ich sehe heute noch das Entsetzen über dieses Vorgehen in den Augen meiner Führungskräfte. Aber auch, wenn ich es heute anders machen würde, hatten diese Einzelgespräche viele Vorteile: Wir lernten uns gegenseitig kennen und ich konnte das Vertrauen der Mitarbeiter gewinnen. Auch hatte ich mich dadurch mit jedem einzelnen Menschen, seiner persönlichen Situation, seinem Werdegang, seinen Stärken und Schwächen auseinanderzusetzen. Das hat mir in den drei Jahren, die die Umstrukturierung gedauert hat, enorm geholfen.

Bis heute sehe ich in einem Bereich, einer Abteilung, einer Mannschaft nicht einfach ein Team, sondern jeden einzelnen Menschen, der zur Leistung dieses Teams beiträgt und es mitprägt. Vor diesem Hintergrund bekommt »mit dem auskommen, was man hat« eine ganz andere Tragweite: Es bedeutet, erstmal zu sehen, was man alles hat – meist ist das mehr, als man zunächst vermutet. Wenn ich weiß, welche Fähigkeiten, Talente und Besonderheiten die Menschen um mich herum haben, kann ich diese auch ausschöpfen und benötige oft auch gar nicht mehr, als da ist.

Aber natürlich habe ich im Laufe meines Berufslebens diesen Rat nicht nur im Hinblick auf die Mitarbeiter angewandt, sondern auch generell auf die Möglichkeiten, die da sind. Da kommt ein weiterer wichtiger Faktor ins

Spiel: die Kreativität. Bedauerlicherweise haben wir uns diese heutzutage ein bisschen aberzogen – vielleicht um nicht zu sehr aus dem Rahmen zu fallen oder anzuecken. Aber ich finde, die Möglichkeiten auszuloten, die man hat, und dann kreativ nach allen Richtungen zu schauen und Lösungen zu erarbeiten ist erfolgsentscheidend.

Während der Finanzkrise 2007/2008 hatte ich ebenfalls eine herausfordernde Situation. Zu der Zeit war der Rat entscheidend, weil ich alle Möglichkeiten kreativ durchleuchtete, um einige Tochterunternehmen, deren Geschäftsführung ich innehatte, durch den Sturm zu manövrieren. Gemeinsam mit den Mitarbeitern entschied ich mich für eine Maßnahme, die im Mutterhaus verpönt war: Kurzarbeit. Ich hatte einiges an Kritik einzustecken, aber zog das durch, da auch das Team dahinterstand. So konnten die meisten Mitarbeiter nicht nur in Lohn und Brot bleiben, sondern die freie Zeit auch zur persönlichen Weiterentwicklung und zur Fortbildung nutzen. Dies wiederum hatte zur Folge, dass danach dem Unternehmen mehr Know-how zur Verfügung stand, die Menge an Wissen, mit der wir auskommen mussten, also größer geworden war.

Udo Jankowski

Die höchste Priorität hat immer das, was die weitreichendsten Auswirkungen hat

Udo Jankowski ist seit 1999 Geschäftsführer der TECOSIM Inc. US, seit 2021 auch Director. Außerdem ist er seit 2012 Vorstand der mind venture AG sowie Director der TECOSIM INDIA. Das Technologieunternehmen TECOSIM ist eine international tätige Gruppe, die auf Computer Aided Engineering (CAE) spezialisiert ist. Jankowski studierte Maschinenbau an der TU Darmstadt und an der University of Strathclyde in Glasgow, Schottland. Weiterhin nimmt er Dozententätigkeiten an verschiedenen Hochschulen wahr.

In unserem täglichen privaten und beruflichen Alltag treffen wir auf eine Fülle von Aufgaben und Herausforderungen. Die Erfahrung zeigt, dass wir nicht alles, was an uns herangetragen wird, zu unserer eigenen und der Zufriedenheit anderer erledigen können. Doch woher wissen wir, auf welchem Gebiet wir sofort tätig werden und welche Anforderungen wir am Ende des Tages vielleicht gar nicht beachten müssen? Ich erhielt den in der Überschrift zitierten Rat »Die höchste Priorität hat immer das, was die weitreichendsten Auswirkungen hat« von dem Leiter eines Entwicklungszentrums eines japanischen Automobilherstellers in Deutschland, den ich im Rahmen meiner Diplomarbeit kennenlernte. Ich fand und finde den Rat so wichtig, dass ich die Frage nach der Priorisierung von Aufgaben standardmäßig in Bewerberinterviews gestellt habe und heute noch manchmal stelle. Die meisten Bewerber können die Frage, wie sie ihre Aufgaben kategorisieren, nicht direkt zufriedenstellend beantworten, und nur sehr wenige konnten ein Vorgehen beschreiben, welches dem Rat nahekommt. Die Einschätzung der Auswirkung ist manchmal nicht ganz einfach, im größten Teil der Fälle ist aber schnell klar, um welche Themen man sich in welcher Zeit kümmern muss.

Der Rat des japanischen Managers hilft mir aber nicht nur bei der Planung meiner Aufgaben, sondern auch bei übergeordneten unternehmerischen Entscheidungen. So floss er zum Beispiel auch bei der Findung des Markenversprechens unseres Unternehmens ein. Mit »better life by simulation« haben wir uns bewusst weg von der operativen Tätigkeit hin zu einer Metaebene bewegt. Mit dem Claim stellen wir die weitreichenden Auswirkungen unserer Arbeit, die Simulation von Produkteigenschaften, in den Vordergrund. Als weltweit größter Anbieter auf diesem Gebiet der Simulation ist es uns ein zentrales Anliegen, die Rückwirkungen von Produkten und Prozessen auf die Umwelt und den Menschen zu verringern, das Leben zu verbessern und somit die Prioritäten zu verschieben.

Joseph Jimenez

Karrieren müssen nicht geradlinig verlaufen

Joseph Jimenez war von 2010 bis 2018 CEO von Novartis und für die Leitung des Gesundheitsportfolios verantwortlich. Zuvor war er Leiter der Pharmadivision bei Novartis und federführend bei der Erneuerung des Arzneimittelportfolios. Nach Führungspositionen bei H. J. Heinz Co. war Jimenez, der an den renommierten Universitäten Stanford und Berkeley studierte, Präsident und CEO des Nordamerikageschäfts, bevor er im April 2007 als Leiter der Division Consumer Health zu Novartis kam. Aktuell ist er Mitglied des Board of Directors bei General Motors Company und Proctor & Gamble. Außerdem zog er 2020 ins Board of Directors von Century Therapeutics ein.

Der beste Rat, den ich erhielt, war, mich dem gängigen Drang nach einem geradlinigen Karriereweg zu verweigern. Dieser Ratschlag inspiriert mich bis heute und begleitet mich durch mein Berufsleben.

Damals war ich als junger Produktmanager für eine bekannte Marke verantwortlich, die jährlich einen Umsatz von rund 300 Millionen US-Dollar erwirtschaftete. Ich stellte mir vor, in meiner weiteren Laufbahn immer größere Marken zu führen. Es war deshalb ein ziemlicher Schock, als mich mein Vorgesetzter eines Tages darauf ansetzte, eine unbekannte Marke zu übernehmen, die von Grund auf neu aufgebaut werden musste. Ich war enttäuscht, und zunächst fiel es mir schwer, diesen von mir fälschlicherweise als Herabstufung empfundenen Schritt zu akzeptieren. Aber meine Enttäu-

schung war nur von kurzer Dauer. Bald wurde mir klar, dass der Aufbau einer neuen Marke hohe Ansprüche stellt und die Entwicklung von Fähigkeiten erfordert, die sich vor allem langfristig als nützlich erweisen würden.

Während ich die Marke Schritt für Schritt aufbaute, lernte ich die Produkt- und Konzeptentwicklung kennen. Zum ersten Mal in meinem Berufsleben war ich auch am Aufbau eines Teams beteiligt und erwarb Fachwissen, das im weiteren Verlauf meiner Karriere sehr wertvoll war.

Noch wichtiger ist aber Folgendes: Als ich ins kalte Wasser geworfen wurde, war ich gezwungen, meine Karrierevorstellungen und meine Motivation für diese Stelle zu überdenken. Dies erforderte intellektuelle und emotionale Aufrichtigkeit und half mir, mir über meine persönlichen und beruflichen Ziele klar zu werden. Anstatt wie üblich einem geradlinigen Weg zu folgen, baute ich mir eine wirklich persönliche Karriere auf. Dabei lernte ich, Herausforderungen zu schätzen und Rückschläge direkter und kompromissloser anzugehen.

Die Kraft, die ich aus dieser Erfahrung schöpfte, half mir auch in meiner Funktion als CEO von Novartis, mit täglich neuen Herausforderungen. Ob bei der Führung einer jungen Marke oder eines großen Gesundheitsunternehmens – es gilt, die Grenzen des konventionellen Denkens zu überwinden und neuen Fähigkeiten und Ideen gegenüber stets aufgeschlossen zu bleiben.

Steve Jobs

Sie müssen finden, was Sie lieben

Steve Jobs gilt als einer der herausragendsten Visionäre unserer Zeit. Die Entwicklung der Computerindustrie hat er geprägt wie nur wenige. Er war Gründer und CEO von Apple sowie CEO von Pixar Animation Studios. An der Stanford University hielt er am 12. Juni 2005 folgende Rede im Rahmen der Abschlussfeier.

Es ist für mich eine Ehre, dass Sie mich heute zu Ihrer Abschlussfeier eingeladen haben. Sie haben erfolgreich eine der besten Universitäten der Welt absolviert. Ich selbst habe nie ein Hochschulstudium abgeschlossen. Und ehrlich gesagt, näher an einem Studienabschluss als heute war ich nie in meinem Leben. Heute möchte ich Ihnen drei Geschichten aus diesem Leben erzählen. Mehr nicht. Keine große Sache. Nur drei Geschichten.

In der ersten Geschichte geht es darum, einen größeren Zusammenhang zu erkennen.

Das Studium am Reed College habe ich nach den ersten sechs Monaten aufgegeben, ich blieb aber für etwa weitere 18 Monate als Gasthörer an der Uni, bevor ich das College endgültig verließ. Nun zu der Frage, warum ich mein Studium abgebrochen habe.

Die Geschichte beginnt vor meiner Geburt. Meine biologische Mutter war eine junge, unverheiratete College-Absolventin und traf die Entscheidung, mich zur Adoption freizugeben. Für sie war dabei besonders wichtig, dass ich von Akademikern erzogen wurde, deshalb sollte ich nach meiner Geburt von einem Anwalt und seiner Frau adoptiert werden. Als ich allerdings zur Welt kam, beschlossen sie im letzten Moment, dass sie eigentlich lieber ein Mädchen wollten. Meine Eltern, die auf einer Warteliste standen, bekamen also mitten in der Nacht einen Anruf und wurden gefragt: »Wir haben einen neugeborenen Jungen – wollen Sie ihn adoptieren?« Sie sagten: »Natürlich.« Meine biologische Mutter fand dann heraus, dass meine Mutter nie eine Universität besucht und mein Vater nicht einmal einen Highschool-Abschluss hatte. Sie weigerte sich zunächst, die Adoptionspapiere zu unter-

zeichnen, und willigte erst ein paar Monate später ein, als meine Eltern ihr versprachen, mir eines Tages ein College-Studium zu ermöglichen.

17 Jahre später ging ich tatsächlich aufs College. In meiner Naivität hatte ich mich aber für ein College entschieden, das fast so teuer war wie Stanford. Alle Ersparnisse meiner Eltern, die aus der Arbeiterschicht stammten, gingen für die Studiengebühren drauf. Nach sechs Monaten konnte ich immer noch keinen Sinn darin erkennen. Ich hatte keine Idee, was ich mit meinem Leben anfangen sollte, und konnte auch nicht sehen, wie das College mir dabei auf die Sprünge helfen sollte. Stattdessen gab ich das Geld aus, das sich meine Eltern ihr Leben lang vom Munde abgespart hatten. Also entschloss ich mich, das Studium abzubrechen und mich darauf zu verlassen, dass alles ein gutes Ende nehmen würde. Zur damaligen Zeit erschien mir das etwas unheimlich, aber rückblickend war das eine der besten Entscheidungen, die ich jemals getroffen habe. Ab dem Moment des Studienabbruchs musste ich nicht mehr an den Pflichtseminaren teilnehmen, sondern konnte Vorlesungen besuchen, die mich wirklich interessierten.

Romantisch war das alles nicht. Ich hatte kein eigenes Quartier und schlief auf dem Fußboden in den Zimmern meiner Freunde. Ich sammelte Coca-Cola-Flaschen und kaufte mir von den 50 Cent Pfand etwas zu essen. Ich ging jeden Sonntagabend elf Kilometer zu Fuß durch die Stadt zum Hare-Krishna-Tempel, um einmal in der Woche eine gute Mahlzeit zu bekommen. Ich war begeistert. Und vieles, was ich aufgrund meiner Neugier und Spontaneität kennenlernte und erlebte, hat sich später als unbezahlbar erwiesen. Ich möchte Ihnen ein Beispiel geben: Auf dem Reed College konnte man die vielleicht besten Kalligrafie-Kurse des Landes belegen. Überall auf dem Campus gab es kunstvolle, von Hand kalligrafierte Plakate und Etiketten auf Schubladen. Da ich mein Studium aufgegeben hatte und nicht mehr an den normalen Vorlesungen teilnehmen musste, beschloss ich, mich für einen Kalligrafie-Kurs einzuschreiben und diese Kunst zu studieren. Ich lernte etwas über Schriften mit und ohne Serifen, über den Abstand zwischen unterschiedlichen Buchstabenkombinationen und über das, was gute Typografie ist. Es war schön, historisch interessant und künstlerisch in einer Art und Weise, die die Wissenschaft nicht erfassen kann. Ich fand es faszinierend.

Nichts davon hatte auch nur im Entferntesten einen praktischen Nutzen für mein zukünftiges Leben. Aber zehn Jahre später, als wir den ersten Macintosh-Computer gebaut haben, konnte ich auf all dieses Wissen zurückgreifen und es umfassend für den Mac nutzen, den ersten Computer mit der Möglichkeit, Drucksachen professionell und unter typografischen Gesichtspunkten zu gestalten. Wenn ich diesen einen Kurs auf der Universität nicht besucht hätte, hätte der Mac niemals unterschiedliche Schriften oder Proportionalschriften bekommen. Und da Windows den Mac einfach nur kopiert hat, hätte wohl auch kein PC heute diese Eigenschaften. Wenn ich mein reguläres Studium nicht aufgegeben hätte, wäre ich nie zu diesem Kalligrafie-Kurs gekommen, und die Computer hätten nicht diese wunderbaren Schriften. Natürlich war es während meiner Zeit auf dem College nicht möglich, vorauszusehen, wie sich diese einzelnen Punkte einmal zu einem Gesamtbild verbinden würden. Aber zehn Jahre später wurde im Rückblick alles sonnenklar.

Noch einmal – Sie können diesen größeren Zusammenhang nicht in der Vorschau erfassen, sondern nur in der Rückschau. Sie müssen selbst darauf vertrauen, dass sich die Punkte irgendwann in der Zukunft sinnvoll miteinander verbinden lassen. Sie müssen auf Ihre Intuition, Ihr Schicksal, Ihr Leben, Ihr Karma oder was auch immer vertrauen. Dieser Weg hat für mich immer funktioniert und mein Leben in entscheidenden Punkten bestimmt.

In meiner zweiten Geschichte geht es um Liebe und Verlust.

Ich hatte Glück, denn ich wusste schon früh in meinem Leben, was ich unbedingt tun wollte. Woz und ich gründeten Apple in der Garage meiner Eltern, als ich 20 Jahre alt war. Wir arbeiteten hart, und innerhalb von zehn Jahren hatte sich Apple von einer Zwei-Mann-Garagenfirma zu einem Zwei-Milliarden-Unternehmen mit mehr als 4000 Mitarbeitern entwickelt. Wir hatten gerade ein Jahr zuvor unser bestes Produkt, den Macintosh, vorgestellt, und ich war gerade 30 Jahre alt geworden. Und dann wurde ich gefeuert. Wie kann man von einer Firma entlassen werden, die man gegründet hat? Nun, als Apple immer größer wurde, haben wir jemanden eingestellt, den ich für sehr talentiert und fähig hielt, das Unternehmen zusammen mit mir zu leiten. Im ersten Jahr lief alles nach Plan. Aber dann entwickelte jeder eine andere Zukunftsvision für das Unternehmen, und wir zerstritten uns. Unser Vorstand schlug sich bei diesem internen Machtkampf auf die Seite meines Gegners. Ich war 30 Jahre alt und raus aus dem Geschäft, und das vor aller Augen. Ich hatte den Fokus meines gesamten Erwachsenenlebens verloren, es war eine Katastrophe.

Ein paar Monate wusste ich nicht, was ich machen sollte. Ich hatte den Eindruck, dass ich die vorherige Unternehmergeneration im Stich gelassen hatte – dass ich den Staffelstab in dem Moment fallen gelassen hatte, als er mir übergeben wurde. Ich traf mich mit David Packard und Bob Noyce und versuchte mich dafür zu entschuldigen, dass ich alles so schlimm vermasselt hatte. Es war ein Versagen vor aller Öffentlichkeit, und ich dachte sogar daran, ganz aus dem Valley zu verschwinden. Aber dann wurde mir langsam etwas bewusst – ich liebte immer noch das, was ich tat. Die Geschehnisse bei Apple hatten daran absolut nichts geändert. Ich war zurückgewiesen worden, aber meine Liebe hatte darunter nicht gelitten. Und so beschloss ich, neu anzufangen.

Damals habe ich das nicht erkannt, aber es stellte sich heraus, dass die Entlassung bei Apple das Beste war, was mir in meinem Leben passieren konnte. Die Schwere des Erfolgsdrucks wurde ersetzt durch die Leichtigkeit, wieder ein Anfänger zu sein, der sich seiner Sache nicht mehr so sicher war. So hatte ich die Freiheit, eine der kreativsten Perioden meines Lebens zu beginnen. In den kommenden fünf Jahren gründete ich die Unternehmen NeXT und Pixar. Ich verliebte mich in eine wunderbare Frau, die ich heiratete. Pixar produzierte mit Toy Story den ersten computeranimierten Spielfilm und ist heute das erfolgreichste Trickfilmstudio der Welt. Eine denkwürdige Wende war die Übernahme von NeXT durch Apple, und so kehrte ich zu Apple zurück. Die Technologie, die wir bei NeXT entwickelt haben, ist entscheidend für die Apple-Renaissance, die wir heute erleben. Und Laurene und ich haben eine wundervolle gemeinsame Familie. Ich bin mir ziemlich sicher, dass all dies nicht passiert wäre, wenn Apple mich nicht gefeuert hätte. Das war eine sehr bittere Pille, aber ich glaube, dass der Patient sie gebraucht hat. Manchmal trifft einen das Leben wie ein Vorschlaghammer. Verlieren Sie nicht das Vertrauen. Ich bin überzeugt, dass das Einzige, das mich aufrecht hielt, die Liebe zu dem war, was ich tat. Sie müssen finden, was Sie lieben. Und das gilt nicht nur für Ihre Arbeit, sondern auch für die Menschen in Ihrem Leben. Ihre Arbeit wird einen großen Teil Ihres Lebens ausmachen, und die einzige Möglichkeit für ein erfüllendes Arbeitsleben ist eine Berufung, in der Sie Großartiges leisten können. Falls Sie die noch nicht gefunden haben, suchen Sie weiter. Werden Sie nicht träge. Es ist wie bei allen Herzensangelegenheiten – Sie spüren es, wenn Sie am Ziel sind. Und allen guten Beziehungen ist gemeinsam, dass sie im Laufe der Jahre immer besser werden. Suchen Sie deshalb so lange, bis Sie Ihr Ziel gefunden haben. Geben Sie nicht auf.

Meine dritte Geschichte handelt vom Tod.

Als ich 17 war, habe ich ein Zitat gelesen, das etwa so lautete: »Wenn du jeden Tag so lebst, als wäre es dein letzter, wirst du eines Tages mit ziemlicher Sicherheit recht haben.« Das hat mich schwer beeindruckt, und seither sehe ich seit 33 Jahren jeden Morgen in den Spiegel und frage mich: »Wenn heute der letzte Tag meines Lebens wäre, möchte ich dann das tun, was ich heute vorhabe zu tun?« Und immer dann, wenn die Antwort zu viele Tage hintereinander »Nein« lautete, wusste ich, dass ich etwas verändern musste.

Die Erinnerung daran, dass mir mein baldiges Ableben prognostiziert wurde, ist der bisher wichtigste Ansporn, um lebenswichtige Entscheidungen zu treffen. Denn fast alles – alle Erwartungen von außen, all der Stolz, alle Ängste vor Blamagen oder Scheitern – werden unwichtig im Angesicht des Todes und werfen einen auf die wirklich existenziellen Themen zurück. An die eigene Sterblichkeit zu denken ist die beste Möglichkeit, dem Irrglauben zu entgehen, man habe etwas zu verlieren. Man ist schon nackt. Es gibt keinen Grund, seinem eigenen Herzen nicht zu folgen.

Vor etwa einem Jahr wurde bei mir Krebs diagnostiziert. Ich hatte um 7:30 Uhr morgens eine Tomografie, die ganz eindeutig einen Tumor in meiner Bauchspeicheldrüse zeigte. Ich wusste nicht einmal, was eine Bauchspeicheldrüse ist. Die Ärzte sagten mir, dass diese Krebsart mit an Sicherheit grenzender Wahrscheinlichkeit nicht heilbar ist, und dass ich nur noch drei bis sechs Monate zu leben habe. Mein Arzt gab mir den Rat, nach Hause zu gehen und meine Angelegenheiten zu regeln – in der Sprache der Mediziner heißt das, mich aufs Sterben vorzubereiten. Es bedeutet, dass man seinen Kindern innerhalb von ein paar Monaten all das zu erklären versucht, wofür man zehn Jahre lang Zeit zu haben glaubte. Es bedeutet, alles so zu regeln, dass es für die eigene Familie so erträglich wie möglich wird. Es bedeutet, Abschied zu nehmen.

Mit dieser Diagnose habe ich den ganzen Tag gelebt. Abends wurde eine Biopsie gemacht, die Ärzte schoben ein Endoskop durch meine Speiseröhre und durch meinen Magen bis hin zur Bauchspeicheldrüse, aus der sie mit einer Nadel einige Krebszellen entnahmen. Ich bekam in meinem sedierten Zustand nichts davon mit, aber meine Frau, die ebenfalls dort war, erzählte mir, dass die Ärzte beim Anblick der Zellen unter dem Mikroskop in Tränen ausbrachen, da es sich um einen sehr seltenen Pankreaskrebs mit guten Heilungsaussichten durch eine Operation handelte. Ich unterzog mich dieser Operation, und heute geht es mir gut.

Noch nie war ich dem Tod so nahe gewesen wie zu diesem Zeitpunkt, und ich hoffe, dass ich diese Erfahrung in den kommenden Jahrzehnten nicht noch einmal machen muss. Nachdem ich das durchgestanden habe, kann ich Ihnen jetzt mit größerer Gewissheit als zu dem Zeitpunkt sagen, dass der Tod noch eine nützliche, aber abstrakte Vorstellung war:

Niemand will sterben. Selbst Menschen, die in den Himmel wollen, möchten nicht sterben, um dorthin zu gelangen. Und doch ist der Tod das Schicksal, das uns alle vereint. Niemand ist dem Tod bisher entgangen. Das ist auch gut so, denn der Tod ist vermutlich die beste Erfindung des Lebens. Er ist der große Innovator, der Altes beseitigt, um Platz für Neues zu schaffen. Die Neuen, das sind jetzt Sie. Aber eines Tages, in nicht allzu ferner Zukunft, werden Sie langsam alt und müssen selbst Ihren Platz für die Nachfolger räumen. Entschuldigen Sie, wenn ich mich so dramatisch anhöre, aber es ist die Wahrheit.

Ihre Zeit ist begrenzt, vergeuden Sie sie deshalb nicht damit, Ihr Leben nach den Vorstellungen anderer Menschen zu leben. Richten Sie sich nicht nach irgendwelchen Dogmen – denn das bedeutet, den Gedankengebäuden anderer Menschen zu folgen. Achten Sie darauf, dass Ihre eigene innere Stimme nicht von dem Meinungslärm anderer Leute übertönt wird. Und am wichtigsten – haben Sie den Mut, ihrem Herzen und Ihrer Intuition zu folgen, denn die beiden wissen im Grunde bereits, was Sie wirklich aus sich machen wollen. Alles andere ist zweitrangig. Als ich jung war, gab es eine wunderbare Publikation mit der Bezeichnung *Whole Earth Catalog*, so etwas wie die Bibel meiner Generation. Der Herausgeber war Stewart Brand, der nicht weit von hier in Menlo Park lebte und dem Katalog seinen typischen poetischen Touch gab. Das war Ende der 1960er-Jahre, als es noch keine Computer und kein Desktop-Publishing gab. Das Handwerkszeug waren damals Schreibmaschine, Schere und Polaroid-Kamera. Es war so eine Art Vorläufer der Google-Suchmaschine im Taschenbuchformat, 35 Jahre, bevor Google im Markt erschien, mit viel Idealismus gemacht und voller großartiger Ideen und Konzepte.

Stewart und sein Team veröffentlichten mehrere Ausgaben des *Whole Earth Catalog*, und als sich das Konzept überlebt hatte, gab es eine letzte Abschiedsausgabe. Das war Mitte der 1970er-Jahre, und ich war in Ihrem Alter. Auf der Rückseite des Umschlags der letzten Ausgabe war das Foto einer Landstraße, aufgenommen am frühen Morgen – die Art von Landstraße, an der Sie vielleicht mit ausgestrecktem Daumen stehen, wenn Sie wagemutig genug für Reisen per Anhalter sind. Darunter standen die Worte: »Bleibt neugierig. Bleibt unvernünftig.« Das war die Abschiedsbotschaft. Bleibt neugierig. Bleibt unvernünftig. Das habe ich mir immer für mich selbst gewünscht. Und jetzt, da Sie als Uniabsolventen einen neuen Lebensabschnitt beginnen, wünsche ich Ihnen das ebenfalls.

Bleiben Sie neugierig. Bleiben Sie unvernünftig.
Ich danke Ihnen allen.

Herb Kelleher

Respektiere die Leute für das, was sie sind, und nicht für ihre Titel

Herb Kelleher ist Mitgründer und ehemaliger Chairman und CEO der US-Fluggesellschaft Southwest Airlines. Southwest Airlines ist Pionier im Segment der Billigfluggesellschaften und zählt dort zu den größten der Welt, zugleich ist sie eine der profitabelsten Fluggesellschaften überhaupt. Herb Kelleher ist im Jahr 2019 verstorben.

Ich würde sagen, meine Mutter hat mich stärker beeinflusst als alle anderen. Ich weiß, das ist eine herkömmliche und vielleicht banale Antwort, aber meine Familie wurde zu Beginn des Zweiten Weltkriegs auseinandergerissen. Sie hat sich von sechs Personen auf zwei reduziert: meine Mutter und mich.

Ich habe so viel von ihr gelernt. Ein Rat, den ich nie vergessen werde, ist, dass jeder Mensch als Mensch respektiert und geachtet werden sollte, nicht wegen seiner Position oder seines Titels. Denn oft würden Position oder Titel die wahren Verdienste einer Person nicht widerspiegeln. Ich habe eine Erfahrung gemacht, die dies fast umgehend bestätigte. Es gab da einen Gentleman (in unserer Stadt), der ein Finanzinstitut leitete. Er war immer tadellos gekleidet und machte den Eindruck, ein sehr aufrechter Mensch zu sein. Pustekuchen – er wurde angeklagt, verurteilt und kam wegen Unterschlagung ins Gefängnis.

Dank ihres Ratschlags versuche ich in der Geschäftswelt, die Leute nicht nach oberflächlichen Maßstäben zu beurteilen. Ich bemühe mich, offen auf sie zuzugehen. Ich interessiere mich sehr für ihre Meinung. Man braucht keinen Doktortitel zu haben, um eine Meinung zu haben. Man sollte aufgeschlossen sein und den Leuten zuhören; ihnen zeigen, dass sie einen als Mensch interessieren, nicht nur als Mitarbeiter. Kennen Sie das, wie manche Leute immer über deine Schulter gucken, um zu sehen, ob nicht jemand hinter dir steht, der wichtiger ist? Also wenn ich mit einer Person spreche, dann ist diese Person während unseres Gesprächs die einzige Person auf der Welt. Das schulde ich den Leuten. Abgesehen davon sind sie in der Regel faszinierend. Mit den Leuten von Southwest zusammenzukommen ist eines der lohnendsten und spannendsten Dinge in meinem Geschäftsleben.

Georges Kern

Hören Sie zu, und üben Sie Zurückhaltung – immer und überall

Georges Kern, seit 2017 CEO bei Breitling, zählt zu den einflussreichsten Persönlichkeiten der Schweizer Uhrenbranche. Der Sohn eines Juweliers begann, Politikwissenschaft in Frankreich zu studieren und wechselte dann nach St. Gallen an die wirtschaftswissenschaftliche Fakultät. Er startete seine Berufslaufbahn in der Konsumgüterindustrie bei Kraft Jacobs Suchard und ging dann zu TAG Heuer, wo er im Marketing tätig war. Im Jahr 2000 trat Georges Kern in den Luxusgüterkonzern Richemont ein. Mit gerade einmal 36 Jahren wurde er dort CEO der Traditionsmarke International Watch Company, kurz IWC. Er machte IWC zur Weltmarke und wurde 2017 zum Leiter der gesamten Uhrensparte Richemonts ernannt. Im selben Jahr wechselte Kern zum deutlich kleineren Konkurrenten Breitling und wurde dort CEO sowie Anteilseigner.

Der beste Rat, den ich je bekam, ist schnell auf den Punkt gebracht, seine Umsetzung aber fällt oft schwer: »Hör immer gut zu, und übe Zurückhaltung!« Dies lehrte mich mein Mentor im Richemont-Konzern Franco Cologni. Aufgrund meiner Kindheit und Jugend als Sohn eines großartigen Ju-

weliers sowie meiner umfassenden Ausbildung und langjährigen Erfahrung machte ich in Gesprächen und Meetings öfters den Fehler zu denken, hier über meine Branche und meine Arbeit nichts Neues erfahren zu können und das meiste schon zu wissen. Manchmal passierte es mir auch, dass ich den Gesprächsteilnehmer mit einer ungefähren Vorabzusammenfassung dessen, was er sagen wollte, überraschte. In neuen und anregenden Umgebungen und Gesprächsrunden wandte ich den Rat, zurückhaltend zuzuhören, schon immer intuitiv an. Ich bin sehr wissbegierig. In Netzwerken wie beispielsweise den Young Global Leaders, denen ich angehöre, motiviert mich daher die Überzeugung, viel lernen zu können zu Zurückhaltung und Aufmerksamkeit. Ging es hingegen um mein Wissensgebiet und um Routinemeetings, war ich oft nur mit halbem Ohr bei der Sache oder unterbrach mein Gegenüber, wenn ich meinte zu wissen, was noch kommt. Manchmal ging mir auch der Gaul durch, und ich erklärte meinen Gesprächspartnern meine Sicht dessen, was sie eigentlich mir erläutern wollten.

Seit einigen Jahren diszipliniere ich mich jedoch und höre all meinen Gesprächspartnern sorgfältig zu. Ich halte mich mit Kommentaren und Anmerkungen zurück, allenfalls hake ich mit Zwischenfragen nach. Das ist eine großartige Vorgehensweise – auch wenn ich mein Temperament dabei immer wieder zügeln muss. Es eröffnen sich mir nicht nur grundsätzlich neue Perspektiven, wo ich nie über neue Sicht- und Herangehensweisen nachdachte, sondern meine Kollegen und Mitarbeiter bauen auch immer mehr Vertrauen zu mir auf – und ich zu ihnen. So gelingt es uns gemeinsam, das Unternehmen weiterzuentwickeln und verschiedene Herangehensweisen zu einer echten Problemlösung zu perfektionieren. Auch aufgrund dieses Vorgehens konnte es uns gelingen, IWC in dem extrem kompetitiven Markt der Luxusuhren so hervorragend zu positionieren. Nicht nur im Beruf, sondern in jedem Lebensbereich ist »Zuhören und Zurückhaltung üben« ein erfolgsbringender Ansatz. Man lernt selbst viel dazu und betrachtet die eigenen Herausforderungen aus unterschiedlichen Perspektiven. Wer aber nicht nur zuhört, sondern aktiv nachfragt, erzielt noch weitaus bessere Ergebnisse. Denn, seien wir mal ehrlich, wer erzählt nicht gerne über die eigene Person und die eigene Meinung? Wer also seine Gesprächspartner durch Nachfragen und Zuhören aus der Reserve lockt, trägt dazu bei, dass sich die Menschen in seiner Nähe wohlfühlen und ihm vertrauen. Es entwickelt sich ein intensiver Dialog, der auf lange Sicht für alle Beteiligten sehr wertvoll sein kann – auch und gerade, wenn die Gesprächspartner aus unterschiedlichen Hierarchieebenen, Branchen oder gar Lebenswelten kommen.

Klaus Kleinfeld
Stell dir die Zukunft ganz konkret vor

Der promovierte Diplomkaufmann war von 1987 bis 2007 für den Siemens-Konzern tätig. Ab Januar 2005 war Klaus Kleinfeld Vorsitzender des Vorstands der Siemens AG. Von 2008 bis 2016 war er der Chief Executive Officer des amerikanischen Aluminiumkonzerns Alcoa. 2021 gründete Klaus Kleinfeld gemeinsam mit Martin Weckwerth und Christoph Zeiss Constellation Acquisition Corp 1, eine Special Purpose Acquisition Company (SPAC). Er ist auch Gründer und Eigentümer von K2 Elevation, mit dem er in internationale Technologie- und Biotech-Unternehmen investiert.

Den besten Rat, den ich je bekommen habe, gab mir ein alter Freund der Familie, und er lautet: Wann immer du eine neue Stellung übernimmst – bevor du dich hineinstürzt und in den Details verzettelst –, setz dich hin, lehn dich zurück, schließe die Augen und denk darüber nach, was du wirklich erreichen willst und wie die Lage in ein paar Jahren aussehen soll. Und fang erst dann – wenn du eine klare Vision vor Augen hast – damit an, deinen Job auszuführen, und zwar so, dass die Dinge in diese Richtung laufen. Ich war damals Anfang 20, und der Freund der Familie, Georg Brandl, war wahrscheinlich Mitte 80. Er war in Bayern geboren und hatte eine Lehre als Bauarbeiter gemacht. Und danach leitete er große Bauprojekte in aller Welt.

Als ich als Berater an vielen Umstrukturierungsprojekten mitarbeitete, habe ich mit dem Führungsteam immer dieses Konzept angewendet. Auch wenn der Endzustand kaum vorstellbar war, weil so viele Probleme auf uns zukamen, wischte ich das alles weg und sagte: »Okay, wie soll das aussehen?« Ich habe immer damit begonnen, es als mein persönliches Ding zu betrachten – alles zu durchdenken und dann die Leute einzuplanen.

Ich hatte nie Gelegenheit, Georg Brandl zu sagen, wie hilfreich dieser Rat für mich gewesen ist.

Max Dietrich Kley

Mut ist eine seltene, aber Erfolg versprechende Tugend

Max Dietrich Kley war von 1990 bis 2003 im Vorstand der BASF, zuletzt als stellvertretender Vorstandsvorsitzender und als Finanzvorstand. In den letzten Jahren war er Mitglied in verschiedenen Aufsichtsräten, unter anderem bei UniCredit und Heidelberg Cement sowie als Vorsitzender bei Infineon und bei SGL Carbon. Er ist unter anderem Ehrenpräsident des Deutschen Aktieninstituts, dessen Präsident er zehn Jahre war, und Ehrenpräsident des Verbandes der Industriellen Energie- und Kraftwirtschaft e. V. (VIK).

Den besten Rat, eigentlich die zwei besten Ratschläge, habe ich von meinem Vater erhalten, der damals Personalvorstand bei Siemens war. Als ich mich verabschiedete, um eine Stelle in der deutschen Industrie anzutreten, gab er mir zwei Dinge mit auf den Weg. Der erste Rat war angesichts seiner eigenen Tätigkeit befremdlich: »Mach niemals Personal!« Ich sollte mich also – anders als er – nie im Personalbereich eines Unternehmens engagieren.

Der zweite Rat leuchtete mir mehr ein: »Die meisten Leute, die du in der Industrie treffen wirst, haben keinen Mut. Wenn du – wie jung du auch sein magst – deine Position gut argumentativ untermauert vorträgst, wirst du dich auch durchsetzen.« Den ersten Rat habe ich schließlich nicht befolgen können, weil ich im damaligen Vorstand der BASF eben unter anderem auch für den Personalbereich verantwortlich wurde. Allerdings habe ich die Zeit des Engagements im Personalbereich auf eine Amtsperiode begrenzt. Als ich das meinem Vater sagte, meinte er nur: »Ich habe dir immer gesagt, du solltest niemals Personal machen, aber ich wusste, dass du es tun würdest.«

Den zweiten Rat habe ich befolgt. Er traf zu, und zwar auf jeder Hierarchiestufe. Er hat mir durch eine mehr als 40-jährige Berufstätigkeit geholfen und Erfolg gebracht.

Pamela Knapp

Wähle die Schlachten, die zu kämpfen sich lohnt

Pamela Knapp ist Verwaltungsratsmitglied und Aufsichtsratsmitglied in verschiedenen europäischen Wirtschaftsunternehmen. Sie ist im Aufsichtsrat von Peugeot Citroën S. A., Paris, der Signify NV, Eindhoven, der LANXESS Deutschland GmbH, Köln, und im Verwaltungsrat der Compagnie de Saint Gobain S. A., Paris, sowie der HKP Holding AG, Zürich tätig. Zudem war sie bis 2014 Member of the Management Board und CFO der GfK SE. Sie studierte Volkswirtschaftslehre in München und Berlin. Zudem absolvierte sie das Advanced Management Program (AMP) der Harvard Business School in Boston, USA. Pamela Knapp ist seit Juli 2020 Mitglied der Monopolkommission. Sie ist außerdem Mitglied des Verwaltungsrats und seit 2017 Mitglied des Präsidiums der Deutsch-Französischen Handelskammer. Ferner engagiert sich Pamela Knapp seit 2017 in der Weiterbildungskommission der Universität St. Gallen.

Ein guter Rat – selbst der beste – ist nur die halbe Sache, denn er muss auch angenommen und umgesetzt werden. Daher möge sich bitte niemand, der mich kennt, wundern, dass ich »Pick the battles you fight« als den besten Rat ansehe, den man mir gegeben hat. Der Rat kam von einer Freundin, der besten Personalchefin, die ich kenne, und ich vermute, dass sie sich diesen Satz auch selbst häufiger vorsagt. In die gleiche Kategorie fällt »Lass auch mal fünfe gerade sein« oder aber auch die 80/20-Regel.

All diesen Empfehlungen ist gemein, dass das Streben nach 100-prozentiger Perfektion und der Wille, alles immer richtig zu machen und jeder Unvollkommenheit den Kampf anzusagen, nicht dazu führen, dass tatsächlich alles glattläuft. Im Gegenteil: Im Team stellt sich Unzufriedenheit mit dem Erreichten ein oder aber es macht sich eine gewisse Fatalität breit, die daher rührt, dass man das Gefühl hat, es doch nicht recht machen zu können.

Großzügigkeit bei weniger wichtigen Themen, ein »Übersehen« von kleineren Fehlern und ein gelegentliches Überhören unpassender Bemerkungen hingegen spart einem selbst Zeit und Energie, macht beliebter und lässt den Raum für die wirklich wichtigen Themen und die Energie für die Schlachten, für die es sich zu kämpfen lohnt.

Welche Schlachten lohnt es sich also zu schlagen? Hier ist meine Antwort:

- Die, die eine Chance auf den Sieg bieten.
- Die, die es nach dem eigenen Wertesystem verdienen, geschlagen zu werden – selbst ohne dass die Chance für den Sieg gewiss ist.

Nach meiner Beobachtung beherrschen Männer diese Regel deutlich besser als Frauen – daher würde ich mir wünschen, dass zunehmend mehr Frauen auch mal ein Auge zudrücken und erkennen, dass dies einen Zugewinn an Anerkennung und Lebensfreude bedeutet.

Thomas Kuhlmann

Nur in einem ruhigen Teich spiegeln sich die Sterne

Dr. Thomas Kuhlmann war von 2006 bis 2021 Mitglied der Geschäftsführung des Zuckerherstellers Pfeifer und Langen, einer der weltweiten TOP 10 in dieser Branche. In dem Traditionsunternehmen, das seit 1870 besteht, war er verantwortlich für die Ressorts Produktion, Forschung & Entwicklung sowie Personal. Darüber hinaus führte der promovierte Chemiker den Arbeitgeberverband der Zuckerindustrie Nordrhein-Westfalens sowie den Verein Deutscher Zuckertechniker (VDZ) als Vorsitzender des Vorstands. Zuvor war er als Geschäftsführer in verschiedenen Unternehmen der Chemie-, Elektronik- und Nahrungsmittelindustrie tätig.

Während meiner Studienzeit reiste ich insgesamt ein Jahr lang mit dem Rucksack kreuz und quer durch Amerika und Asien. Es verschlug mich dabei auch in eine sehr abgelegene Gegend im Himalaya in ein Kloster, das man nur über Pässe erreicht, die über 5000 Meter hoch sind. Wir waren nach acht Jahren die ersten Gäste, die das Kloster besuchten. Bei flackerndem Kerzenlicht saßen wir in einer kalten, großen Halle und lauschten den pausenlosen Gesängen und Gebeten der Mönche, untermalt von den typischen buddhistischen Instrumenten. Dies war sehr eindrucksvoll, es herrschte eine meditative, fast mystische Atmosphäre. Es begann zu schneien, und wir wurden nervös, da wir nicht sicher waren, wie sich, angesichts des schlechten Wetters und eines zu durchquerenden reißenden Flusses auf unserer Route, der geplante Aufstieg gestalten würde. Da sagte der einzige englischsprechende Mönch des Klosters den Satz, an den ich mich seitdem immer wieder erinnere: »Nur in einem ruhigen Teich spiegeln sich die Sterne.« Also nur wer ruhig und besonnen handelt, wird das bestmögliche Ergebnis erzielen.

Schon wenige Nächte später wurde mir die gehaltvolle Aussage dieses Satzes drastisch vor Augen geführt: Ich verlor den Anschluss zu den Sherpas in der dünnen Luft und hatte, um Zeit aufzuholen, eine risikoreiche Abkürzung am Berg genommen. Ich rutschte auf dem Eis aus und fiel auf knapp 6000 Meter Höhe in eine tiefe Gletscherspalte. Mit viel Glück und Können barg mich ohnmächtig und schwerverletzt mein schottischer Bergkamerad, der sich fast 30 Meter in die Spalte abseilte. Nach zehn äußerst herausfordernden Tagen erreichte ich, zurück in Deutschland, die Oggersheimer Unfallklinik und fühlte mich mit frischem Laken, Seife und Wasser nicht wie in einem Krankenhaus, sondern wie im Paradies.

Seit diesem einschneidenden Erlebnis vergegenwärtige ich mir die Aussage dieses Mönchs immer wieder und strenge mich an, in jeder, wirklich jeder Situation, ruhig und besonnen zu handeln. Ich weiß inzwischen, dass es mir so am besten gelingt, zum Ziel zu gelangen, die Sterne auch in der Alltagshektik zu erkennen. Menschen, die Ruhe ausstrahlen, sind vor allem auch dazu in der Lage, die Stärken und Talente ihrer Mitmenschen zutage zu fördern. Im unternehmerischen Umfeld bedeutet dies: Wer mit ruhiger Hand führt und handelt, schafft es, die Stärken der Mitarbeiter – bildlich gesprochen – zum Leuchten zu bringen. Auch wenn der Rat des Mönchs nicht aus dem Bereich meines Arbeitslebens stammt, hat er dieses doch nachhaltig beeinflusst. In Mitarbeitergesprächen oder bei unternehmerischen Herausforderungen bewahre ich die Ruhe. Ich diskutiere und analysiere Vorgänge sachlich. Noch nie habe ich einen Mitarbeiter angeschrien. Wie sollte ich die Stärken eines Mitarbeiters erkennen oder seine Argumente hören, wenn ich lärmte und in Rage mein analytisches Denken lähmen würde?

Diese Reisen in meiner Studienzeit – aber auch meine beruflichen Stationen in unterschiedlichen Kontinenten, in verschiedenen Branchen, von der Mikroelektronik bis hin zum Zucker – haben mich aber nicht nur den Wert der Ruhe, sondern auch den der Offenheit erkennen lassen. Nur weil ich offen für seine Aussage war, konnte ich die Substanz dieses einen Satzes der Aussage des Mönchs erkennen. Offenheit heißt aber auch, dass man offen ist für neue Ideen und Vorgehensweisen. Man nimmt dann vielleicht nicht immer die Abkürzung, sondern geht auch mal einen lohnenden Umweg. So erhält und erkennt man Chancen, macht wertvolle Erfahrungen und knüpft Kontakte mit bereichernden Menschen. Daher halte ich in Vorstellungsgesprächen auch die Frage »Wo wollen Sie in zehn Jahren stehen?« für Unsinn und ein Armutszeugnis. Das Leben und die Karriere kann man nicht planen wie eine Autobahnfahrt. Leben heißt eben nicht, eine Checkliste zu machen und diese hektisch abzuarbeiten. Wenn man so vorgeht, vergibt man viele Möglichkeiten, die einem der Zufall bietet, und übersieht die wirklichen Chancen. Dies gilt für alle Aspekte des Lebens – und damit auch und insbesondere für unsere Arbeit.

Klaus-Michael Kühne

Schuster, bleib bei deinen Leisten

Klaus-Michael Kühne ist Honorary Chairman der Kühne + Nagel International AG und Mehrheitsgesellschafter der Gruppe, eines der führenden weltweit tätigen Logistikunternehmen. Das Unternehmen operiert an 1000 Standorten in über 100 Ländern mit 62500 Mitarbeitern. Darüber hinaus ist Klaus-Michael Kühne alleiniger Träger der Kühne-Stiftung, die Lehre und Forschung in Logistik und Verkehrswirtschaft fördert, ein großes Medizinvorhaben finanziert und zahlreiche Kulturprojekte in Deutschland und der Schweiz unterstützt.

Mein bester Ratgeber war mein Vater, der mich schon in sehr jungen Jahren von seinen Erfahrungen profitieren ließ. Das war zunächst nicht immer einfach, denn ich beurteilte manche Dinge anders als er und wehrte mich gegen den Gedanken, keine eigenen Erfahrungen sammeln zu können, sondern auf diejenigen des »alten Herrn« hören zu müssen.

Nachträglich muss ich zugeben, dass mein Vater in vielerlei Beziehung recht behielt. Das galt ganz besonders für den Grundsatz »Schuster, bleib bei deinen Leisten«.

Unser Erfahrungsaustausch war vor allem durch die Geschehnisse in dem von meinem Großvater gegründeten und von meinem Vater stark ausgebauten eigenen Unternehmen geprägt, in dem ich schon sehr früh Verantwortung übernahm. Mein Vater legte Wert darauf, nur diejenigen Geschäfte zu machen, in denen wir uns wirklich auskannten, und nicht das Heil in anderen Wirtschaftsbereichen zu suchen. So bekannte er sich vor allem zum Grundsatz lupenreiner Neutralität im Logistikgeschäft, in dem wir Dienstleistungen für alle Teile der Wirtschaft erbrachten. Niemals sollten wir unsere Kunden enttäuschen, indem wir unser Wissen über deren Transportbedarfe, Vertriebswege und andere Prozesse an Dritte weitergaben oder uns gar selbst in Handels- oder Industriegeschäfte einschalteten. Wir sollten uns als Treuhänder unserer Kunden betrachten, deren Vertrauen wir durch strikte Neutralität zu rechtfertigen hatten. An diesen Grundsatz hat sich mein Unternehmen bis heute gehalten. Später habe ich oft über das nachgedacht, was mir mein Vater in vielerlei Hinsicht an Erfahrung vermittelt hat. Auch wenn ich damals nicht immer auf seine Ratschläge hören wollte, so habe ich mich später gern daran erinnert und bin zu der späten Einsicht gelangt, dass er mir sehr gesunde Ansichten mit auf den Weg gegeben hat.

Barbara Kux

Der Blick aus dem Hubschrauber: die Dinge ganzheitlich betrachten

Barbara Kux, von 2008 bis 2013 als erste Frau im Vorstand von Siemens, bringt ihre internationale Managementerfahrung heute in verschiedenen Unternehmen ein, zum Beispiel als Mitglied des Aufsichtsrats bei Henkel AG und Mitglied des International Advisory Board bei Adobe. Die Schweizerin absolvierte ihren MBA an der renommierten französischen Business School INSEAD und wurde vom World Economic Forum (WEF) als Global Leader of Tomorrow und von Fortune mit einem Spitzenplatz unter den einflussreichsten Wirtschaftsführerinnen ausgezeichnet.

Wer die Welt aus dem Hubschrauber betrachtet, dem eröffnen sich neue Zusammenhänge, der erkennt wichtige Strukturen auf einen Blick, ohne die Details aus den Augen zu verlieren. Die Dinge solchermaßen ganzheitlich zu betrachten, diesen Rat habe ich gleich zweimal im Leben erhalten. Zum ersten Mal in der Schule: Die Lehrer am Freien Gymnasium in Zürich ermunterten uns stets, ein möglichst breites Spektrum von Fähigkeiten und Wissen zu erwerben, Kultur ebenso wie Sport, Geschichte wie Naturwissenschaften, und dabei das Große und Ganze nicht aus den Augen zu verlieren. So entstanden in unseren Köpfen von Anfang an fächerübergreifende Zusammenhänge.

Im Beruf hilft mir dieser ganzheitliche Ansatz immer wieder. So etwa, als ich nach dem Mauerfall 1989 für ABB die Geschäfte in Osteuropa aufbaute. In enger Zusammenarbeit mit Professor Jeffrey Sachs, der damals für die polnische Regierung das Wirtschaftsprogramm erarbeitete, gelang es uns, eine Gesamtperspektive für Volkswirtschaft und Unternehmen zu etablieren. Auf dieser Grundlage bildeten wir zwei Gemeinschaftsunternehmen im Kraftwerksbereich, die bis heute führend im Markt sind. Auch beim Aufbau des Osteuropageschäfts für Nestlé half mir die holistische Betrachtungsweise, unter 20 Produktlinien die vier und aus 32 Ländern die beiden zu bestimmen, die uns die größten Chancen boten.

Ein zweites Mal erhielt ich diesen Rat in meiner Zeit als Unternehmensberaterin. Marvin Bower, Pionier und Vordenker von McKinsey, empfahl mir, die Fragestellungen der Unternehmen stets mit ganzheitlichem Ansatz zu lösen. Der dafür entwickelte Problemlösungsprozess beginnt mit einer umfassenden Diagnose und führt über verschiedene Handlungsoptionen zu einem konkreten Maßnahmenplan. Der Lösungsweg der Wahl entsteht dabei oft aus einer Handlungsoption, die auf den ersten Blick unrealistisch erscheint und die bei herkömmlichem Vorgehen gar nicht berücksichtigt worden wäre.

Dieser ganzheitliche Ansatz hilft auch, Prioritäten zu setzen. Denn er legt das Augenmerk auf die Größe der Potenziale und darauf, ob sie sich in einem absehbaren Zeitraum umsetzen lassen. Zudem fördert diese Betrachtungsweise die Motivation der Teams. Ein Beispiel aus meiner Vorstandsverantwortung bei Siemens: Im Supply Chain Management konzentrierten wir uns zunächst auf die Einkaufsoptimierung von Materialien, die mehrere Unternehmensbereiche beziehen, und erhöhten so die durchschnittliche Materialproduktivität um mehr als 60 Prozent. Wir erzielten damit binnen weniger Jahre Einsparungen im hohen einstelligen Milliardenbereich.

Übrigens: Die ganzheitliche Perspektive führt auch ohne Hubschrauber zum Erfolg. Ich jedenfalls bin nur selten mit einem geflogen.

Thomas Ladner

Werde Beziehungsbroker

Dr. Thomas Ladner ist seit 2009 Konsulent bei Meyerlustenberger Lachenal Froriep, nachdem er 2002 als Partner der Kanzlei beitrat. Dr. Ladner ist unter anderem Gründer beziehungsweise Co-Gründer des Entrepreneurs' Roundtable sowie des Clubs zum Rennweg und war Mitglied des Vorstands der SMG Schweizerische Management Gesellschaft. Er ist Board Member bei über einem Dutzend Unternehmen in unterschiedlichen Branchen. Außerdem ist er (Mit-)Gründer einer Reihe von Unternehmen im Technologie- und Finanzsektor.

Nichts hat mein Leben so nachhaltig geprägt wie mein mit 30 Jahren gefällter Entschluss, »Beziehungsbroker« zu werden. Ein Beziehungsbroker ist per Definition ein Netzwerker. Er macht Menschen miteinander bekannt. Und überbrückt damit das gegenseitig fehlende Vertrauen, welches am Anfang jeder Beziehung steht. Der Beziehungsbroker weiß: »Teilt man Freunde mit anderen, so vermehren sie sich.«

Das oberste Gebot des erfolgreichen Netzwerkers? Sei absichtslos! Wer ein Beziehungsnetz aufbauen möchte und dabei seinen persönlichen Nutzen vor Augen hat, kann sich die Zeit und Energie sparen. Es wird nicht klappen. Denn ein Netzwerk zieht nur dann interessante Leute an, wenn es für diese Nutzen stiftet. Somit muss ein Netzwerker, damit er erfolgreich ist, danach trachten, dass sein Netzwerk einen möglichst großen Nutzen für die anderen Mitglieder des Netzwerkes stiftet. Ich bin davon überzeugt, dass von Natur aus eher zurückhaltende Menschen die besseren Netzwerker sind. Denn sie haben nicht das Bedürfnis, sich in den Vordergrund zu drängeln und in Beziehungen ihren eigenen Nutzen zu maximieren.

Erfolgreiche Beziehungsbroker und Netzwerker interessieren sich ernsthaft für ihr Gegenüber. Sie wissen, dass Wertschätzung das Fundament jeder Beziehung ist, und kennen das Bedürfnis des Menschen nach Anerkennung, welches Arthur Miller in seinem Klassiker *Tod eines Handlungsreisenden* so treffend beschreibt mit: »Everybody wants to be well liked.«

Was es mir gebracht hat, die letzten 15 Jahre als Beziehungsbroker zu agieren und mehrere Netzwerke in der Schweiz und in Deutschland auf- oder auszubauen? Ein volles, buntes Leben mit vielen spannenden Freunden und Bekannten, welche mir Türen zu anderen interessanten Menschen, Ideen, Veranstaltungen und Geschäftsopportunitäten geöffnet haben, welche ich aus eigener Kraft nie hätte aufstoßen können.

Alan G. Lafley
Durchhalten, wenn es hart wird

Alan G. Lafley war von 2000 bis 2009 President und CEO von Procter & Gamble und kehrte 2013 in diese Positionen zurück. Zusätzlich wurde er zum Chairman of the Board of Directors gewählt. 2015 wurde er von David S. Taylor als Präsident und CEO von Procter & Gamble abgelöst. Alan Lafley begann nach dem Studium an der Harvard Business School im Jahr 1977 bei Procter & Gamble. In den folgenden 15 Jahren übernahm er Verantwortung in unterschiedlichen Divisionen des Unternehmens. 1994 wurde ihm die Verantwortung für die Tätigkeiten von P&G in Asien übertragen. Unter Alan Lafleys Leitung entwickelte sich Procter & Gamble zu einem der größten Konsumgüterunternehmen der Welt.

Meine Mutter, eine starke, stolze Irin, die im Alter von 82 Jahren starb, sagte mir immer, ich müsste den Mumm haben, zu meinen Überzeugungen zu stehen. Sie ermutigte mich, unabhängig zu sein, ich selbst zu sein, und ich habe an ihren Rat gedacht, als ich kurz davor war, P&G in meinem sechsten Jahr zu verlassen. Das war 1982, und ich hatte beschlossen, zu einer dieser kleinen Beratungsfirmen in Connecticut zu gehen. Ich hatte sogar ein Haus in Connecticut gekauft. Ich wollte mich von P&G lösen, weil ich die Bürokratie so erdrückend fand und die Dinge sich nur so langsam änderten. Ich war ein Partner – zwischen Verkaufs- und Vertriebsdirektor – und leitete eine Reihe von Waschmittelmarken. Steve Donovan war für das Seifengeschäft zuständig, und ich überreichte ihm meine Kündigung. Er zerriss sie. Ich sagte ihm: »Ich habe eine Kopie gemacht.« Und er sagte: »Geh nach Hause. Ruf mich heute Abend an.« Es war schlau von ihm, nicht gleich an Ort und Stelle mit mir zu verhandeln. Als ich ihn an diesem Abend anrief, sagte er: »Geh die nächste Woche nicht ins Büro, sondern komm jeden Abend zu mir.« Und so ging ich jeden Abend zu ihm nach Hause, und wir tranken ein oder zwei Glas Bier miteinander. Er hat mich so lange in die Mangel genommen, bis er zur Wurzel meines Problems mit P&G vorstieß, die Bürokratie. Er sagte: »Du läufst weg. Du hast nicht genug Mumm in den Knochen, um zu bleiben und die Dinge zu ändern. Du wirst auch von deinem nächsten Job weglaufen.«

Das hat mich wirklich geärgert. Ich blieb. Und von dem Moment an habe ich jedes Mal, wenn etwas nicht funktionierte, den Mund aufgemacht. Mir ist klar geworden, dass man etwas bewirken kann, wenn man seine Meinung sagt und es sich in den Kopf setzt, die Dinge zu ändern.

Robin Li
Wenig versprechen und viel halten

Robin Li ist Mitgründer, Chairman und CEO von Baidu. Das Unternehmen wurde 2007 als erstes chinesisches Unternehmen in den NASDAQ-100-Index aufgenommen. Baidu betreibt die gleichnamige chinesische Suchmaschine, die zu den weltweit am meisten aufgerufenen Webseiten zählt. In China ist das Unternehmen Marktführer im Bereich Suchmaschinen. Der chinesischer Unternehmer Robin Li gilt als einer der reichsten Männer des Landes.

Der Rat kam von einem unserer frühen Anleger. Während unserer ersten Vorstandssitzung, als die Firma gegründet wurde, sagte ich: »Ich habe noch nie selbst ein Unternehmen geleitet – welchen Rat würden Sie mir geben?« Und die Antwort war: »Versprich wenig und halte viel.« Das nahm ich mir zu Herzen und glaube auch heute noch daran. Die Treue von Baidus Kunden, Benutzern, Mitarbeitern und Investoren ist meiner Meinung nach zu einem großen Teil diesem Grundsatz zu verdanken. Die Leute vertrauen darauf: Wenn wir uns an etwas heranmachen, dann machen wir es gut.

Michel M. Liès

Wenn du den Eindruck hast, geschickter zu sein als die anderen, dann behalte es für dich

Michel M. Liès war von 2012 bis 2016 Group CEO der Swiss Re. Davor leitete er die Stelle Global Partnerships bei Swiss Re, die sich dem Aufbau und der Vertiefung langfristiger Beziehungen mit Versicherungskunden aus dem öffentlichen Sektor widmet. Von 2005 bis 2011 war er Leiter von Swiss Re Client Markets. Seit April 2018 ist er Verwaltungsratspräsident der Zurich Insurance Group AG.

Nicht nur einer, sondern gleich zwei Ratschläge beeinflussen mein Leben bis heute. Den ersten erhielt ich noch zu Schulzeiten; ich war ungefähr 14 Jahre alt und ein guter Schüler. Ein Mathematikprofessor, ein Jesuit, sagte zu mir: »Wenn du den Eindruck hast, geschickter zu sein als die anderen, dann behalte es für dich.«

Dieser Rat ist für mich aus zwei Gründen wichtig. Als Mathematiker neigte ich dazu, immer alles bewerten zu wollen und Ranglisten zu erstellen. Es ist aber viel wichtiger, die persönlichen Stärken eines anderen Menschen zu erkennen und zu verstehen, anstatt in Sachen Geschicklichkeit und Intelligenz ein Ranking zu erstellen. Darüber hinaus ist es höchstwahrscheinlich auch falsch, anzunehmen, dass man selbst geschickter oder sogar intelligenter sein sollte als sein Umfeld. Und falls es per Zufall doch so ist, weshalb sollte man das den anderen unbedingt auf die Nase binden? Dieser Rat hat mich vor allem auch in meinem persönlichen Leben stark beeinflusst.

Später in meinem Leben erhielt ich den zweiten Rat, der mich vor allem in meinem beruflichen Umfeld stark geprägt hat: »Einstimmigkeit ist keine Garantie«, oder vielleicht noch besser ausgedrückt »Einstimmigkeit ist gefährlich«, lautet dieser. Ich liebe die Menschen, habe aber gleichzeitig auch eine große Angst vor der »Masse«, gewissermaßen vor einer kollektiven Trägheit, einem Stillstand oder einem blockierenden Kompromiss.

Ich fühle mich ziemlich unwohl nach einer Entscheidung, die zu eindeutig ausgefallen ist. Es ist mir viel lieber, wenn man eine lebhafte Diskussion führt, das Für und Wider beleuchtet und nicht sofort einen Konsens erreicht. Ein weicher Konsens kann gefährlich sein, und dieser Rat hat mir vor allem in den verschiedenen globalen Tätigkeiten bisher sehr genützt. Die Gefahr liegt darin, dass man sich kollektiv, und dann sehr wahrscheinlich auch noch mit großem Enthusiasmus, irrt. Dies kann die Basis von vielen Fehlern sein – unternehmerischen und menschlichen –, und ich sehe es auch als eine potenzielle Gefahr der sogenannten Globalisierung. »Mainstream thinking« kann in diesem Zusammenhang eine gefährliche Bequemlichkeit vortäuschen und uns alle – Unternehmen sowie andere Gruppen – viel kosten.

Roland Mack

Fleiß, Bodenständigkeit und Bescheidenheit

Dr.-Ing. h. c. Roland Mack ist Co-Gründer des Europa-Parks. Nach seinem Abschluss als Diplom-Ingenieur stieg Mack in das Familienunternehmen ein. 1975 gründete er zusammen mit seinem Vater Franz Mack den Europa-Park, der mittlerweile Deutschlands größter Freizeitpark ist. Roland Mack gehört zu den Gründungsmitgliedern des Verbandes Deutscher Freizeitparks und Freizeitunternehmen (VDFU) und war von November 2011 bis November 2012 Präsident des Weltverbandes der Freizeitindustrie, IAAPA. Darüber hinaus ist er Ehrensenator und Beiratsmitglied der Universität Freiburg und sitzt im Beirat der Deutschen Zentrale für Tourismus. Für sein soziales Engagement und seine Verdienste in der Wirtschaft wurde Roland Mack mit zahlreichen internationalen Preisen ausgezeichnet.

»Mehr als ein Schnitzel kann man sowieso nicht essen«, sagte mein Vater immer, und damit hatte er recht. Es ist wichtig, auf dem Boden zu bleiben und nicht abzuheben. Wir achten sehr darauf, immer auf Augenhöhe mit unseren Mitarbeitern und Besuchern zu sein.

Mit diesem Prinzip ist unser Familienunternehmen mittlerweile in der achten Generation erfolgreich. 1780 baute Paul Mack die ersten Postkutschen und Wagen für Schausteller, und 1975 habe ich zusammen mit meinem

Vater Franz Mack den Europa-Park eröffnet. Mittlerweile exportiert Mack Rides Achterbahnen in die ganze Welt, und der Europa-Park ist mit über 4,5 Millionen Besuchern jährlich Deutschlands größter und beliebtester Freizeitpark und der größte saisonale Freizeitpark weltweit.

Mein Vater war ein bodenständiger Mann. »Wenn wir etwas machen, machen wir es richtig«, lautete seine Devise. Daran halten wir uns bis heute. Wir konzentrieren uns darauf, den Besuchern einen optimalen Erlebniswert zu bieten. Das bedeutet auch, dass wir jedes Jahr neue Attraktionen und Shows schaffen möchten.

Bei der Entwicklung neuer Bahnen oder Hotels steht die Qualität an erster Stelle. Wenn wir von einer Investition überzeugt sind und die Machbarkeit geprüft wurde, achten wir nicht unbedingt auf jeden Cent, sondern planen die perfekte Umsetzung bis ins kleinste Detail. Kapriolen und Luftschlösser sind nicht unser Ding. Neue Attraktionen müssen Hand und Fuß haben. Wir packen selbst an und ziehen als Familie zielorientiert immer an einem Strang. Die kurzen Wege und die direkte Kommunikation sind sicher wertvolle Vorteile eines Familienunternehmens. Man muss stets diszipliniert sein und darf sich nicht auf Erfolgen ausruhen. Sonst kommt es schnell zum Stillstand. Um das hohe Niveau zu halten, das den Europa-Park ausmacht, legen wir viel Wert auf Perfektion und Innovation. Ich habe von meinem Vater gelernt, dass man sich in allen Bereichen auskennen muss. Wir möchten unseren Mitarbeitern schließlich immer mit Rat und Tat zur Seite stehen und mit gutem Vorbild vorangehen. Es geht nichts über gute Kenntnisse in der Praxis, trotz theoretischer Ausbildung. Es beeindruckte mich, dass mein Vater immer im Blick hatte, dass jedes kleinste Detail für das große Ganze und damit für den Erfolg des Unternehmens enorm wichtig ist. Wenn vor ihm 500 volle Flaschen standen, konzentrierte er sich auf die eine Flasche, die nur halb voll war. Er besaß die große Gabe, komplexe Dinge auf einfache Details herunterzubrechen. Das habe ich immer sehr bewundert. Sein Rat, nie größenwahnsinnig zu werden und stets bescheiden zu bleiben, bestimmt noch immer unsere Unternehmenskultur. Nur mit viel Fleiß und Hingabe haben wir es geschafft, dass der Europa-Park in diesem Jahr auf Platz zwei der TOP 100 Sehenswürdigkeiten in Deutschland noch vor dem Kölner Dom gewählt wurde – der Beweis dafür, dass sich Kontinuität, Bodenständigkeit und Innovation auszahlen. »Mehr als ein Schnitzel kann man sowieso nicht essen« – dieser Satz hat mich geprägt. Wahrscheinlich ist die Bodenständigkeit das wichtigste Rezept für die andauernde Zustimmung und Zufriedenheit der Besucher.

Stefan Magel

Wer wissen will, was er will, muss schauen, was er tut

Stefan Magel war von 2016 bis 2022 Vorstandsmitglied der REWE Beteiligungs-Holding AG. Seine gesamte berufliche Laufbahn hat er im Handel verbracht, unter anderem bei Furr's Supermarkets in Lubbock, Texas, real SB-Warenhaus, Castorama S. A., Kingfisher plc und Globus SB-Warenhaus. Seit 2009 arbeitete er für die REWE Group, anfangs als CEO der toom Baumarkt GmbH, seit 2011 als Geschäftsführer Marketing und Vertrieb der Discounttochter PENNY Deutschland und seit 2016 als Bereichsvorstand/COO.

Die Tatsache, dass ich bisher über drei Jahrzehnte mit anhaltender Freude und Leidenschaft im Handel gearbeitet habe, verdanke ich einem pragmatischen Rat meines Vaters. Die Tatsache, dass diese Arbeit erfolgreich war und ist, verdanke ich hingegen unter anderem einer Erkenntnis von Rudolf Dreikurs, einem Vertreter der Individualpsychologie. Doch der Reihe nach: Ich war 22 Jahre alt und stand kurz vor dem Abschluss einer von mir nie gewollten (und auch nicht geliebten) Banklehre. Zu der Zeit galten meine ganze Aufmerksamkeit und ein Großteil meines Ehrgeizes dem Tennisspielen. Daher wollte ich unbedingt für eine Weile in die USA, worauf mein Vater bei einem der zahlreichen Gespräche über meine Zukunft mir riet: »Ruf doch einfach mal bei deiner Großtante Hilde an. Sie hat Beziehungen zur Asko in Saarbrücken, die in den USA eine Beteiligung an einem Handelsunternehmen haben.« Gesagt, getan, nach mehreren Telefonaten und einem Treffen zum Frühstück mit Frau Dr. Hilde Peters, so der volle Name meiner Großtante, im Domcafé in Mainz, flog ich am 30. August 1987 über Minneapolis und Dallas nach Lubbock, Texas, um dort am nächsten Tag bei Furr's Supermarkets ein Praktikum zu beginnen. Als Sohn einer Bankiers- und Industriellenfamilie hatte ich bis dato keinerlei Berührung mit dem Einzelhandel – und auch keine Vorstellung von der Faszination dieser Branche. Bis heute begleitet mich die Begeisterung für den Einzelhandel durch mein Berufsleben, ohne den Rat meines Vaters wäre ich sicherlich nie dort gelandet.

Den Rat, der mich am meisten in meinem Tun und Handeln in meinem Berufsleben beeinflusst und geprägt hat, bekam ich in den 1990er-Jahren von meinem Coach Holger Przybyla (IPA Suisse Coaching). Ich war zu dieser Zeit alleiniger Geschäftsführer der Castorama Deutschland GmbH, der deutschen, leider in die Schieflage geratenen Tochter eines großen französischen Baumarktunternehmens. Ich haderte zu dieser Zeit mit den Entscheidungen, die in der Konzernzentrale in Frankreich für Deutschland getroffen wurden, ohne dass ich jedoch dagegen etwas unternahm. Holger sagte mir damals: »Wenn du wissen willst, was du willst, musst du schauen, was du tust.« Rudolf Dreikurs, ein Schüler Alfred Adlers, Gründer der Individualpsychologie, hat mit diesem Satz den Begriff der Finalität, also der Sinn- und Zielgerichtetheit menschlichen Handelns, beschrieben. Wenn wir unser Verhalten, das heißt unser Tun (und auch Nicht-Tun) durch die Frage nach dem Ziel und Zweck unseres Handelns beurteilen, können wir uns (besser) verstehen. Jedes menschliche Handeln ist (bewusst oder unbewusst) zielgerichtet. Ich habe damals verstanden, dass ich auch für mein »Nichtstun« beziehungsweise stillschweigendes Hinnehmen der Entscheidungen aus Lille verantwortlich bin. Und dass ich damit einen Zweck verfolge, nämlich die Verantwortung für schwierige Entscheidungen, mein Unternehmen betreffend, anderen zu überlassen. Als ich dies akzeptiert hatte, konnte ich wieder selbst aktiv werden und damit meiner Verantwortung für Castorama in Deutschland gerecht werden. Es gibt immer eine Alternative zum »Nichtstun«, und mit unserem Handeln, für das wir selbst verantwortlich sind, verfolgen wir immer einen Zweck. Diese Erkenntnis hat mir seitdem sehr oft, auch in schwierigen Situationen, geholfen. Ich glaube, ich bin dadurch ein besserer Manager geworden.

Klaus Mangold

Aus Fleiß und Neugierde entsteht großer Erfolg

Prof. Dr. Klaus Mangold war von 1995 bis 2003 Vorstandsmitglied der DaimlerChrysler AG sowie gleichzeitig Vorstandsvorsitzender der DaimlerChrysler Services AG. Nach dem Studium hatte er verschiedene Positionen in der deutschen Industrie inne. Er war Vorstandsvorsitzender und Vorstandsmitglied der Rhodia AG sowie Vorstandsvorsitzender der Quelle AG, bevor er Vorstandsmitglied der DaimlerChrysler AG wurde. In den Jahren 2000 bis 2010 war Klaus Mangold Vorsitzender des Ostausschusses der Deutschen Wirtschaft. Der studierte Jurist und Volkswirt ist Aufsichtsratsvorsitzender der Knorr-Bremse AG und Mitglied mehrerer Aufsichts- und Beiräte. 2003 gründete Klaus Mangold die heutige Mangold Consulting GmbH mit Sitz in Stuttgart.

Als ich junger Vorstandsassistent bei der Thyssen Vermögensverwaltung in Düsseldorf war, war mein Chef der große Kurt Birrenbach. Er war eine außergewöhnliche Persönlichkeit. Bei meinem Einstellungsgespräch sagte er mir Folgendes: »Wenn Sie erfolgreich in Ihrem jungen Berufsleben sein wollen, müssen Sie neugieriger sein als andere, und Sie müssen mehr arbeiten als andere.« Beides habe ich beherzt zur Kenntnis genommen – ohne damals zu ahnen, dass diese Kriterien in einem mindestens 14 Stunden dauernden Arbeitstag enden würden. Die Messlatte war hoch, und ich wusste, was man selbst leisten kann und auch von anderen erwarten darf.

Mehr arbeiten als andere kann man aber nur dann, wenn man Einschränkungen im Privatleben akzeptiert. Bei Einstellungen junger Mitarbeiter habe ich sie mehrfach darauf hingewiesen, dass diese Akzeptanz ein wichtiges Kriterium ist, wenn man eine überdurchschnittliche Karriere anstrebt. Diese ist aber nur dann sinnvoll gestaltbar, wenn man einen Grundkonsens mit seiner Familie über das Zeitmanagement herstellen kann. Die Familie muss die Prioritäten einfach akzeptieren, zahlt dafür einen gewissen Preis an Privatleben – hat aber andererseits einen Gewinn an Annehmlichkeiten. Man kann in seinem beruflichen Leben mit außergewöhnlichen Leistungen im Hinblick auf Zeit und »professional dedication« nur gut sein, wenn einen die

Familie darin unterstützt. Ohne eine solche Verständigung kann es immer wieder zu Disputen über die Balance zwischen Privatem einerseits und Beruflichem andererseits kommen.

Wichtig ist natürlich auch der zweite Faktor: die Neugierde. Auch hier habe ich bei Neueinstellungen den jungen Mitarbeitern mit auf den Weg gegeben, neugierig zu sein und »mit ausgefahrenen Antennen« durchs Leben zu gehen. Neugierig sein heißt im Berufsleben, Gewohntes infrage zu stellen, mutig zu sein, und es beinhaltet auch die Bereitschaft zum Aufbruch in Neues, Ungewohntes und Außergewöhnliches sowie Kreativität und Unternehmertum.

Oliver Mans
Adaptieren, nicht kopieren

Oliver Mans, Diplom-Kaufmann, ist seit Oktober 2022 CEO bei Landgard, der führenden deutschen Genossenschaft für Gartenbau. Nach Abschluss seines Studiums der Betriebswirtschaftslehre trat er in die REWE Zentral AG ein. Dort bekleidete er mehrere Positionen im Top-Management. Ab 2017 führte er als Bereichsvorstand und Vorsitzender der Geschäftsführung die neu gegründete REWE Group Buying GmbH, unter deren Dach erstmals alle Aktivitäten im Warengeschäft gebündelt wurden. Als Mitglied der Geschäftsführung und Chief Procurement Officer der real GmbH war er mitverantwortlich für den Restrukturierungsprozess des wirtschaftlich angeschlagenen Lebensmitteleinzelhändlers. Er verantwortete das komplette Warengeschäft vom zentralen Einkauf/Category Management, über das Supply Chain Management, bis hin zur Qualitätssicherung und dem Marketing.

Mit dem einen, pointierten Rat kann ich nicht dienen, aber ich gebe gerne einige Schlüsselerfahrungen weiter, die ich im Laufe meines bisherigen Arbeitslebens in der Lebensmittelbranche machen durfte. Und ich denke, dass dieser Wirtschaftsbereich besonders facettenreiche Eindrücke vermitteln kann, weil hier immer Menschen und ihre elementaren Bedürfnisse beteiligt sind. Wenn ich zum Beispiel als Einkäufer ausschließlich über Mengen, Liefertermine und Preise nachdenke und mit meinem Gegenüber darüber spreche, sind Zweifel an einem guten Ergebnis durchaus angebracht. Man muss sich in die Gesprächssituation und vor allem in die anderen hineindenken und immer bedenken, welche speziellen Bedingungen zum Beispiel ein Lieferbetrieb für landwirtschaftliche Produkte hat. Man kann dann nicht einfach sagen, an diesem oder jenem Datum brauche ich soundso viele Tonnen Erdbeeren, weil da muss auch die Natur und das Wetter mitspielen. Auch ist es ein himmelweiter Unterschied, ob ich mit einem internationalen Nahrungsmittel-Multi verhandle oder mit regionalen Kleinlieferanten. Wenn ich im Gespräch signalisiere, dass ich die Herausforderungen, vor denen meine Gesprächspartner stehen, ernst nehme, wird der Verlauf der Verhandlungen sowohl zielorientierter als auch effizienter werden. Nur so kommen die richtigen Emotionen zustande und werden die nötigen Türen geöffnet. Besonders drastisch führt uns der im Februar 2022 begonnene Krieg Russlands gegen die Ukraine vor Augen, wie gering die Planungssicherheit bei Lebensmittellieferungen ist und dass man in diesem Segment immer flexibel bleiben muss.

Ein weiterer Rat, der sich immer wieder bewahrheitet, geht auf ein Zitat von Alain Caparros, dem ehemaligen REWE-Chef zurück. Dabei geht es um die Personalführung, die im Lebensmittelbereich ebenfalls ein zentraler Erfolgsfaktor ist. Sinngemäß lautet das Zitat: »Wenn jemand will, aber nicht kann – dem kann geholfen werden. Wenn aber jemand nicht kann und nicht will, dann wird das nichts.« Damit ist gemeint, dass Mitarbeiter im Lebensmittelhandel eine gewisse Liebe zu ihrem Beruf und vor allem zu den Kunden und Produkten mitbringen müssen, um wirklich gut zu sein. Natürlich kann man als Manager solche Faktoren verbessern und helfen, aber eine Grundlage muss bei den Kolleginnen und Kollegen unbedingt vorhanden sein.

Um etwa die Potenziale von jungen Leuten im Unternehmen zu heben, die frisch von der Universität hoch motiviert ans Werk gehen und selbst möglichst schnell Führungskraft werden wollen, rate ich ihnen zwei Dinge. Sie sollten erstens nicht versuchen, erfolgreiche Manager zu kopieren. Jeder hat seine eigene Art der Herangehensweise und seine eigene Erfolgsgeschichte. Sollte man nun versuchen, diese nachzumachen, passt das oft nicht zur Persönlichkeit der Nachwuchskraft und es kommt nur ein zweitklassiges Abziehbild heraus. Deshalb sollten sie wirksame Techniken oder Strategien von Top-Managern zwar durchaus adaptieren und an ihre eigene Persönlichkeit und ihren Werdegang anpassen – statt sie einfach zu kopieren. So wird man selbst zu einer neuen Führungspersönlichkeit und idealerweise auch zum Vorbild. Und der zweite Rat? Es ist ja toll, für seine Karriere zu brennen und möglichst schnell an ein Ziel kommen zu wollen. Dennoch geht gerade in unserem Bereich ohne Beharrlichkeit nichts. Wer zu ungestüm losläuft, riskiert, Misserfolge zu erleben und dadurch Motivation zu verlieren. Der Aufbau einer Karriere ist ein Marathonlauf und kein Sprint!

Pater Martin
Sei offen für Begegnungen

Pater Martin Werlen ist Benediktiner. Seit 1983 lebt er als Mönch im Benediktinerkloster Einsiedeln. Der Walliser studierte Philosophie, Theologie und Psychologie in der Schweiz, in den USA und in Italien. Von 2001 bis 2013 war er Abt des Klosters und Mitglied der Schweizer Bischofskonferenz. Seit August 2020 ist er Propst der zum Kloster Einsiedeln gehörenden Propstei St. Gerold. Pater Martin Werlen setzt sich aktiv für einen Kulturwandel in der katholischen Kirche ein. Er hat mehrere Bücher geschrieben, die weit über die Kirchengrenzen hinaus zu Bestsellern wurden. Er ist ein gefragter Referent in kirchlichen und weltlichen Kreisen.

Die Wege, die ich zurücklegen will oder muss, lege ich mit öffentlichen Verkehrsmitteln zurück, also per Bahn, Bus oder sogar Autostopp. Als ich etwa 16 Jahre alt war, erhielt ich den Rat »Mach keinen Führerschein«. Das war natürlich ein außergewöhnlicher Ratschlag, aber den Ratgebern war damals schon die Problematik des Klimawandels sehr bewusst. Wer die Umwelt schützen will, fährt nicht unnötig Auto. Dieser Rat hat mir viele wertvolle und außergewöhnliche Begegnungen in meinem Leben beschert, denn auf dem Weg zur Bushaltestelle oder auch im Zug lernt man die unterschiedlichsten Menschen kennen. Ich halte immer Augen und Ohren offen und bin ansprechbar, man lernt viel auf derartigen Reisen und kann auch vielen Menschen helfen. Diese ungeplanten Begegnungen zeigen mir außerdem, was in der Gesellschaft wirklich los ist.

Wer im Auto reist, bleibt in seinen eigenen vier Wänden, aber wer mit öffentlichen Verkehrsmitteln unterwegs ist, begegnet der ganzen Welt. Gerade wenn es beim Bahnverkehr mal wieder hakt, gibt es eine Gruppe, die am Handy versucht, Informationen zu erhalten, und die andere Gruppe, die miteinander spricht und sich austauscht, wie man wohl weiterkommt, was das beste Vorgehen ist et cetera.

Einmal hat mich ein Mann aus Burkina Faso angesprochen und aus seinem Rucksack eines meiner Bücher in französischer Übersetzung herausgeholt. Er hatte mich erkannt, weil mein Konterfei auf dem Umschlag war. Er bat mich um ein Gespräch. Dieser Bitte konnte ich nicht umgehend nachkommen, da ich einen Termin im Kloster hatte. Also nahm ich ihn dorthin mit und er erzählte mir, dass er seit neun Jahren illegal im Land sei. Er erhielt keine Aufenthaltsgenehmigung. Ich intervenierte für ihn in Bern, und siehe da – er bekam eine Aufenthaltsgenehmigung. Dann sprach ich noch mit unserem Abt und seitdem arbeitet der Herr aus Burkina Faso in der Klosterküche.

All dies wäre nicht passiert, wenn ich allein im Auto unterwegs gewesen wäre. Daher rate ich auch denen, die einen Führerschein haben: Reist so oft wie möglich in öffentlichen Verkehrsmitteln, da lernt ihr vieles und viele Menschen kennen.

Bernhard Mattes

Autorität wird nicht von der Visitenkarte verliehen

Bernhard Mattes war von 2002 bis 2016 Vorsitzender der Geschäftsführung der Ford-Werke GmbH und seit 2006 auch Vice President Ford Customer Service Division, Ford Europa. Von März 2018 bis Dezember 2019 war er Präsident des Verbands der Automobilindustrie (VDA) und des Beirats des 1. FC Köln. Nach dem Studium heuerte der diplomierte Ökonom bei BMW an und sammelte Erfahrungen in verschiedenen Positionen im Vertrieb, bevor er 1999 in den Ford-Vorstand wechselte. 2013 wurde Bernhard Mattes zum Präsidenten der American Chamber of Commerce in Germany, kurz AmCham Germany, gewählt.

»Autorität wird nicht über die Visitenkarte verliehen. Autorität erwirbt man sich durch ausgezeichnete fachliche und persönliche Führungsqualitäten.«

Diesen Rat hat Eberhard von Kuenheim, ehemaliger Vorstandsvorsitzender der BMW AG, seinen »Oberen Führungskräften« mitgegeben. Ich war damals einer der Jüngsten in dem Kreis. Von Kuenheim erinnerte uns häufiger daran, dass weder Status noch der Titel auf der Visitenkarte seinen Namensträger qualifizieren. Sein Rat machte mir klar, dass ich den in mich gesetzten Erwartungen innerhalb und außerhalb des Unternehmens nur durch ausgeprägte fachliche wie persönliche Führungsqualitäten gerecht werden kann. Nur so erwirbt man sich als Führungskraft Autorität im Sinne von Anerkennung und Leitbildfunktion bei Mitarbeitern, Kollegen, Vorgesetzten und auch außerhalb des Unternehmens. Die Vielfalt von Titeln und Strukturbezeichnungen erleichtert dagegen lediglich die Orientierung innerhalb und außerhalb des Unternehmens in zunehmend vielschichtigen Organisationen und Netzwerken.

Erfolgreiche Führung setzt für mich in dem heutigen komplexen Umfeld umfassende fachliche Qualitäten voraus: Eine Führungskraft muss Orientierung geben. Sie muss Veränderungen der Märkte, Technologien, Kommunikation sowie im Kundenverhalten frühzeitig erfassen, um diese dann in unternehmerische Entscheidungen und deren konsequente Umsetzung münden zu lassen.

Mehr denn je sind meiner Überzeugung nach in dem von Unsicherheit und Veränderung geprägten Umfeld persönliche Führungseigenschaften und persönliches Führungsverhalten von zentraler Bedeutung für erfolgreiche Führung. Hierzu zählen erstens die Förderung und Entwicklung fachlicher und technischer Spitzenleistung und die Bereitschaft lebenslangen Lernens. Zweitens engagierte Zusammenarbeit über Bereichs- und Unternehmensgrenzen hinweg. Drittens Firmenwerte vorbildlich leben und mittels eigenem Führungsverhalten erlebbar machen. Letztlich geht es auch darum, Ergebnisse zu erzielen, hohe Erwartungen an sich selbst zu stellen, fundierte Entscheidungen zu treffen und Verantwortung für das Erzielen von Ergebnissen zu übernehmen.

Die Befolgung dieses Rates mit meiner Interpretation hat mir viel Freude und Erfüllung in meinen beruflichen Stationen bereitet, und der Verbrauch von Visitenkarten hielt sich über die Jahre in überschaubaren Grenzen.

Helmut Maucher

Lassen wir die Menschen, wie sie sind

Dr. h. c. Helmut Maucher war zuletzt Ehrenpräsident der Nestlé AG. Während seiner 19 Jahre an der Spitze von Nestlé (1981–2000) baute er das Unternehmen zum weltgrößten Nahrungsmittelkonzern der Welt auf. Er engagierte sich auch stets über das Unternehmen hinaus. So war er unter anderem Präsident der Internationalen Handelskammer (ICC, Paris) und leitete den European Round Table of Industrialists. Bis zu seinem Tod im Jahr 2018 war er in zahlreichen Gremien sowie kulturellen und gesellschaftspolitisch tätigen Institutionen aktiv.

Die Menschen sollten sich endlich von der Illusion lösen, dass man durch neue, insbesondere radikale politische und gesellschaftliche Systeme die Menschen verändern kann. Alle diese Ideen waren immer zum Scheitern verurteilt, weil die Menschheit eben so ist, wie sie ist.

Wir sollten akzeptieren, dass die Menschen infolge ihres genetischen Ursprungs sehr verschieden sind. Umwelt und Erziehung können den Menschen beeinflussen, aber nicht total verändern. Dies hat immense Vorteile: Die Vielfalt der Menschen und ihre unterschiedlichen Neigungen und Talente führen dazu, dass wir die diversifizierten Herausforderungen in Technik, Gesellschaft, Politik und Umwelt als Gesamtheit meistern können.

Bleiben wir also realistisch und bescheiden in unseren gesellschaftlichen und politischen Entwürfen und richten wir uns an den Menschen aus, wie sie sind. Wenn wir uns an dieser Prämisse orientieren, geben wir vor allem keinen schlimmen Diktatoren die Möglichkeit, Teile der Menschheit zu beherrschen.

Peter Maurer
Behalten Sie immer die Größenordnung im Auge

Peter Maurer ist seit 2012 Präsident des Internationalen Komitees vom Roten Kreuz (IKRK). Nach seiner Promotion war er ab 1987 in verschiedenen Funktionen im diplomatischen Dienst der Schweiz tätig, unter anderem ab 1996 als stellvertretender ständiger Beobachter der Schweiz bei der Organisation der Vereinten Nationen (UNO) in New York. Im Jahr 2000 erfolgte seine Ernennung zum Botschafter und zum Leiter der für die Bereiche Frieden, Menschenrechte, Humanitäre Politik und Migration zuständigen Politischen Abteilung für menschliche Sicherheit im Eidgenössischen Departement für auswärtige Angelegenheiten (EDA), dem Schweizer Außenministerium. Von 2004 bis 2010 war Peter Maurer Chef der Schweizer Ständigen Mission bei der UNO. Im Juni 2009 wählte ihn die UN-Generalversammlung zum Vorsitzenden des Fünften Ausschusses, der für administrative und Budgetfragen zuständig ist. Darüber hinaus wurde er zum Vorsitzenden des Burundi-Ausschusses der Kommission für Friedensbildung der Vereinten Nationen gewählt. 2010 wurde Peter Maurer zum Staatssekretär für auswärtige Angelegenheiten in Bern ernannt.

Der beste Rat kam von einem meiner ersten Vorgesetzten aus der Schweizer Diplomatie. Dieser sagte: »Schauen Sie immer auf die Größenordnung und Relation der Probleme.«

Gerade die Diplomatie ist ein Bereich, in dem man dazu neigt, Themen entweder aufzublähen oder kleinzureden. Bei politisch-diplomatischen Diskussionen kommt es folglich oftmals zu Fehlperzeptionen: Die Beteiligten meinen, ein Problem sei ein sehr großes Problem, obwohl es – mit Blick auf das große Ganze – eigentlich ein relativ kleines ist. In »unscharfen« Disziplinen wie der Diplomatie ist der Rat, stets die Größenordnungen im Auge zu behalten, richtungsweisend. Dies gilt im gleichen Maß für meine Tätigkeit beim IKRK (Internationales Komitee vom Roten Kreuz).

Als eine unabhängige, neutrale Organisation leistet das IKRK humanitären Schutz und Hilfe für Betroffene bewaffneter Konflikte und anderer gewalttätiger Situationen. Es reagiert auf Notsituationen und fördert die Einhaltung des humanitären Völkerrechts sowie seine Umsetzung in nationales Recht. Bevor das IKRK aktiv wird, muss eine Einschätzung des Ausmaßes einer Notsituation erfolgen. Das ist oft alles andere als einfach: In der »flachen Welt« der Digitalisierung erscheinen Probleme in der Wahrnehmung der Menschen oft ähnlich oder gleich. Medien, insbesondere die sozialen Medien, bestimmen in großem Umfang, wie Menschen die Welt sehen und wahrnehmen. Oftmals führen nicht Fakten und Proportionen, sondern die Anzahl von subjektiven »Likes« oder die Art der Berichterstattung dazu, dass etwas als wichtig und dringend oder aber als nichtig und gering eingestuft wird. Die Meinungsbildung vieler Menschen erfolgt oft nur über soziale Medien, was wiederholt zu Fehleinschätzungen führt.

Wir sehen uns häufig mit falschen Wahrnehmungen konfrontiert. Neutralität, Unabhängigkeit und Unparteilichkeit der Organisation hängen davon ab, ob diese akkurat und den Bedürfnissen entsprechend handelt und sich nicht ausschließlich auf individuelle Wahrnehmungen stützt, sondern durch Faktizität begründet ist. Der Rat, Größenordnungen eine besondere Aufmerksamkeit zu schenken, ist also konstitutiv für einen ganzen Sektor und steht überhaupt am Anfang einer an Prinzipien orientierten humanitären Arbeit.

Die akkurate Bedürfnisanalyse und die Ausrichtung humanitärer Arbeit auf Größenordnungen ist der beste Schutz gegen Politisierung. Wenn Proportionen verloren gehen und nur noch die Visibilität in den Medien zählt, gehen wichtige Probleme verloren oder werden beiseitegeschoben.

Für uns besteht die große Herausforderung darin, uns gegen solch impliziten Vorurteile zu stellen. Dabei erweist es sich als überaus wichtig, dass man die Relationen im Auge behält und ständig bemüht ist, akkurat und präzise zu kommunizieren. Die Gefahr besteht nicht nur darin, dass andere uns Fehlperzeptionen aufzwingen, sondern auch darin, dass die eigene Glaubwürdigkeit leidet. Letztlich sind Wahrhaftigkeit und Authentizität Begrifflichkeiten, die in der Führung jeder größeren Institution von zentraler Bedeutung sind.

Iris Menn

Wechsel die Position, hör zu, frage viel, sage wenig

Iris Menn ist seit 2018 Geschäftsleiterin bei Greenpeace Schweiz. Die promovierte Biologin engagiert sich seit ihrer Jugendzeit im Umwelt- und Naturschutz. Nach ihrem Biologiestudium und einigen Jahren als Meeresbiologin in der Wissenschaft auf der Nordseeinsel Sylt, arbeitete sie zwölf Jahre für Greenpeace Deutschland als Campaignerin, Kampagnen-, Team- und Expeditionsleiterin. Unter anderem unterstützte sie den Aufbau des Greenpeace-Büros im Senegal. Danach arbeitete Iris Menn für gut vier Jahre als Direktorin für internationale Programme und politische Arbeit bei der Christoffel-Blindenmission e. V. Dort lag ihr Schwerpunkt in den Bereichen Gesundheit, Bildung und Existenzsicherung für Menschen mit Behinderungen. Privat engagiert sie sich ehrenamtlich für den von ihr gegründeten Verein Friends of Rural Women and Children (FORWAC) und als Aufsichtsratsvorsitzende bei foodwatch.

Ein erfahrener Greenpeace-Kollege, ein Mitbegründer der Umweltschutz-Organisation, gab mir meinen persönlichen besten Rat, als ich mit meiner Greenpeace-Tätigkeit gerade am Anfang war. Ich arbeitete in Deutschland bereits viele Jahre im Umwelt- und Naturschutz und hatte bei Greenpeace als junge Campaignerin begonnen, Verhandlungen mit Vorständen aus verschiedenen Unternehmen, zum Beispiel der Fischindustrie, mit Lebensmitteleinzelhändlern und mit Politikern zu führen. Der Rat meines Kollegen lautete: »Wechsel die Position.« Gemeint ist damit, dass man sich gedanklich auf den Stuhl seines Gegenübers setzen soll, um die Möglichkeit zu haben, dessen Interessen, Zwänge und Bedürfnisse zu begreifen. Dann ist man in der Lage, diese zu bedienen oder auch aufzufangen.

Dieser Rat war mir damals von enormem Nutzen und ist es heute erst recht, weil meine Tätigkeit zum Großteil aus Verhandlungen und Gesprächen besteht, bei denen die Interessen und Positionen oft sehr weit auseinanderliegen. Wenn ich Greenpeace vorstelle, Ideen einbringe oder mit unseren Forderungen an Unternehmen herantrete, versuche ich immer, mich in die Person auf der anderen Seite des Tisches hineinzuversetzen, ihre Interessen nachzuvollziehen und sie auf diese Weise »abzuholen«. Dies gelingt mir, indem ich viel frage, zuhöre und selbst wenig sage.

Oft habe ich die Erfahrung gemacht, dass man – obwohl die Interessen fundamental auseinandergehen – dann plötzlich einen gemeinsamen Weg findet und erkennt, dass die von Greenpeace geforderten Veränderungen durchaus möglich sind. Bei der häufig doch großen Interessendivergenz gelingt es, sich in eine andere Position hineinzudenken, wenn man einen Schritt weitergeht. Jede Position hat ja ihre Ursache. Meist verbirgt sich etwas Tieferes dahinter. Ich denke da an das Bild des Eisbergs, der zu 90 Prozent unter der Wasseroberfläche liegt. Oft lohnt es sich, genauer nachzufragen und tiefer zu forschen. Nicht selten zeigt sich dann auf einmal, dass es doch ein gemeinsames Interesse gibt oder eine gewisse Änderung der eigenen Position in Richtung der Forderungen von Greenpeace durchaus machbar ist, ohne die eigenen Interessen komplett aufzugeben. Ich erfahre immer wieder auf sämtlichen Ebenen – in der Verhandlung mit Unternehmen und Politikern –, dass man gemeinsame Lösungen finden kann, wenn man die Ursachen, Zwänge und Bedürfnisse herausfindet, die das Gegenüber bewegen und die es zu beachten gilt.

Dazu braucht man Offenheit. Wenn Greenpeace die Welt verändern will, ist genau diese Offenheit notwendig. Wir müssen die Position der anderen nicht zwingend verstehen oder am Ende gar teilen. Aber wir müssen herausfinden und verstehen, woher sie rührt. Nur so lässt sich eine gesellschaftliche Veränderung bewirken.

Gerade wenn wir Kampagnen erarbeiten, müssen wir zunächst Problem- und Situationsanalysen machen, um wirklich zu erfassen, was das eigentliche Problem ist. Ein weiterer Rat ist da sehr nützlich: »Bleib nicht an der Oberfläche, sondern schau auch darunter und nimm dir genügend Zeit für die Problemanalyse.« In den Fällen, in denen ich an der Oberfläche blieb, fand ich tatsächlich nicht das wirkliche Problem, geschweige denn die Lösung. Dadurch, dass wir dazu neigen, alles ganz schnell zu wissen und ebenso schnell zu bewerten, tendieren wir auch zu einer oberflächlichen Problemanalyse. Investiert man dagegen genügend Zeit, stößt man bereits auf einen Teil der Lösung oder man findet zumindest heraus, wer das Problem lösen kann. Dies ist – für manchen überraschend – nicht immer derjenige, der in der Hierarchie einer Organisation ganz oben steht, sondern die Person dahinter, die die Fäden zieht.

Wer die Fäden zieht und welche Ursache einer bestimmten Haltung zugrunde liegt, findet man nur heraus, wenn man sich die eigene Meinung nicht zu schnell bildet. Entscheidend ist, dass man sehr viel fragt und zuhört. Mein Motto dazu lautet: »Fragen und Hören ist einfach viel mehr als Sagen.«

Andreas Meyer

Raus mit der Sprache und Verantwortung übernehmen – auch wenn die Situation schwierig ist

Andreas Meyer war von 2007 bis 2020 der Vorsitzende der Geschäftsleitung der Schweizerischen Bundesbahnen (SBB), dem größten Verkehrsunternehmen der Schweiz mit rund 33 000 Mitarbeitenden. Der Inhaber eines Anwaltspatents und eines MBA der renommierten französischen Business School INSEAD begann seine berufliche Laufbahn 1990 als Rechtskonsulent und Projektleiter bei der ABB Schweiz, bevor er 1996 beim deutschen Industrieunternehmen Babcock-IKR zwei Geschäftsführungen übernahm. Es folgten ab 1997 verschiedene Positionen im Management der Deutschen Bahn AG, wo er 2004 Vorsitzender der Geschäftsleitung bei der DB Stadtverkehr GmbH wurde. Ab 2005 hatte er außerdem einen Sitz im Executive Board der Deutschen Bahn AG inne.

Mein Vater war bei der SBB ein »einfacher Bähnler« – wie man damals sagte. Gerade deshalb hat er mir, als ich etwa acht Jahre alt war, eine Lektion erteilt, die in meinem Leben viel Gutes bewirkt hat und bis heute mein Verhalten im beruflichen und privaten Umfeld prägt. Damals ärgerten sich in meiner Primarschule die konkurrierenden Klassen damit, sich gegenseitig die Jacken wegzunehmen, zu verstecken oder gar in den Mülleimer zu werfen. An einem Tag hatte ich es mit dieser Unsitte dann ziemlich übertrieben, und meiner entnervten Lehrerin rutschte die Hand aus, als sie mich auf frischer Tat ertappte: Sie gab mir eine ungewöhnlich kräftige Ohrfeige. Bis dahin waren die Täter nie erwischt worden, und ich war ziemlich überrascht von der schmerzhaften Strafe. Aufgrund des Unrechtsbewusstseins berichtete ich meinen Eltern etwas kleinlaut davon. Zu meinem Schrecken – und nach der

Zurechtweisung zu Hause – schlug mein Vater vor, zusammen mit mir in die Schule zu gehen und das offene Gespräch mit der Lehrerin zu suchen. Es hat mich schwer beeindruckt, dass mein Vater, der an seiner Uniform unschwer als Eisenbahner zu erkennen war, in der unangenehmen Situation das Gespräch mit der Lehrerin suchte. Weniger schön war für mich natürlich, dass ich mitmusste. Mein Vater wollte nicht nur klären, ob es uns unbekannte Gründe gab, warum die Lehrerin so drastisch reagiert hatte, sondern mich auch dazu erziehen, Verantwortung für mein Fehlverhalten zu zeigen und mich der schwierigen Lage zu stellen. Der Grundsatz meines Vaters, du kannst und sollst allen alles Wichtige sagen, wenn du dabei anständig bleibst, hat mich ein Leben lang begleitet. Ich orientiere mich im beruflichen und privaten Leben bis heute an der Maxime, Verantwortung zu übernehmen, Probleme und Schwierigkeiten auch über den eigenen Tellerrand hinaus offen anzusprechen, auch und gerade dann, wenn mir bewusst ist, dass ich selbst etwas falsch gemacht habe, und Zivilcourage zu zeigen. Sucht man das Gespräch nicht, können sich kleine Ärgernisse jedoch zu großen Problemen aufstauen, und es kommt irgendwann zu einer Explosion, bei der dann großer Schaden entsteht. Diese Offenheit und Klarheit wurde mir nach meiner Rückkehr in die Schweiz als »sehr deutsch« ausgelegt, obwohl mir meine Freunde attestierten, ich sei in 13 Jahren Auslandsaufenthalt doch viel ruhiger geworden.

Der offene Austausch führt dazu, dass sich alle Beteiligten weiterentwickeln können, da man sich gegenseitig konstruktives Feedback geben kann. Auf solche Rückmeldungen ist meiner Erfahrung nach jeder angewiesen und profitiert davon – je höher in der »Hierarchie«, umso mehr. Ich habe auf diese Art sehr viel von Freunden, Chefs und Kollegen gelernt. Und ich habe im Laufe meines Berufslebens immer wieder Vorgesetzte getroffen, die froh waren, wenn sie konstruktiv-kritische Rückmeldungen bekamen. Zu Beginn meiner Karriere bei der Deutschen Bahn nahm ich beispielsweise an Veranstaltungen mit etwa 2000 Führungskräften teil, bei denen der Vorstand etwas präsentierte und dann zur Diskussion darüber anregte. Wie üblich in solchen Situationen, waren alle sehr zurückhaltend. Ich habe mir dann einen Ruck gegeben, dem Vorstand jeweils ein ehrliches, konstruktives Feedback persönlich zu vermitteln. Ich habe klar Position bezogen, das gelobt, was mir gefallen hat, und angesprochen, wenn meiner Meinung nach Punkte noch Verbesserungs- oder Klärungsbedarf aufwiesen. Mit der Zeit war ich dafür bekannt, dass ich mich offen und furchtlos äußerte. Das ging so weit, dass bei einer Veranstaltung, bei der ich mir vorgenommen hatte, nicht der

Erste zu sein, der sich zu Wort meldete, mal wieder das übliche Schweigen nach der Aufforderung zur Diskussion herrschte. In dieser Situation sagte der Vorstandsvorsitzende: »Hey, Energie-Meyer, wo bist du?« (Ich wurde so genannt, weil ich am Anfang für das Energiegeschäft zuständig war, aber eben auch als energiegeladener Mensch galt.) Es wurde mir klar, dass es zum einen für eine Laufbahn förderlich sein kann, Position zu beziehen. Zum anderen war es auch für die Vorstände essenziell, klare und konstruktive Rückmeldung zu bekommen. Das war für viele unerwartet, da die Deutsche Bahn damals ja noch nicht in allen Bereichen ein dynamischer Konzern war, der mit modernen Managementmethoden geführt wurde. Umso erstaunlicher war es, dass der couragierte Schweizer nicht nur seinen Mund aufmachen durfte, sondern auch gehört und gefördert wurde.

Ich war dann selbst in der Situation, ein großes Unternehmen zu führen, und war darauf angewiesen, die Meinungen, Kritikpunkte und Anregungen aller Mitarbeitenden zu erfahren, um die SBB stetig weiterzuentwickeln. Aber auch die Mitarbeiter profitierten vom offenen Feedback ihrer Vorgesetzten und Kollegen. Daher etablierten wir in der SBB eine konstruktiv-kritische Feedbackkultur. Sie funktioniert nach dem Ampelsystem: Grün bedeutet, in diesem Punkt läuft alles gut. Diese Dinge sind zu pflegen. Gelb bedeutet, dass ungünstige Entwicklungen im Gang sind. Aus diesem Bereich ist herauszusteuern, um in den grünen zurückzukehren. Rot heißt, dass Resultate schlecht sind – jetzt sind Klärungen vorzunehmen. Unsere Feedbackkultur bezieht sich gleichermaßen auf messbare Ergebnisse, wie auch auf das Verhalten. Wenn ich die Wahl habe zwischen einem Top-Performer mit geringer Integrität und unangemessenem Verhalten und einem guten Performer mit hoher Integrität und einem konstruktiven Verhalten, wähle ich den Zweiten. Denn gutes Verhalten sichert langfristig gute Ergebnisse. Sind bei einem Performance- und Verhaltensreview alle Signale auf »grün«, dann weckt das mein Misstrauen. Weder kann es sein, dass ich in Bezug auf diesen Mitarbeiter immer alles richtig gemacht habe, noch ist es denkbar, dass der Mitarbeiter – wenn er ehrlich zu sich ist – nicht Unsicherheiten, manchmal Fehler oder Weiterentwicklungsmöglichkeiten bei sich sieht. In keinem Lebensbereich – beruflich wie privat – gibt es nicht auch Punkte außerhalb des grünen Bereichs. Dann erinnere ich mich an den Grundsatz meines Vaters und fordere mein Gegenüber im übertragenen Sinne auf: »Raus mit der Sprache. Du kannst und sollst allen alles Wichtige sagen, wenn du dabei anständig bleibst.«

Carolina Müller-Möhl

Du kannst alles verlieren, nur nicht das, was du im Kopf hast

Carolina Müller-Möhl ist Präsidentin der Müller-Möhl Group und der Müller-Möhl Foundation. Darüber hinaus engagiert sie sich in Verwaltungs- und Beiräten, unter anderem bei der NZZ-Mediengruppe, der Orascom Development Holding AG sowie der Fielmann AG. Von 2004 bis 2012 war sie Verwaltungsrätin der Nestlé S.A.

Nun, wenn wir ehrlich sind, gibt es nicht einen einzelnen besten Rat. Ratschläge – und vor allen Dingen, ob man sie versteht und umsetzen kann oder will – haben etwas mit der persönlichen Entwicklung zu tun und damit, wo man im Leben steht. Für die meisten Menschen, egal welcher Herkunft, gilt aber sicherlich, dass wir von Ratschlägen aus dem Elternhaus geprägt sind. So geht es auch mir.

»Deinen Namen, deine Schönheit, deinen Ruhm, deinen Reichtum, dein Zuhause oder deine Liebsten kannst du verlieren, aber nicht das, was du im Kopf hast, nicht das, was du weißt und erfahren hast«, war der Rat meiner Eltern. Er hat meine Überzeugungen geprägt und meinen Kompass justiert. Ich habe wohl erst über die Zeit hinweg seinen tieferen Sinn verstanden. Es geht darum, für das eigene Tun Verantwortung zu übernehmen. Es liegt an dir, was du aus deiner Ausbildung machst, wie du deine Lebenserfahrungen verwertest, ob du auch dein Herz bilden willst und ob du ein Leben lang neugierig und engagiert bleibst. Oder wie es der Philosoph Peter Bieri in einem großartigen Essay geschrieben hat: »Ausbilden tun uns andere, bilden kann jeder nur sich selbst.«

Vielleicht war es dieser Gedanke, den meine Eltern mir mitgegeben haben, vielleicht war es eine instinktive Lebensklugheit, die mich bereits als Heranwachsende dazu anleitete, mich aktiv am Internatsleben zu beteiligen. Sei es als Schulsprecherin oder später während des Studiums als Mitbegründerin verschiedener Studentenorganisationen. Partizipation, Verantwortung übernehmen und sich engagieren war und ist mein großes Thema. Das Zusammenspiel zwischen Kopf, Herz und Hand. Diese Haltung war es auch, die mich 2012 meine eigene Stiftung, die Müller-Möhl Foundation – eine Plattform für gelebtes, engagiertes und liberales Bürgertum – gründen ließ. Und es war dieses Fundament, auf dem ich aufbauen konnte, als ich nach dem plötzlichen Unfalltod meines Mannes Verantwortung für ein komplexes Investment-Portfolio übernahm. Ich wollte damals herausfinden, ob sich die einzelnen Puzzleteile überhaupt zusammenfügen lassen. Ich wollte das große Ganze verstehen und ein Gefühl entwickeln für die spezifischen Gegebenheiten, Situationen und die Schwungkraft, die in diesem Geschäft den Gang der Dinge bestimmen. Einordnen und Hinterfragen, das hatten mich meine Eltern gelehrt, weil sie Fragen immer zuließen und uns Geschwister dazu ermutigten, sich mit jenen Werten auseinanderzusetzen, die nachhaltig unser Leben prägen. Es ging um das Sein und nicht um das Haben.

Meine Eltern haben aber nie erwartet, dass wir ihrem Ratschlag blindlings folgen. Im Gegenteil, sie haben von uns Töchtern die kritische Auseinandersetzung mit Meinungen, Emotionen und Wünschen gefordert. Bildung so verstanden bedeutet auch, dass man selbst verantwortlich dafür ist, ob man ein selbstbestimmtes Leben führt oder nicht. Bildung dauert ein Leben lang. Bildung ist kein Zustand, sondern ein Prozess. Bildung gibt mir die Gewissheit, dass ich noch viele Male innerlich bewegt und mich persönlich weiterentwickeln werde und so jeden Tag aufs Neue meine eigene Identität forme. Das hält mich wach, flexibel und unbestechlich. Oder wie es Bieri sagt: »Sich selber zu orientieren bewahrt einen davor, ein gedanklicher Mitläufer zu werden.« Dieser Anspruch an mich selbst gilt auch für mich als Mandatsträgerin und Verwaltungsrätin.

Der Rat von damals ist Richtschnur für meine Zukunft: »Deinen Namen, deine Schönheit, deinen Ruhm, deinen Reichtum, dein Zuhause oder deine Liebsten kannst du verlieren, aber nicht das, was du im Kopf hast, nicht was du weißt und erfahren hast.«

Walter Muyres

Kritiker haben wir genug. Was unsere Zeit braucht, sind Menschen, die ermutigen

Walter Muyres ist Geschäftsführender Gesellschafter seines Beratungsunternehmens Change Solutions in Mönchengladbach. Davor war er jeweils mehrere Jahre Geschäftsführer der akf bank, Vorstandsvorsitzender der HECTAS Facility Management, Board Member der Jafra Cosmetics USA und CEO der Division Thermomix, einem Teil des Vorwerk-Konzerns. In den zurückliegenden Jahren verantwortete er als persönlich haftender Gesellschafter der international agierenden Vorwerk Gruppe ein Geschäftsvolumen von bis zu 3,5 Milliarden Euro, das unter anderem von 22 000 fest angestellten Mitarbeitern und über 600 000 weltweit tätigen selbstständigen Beratern generiert wurde. Daneben ist er Mitglied in Aufsichts- und Beiräten mittelständischer Unternehmen und Banken.

Für mich ist das obige Zitat von Konrad Adenauer ein zeitloses Wort unseres ersten Bundeskanzlers, das in den Aufbaujahren der Republik natürlich eine besondere Bedeutung hatte: »Kritiker haben wir genug. Was unsere Zeit braucht, sind Menschen, die ermutigen.« Adenauer, Rheinländer wie ich, hat hier nicht nur eine Grundbedingung für Wachstum und Fortschritt definiert: Ohne Motivation, ohne Leidenschaft, ohne feste innere Überzeugung kann nichts Gutes gelingen.

Das Zitat habe ich vor vielen Jahren erstmals gelesen, und es hat mich fast mein gesamtes Berufsleben begleitet. Heute nehme ich es – neben anderen – jeden Morgen bewusst wahr, wenn ich in unserer Hauptverwaltung in den Aufzug steige. Eine Wand des Aufzugs ziert eine ganze Reihe von Zitaten verschiedenster Herkunft, die als Einstimmung in den Tag dienen sollen.

Wichtig ist für mich dabei immer die positive Grundstimmung, die bei Adenauers Worten mitschwingt, aufzunehmen. Adenauers Appell umzusetzen, erfordert nach meiner Sicht aber mehr, nämlich Intuition, Verlässlichkeit und eine gehörige Portion gesunden Menschenverstand. Natürlich sollte man nicht blauäugig durchs Leben gehen – aber die Dinge positiv zu sehen und beherzt anzupacken hat sich noch nie als Fehler erwiesen.

Markus Naegeli

Höre auf die Menschen

Dr. Markus Naegeli ist seit 2018 CEO von Canon (Schweiz) AG, wo er seine Karriere im Jahr 2002 als Bereichsleiter von Canon Business Solutions, dem heutigen B2B-Bereich, startete. Von 2006 bis 2007 war er als Service Director bei Canon Europa in London tätig. Er stellte das Service-Geschäft in EMEA (Europa, Mittlerer Osten und Afrika) neu auf und startete ein umfassendes Geschäftsentwicklungsprogramm. Ende 2007 kehrte Naegeli zurück in die Schweiz und wurde darauf zum CEO ernannt. Unter seiner Führung integrierte Canon Schweiz als erstes Land weltweit die neuakquirierte Tochter Océ ins Unternehmen. 2015 übernahm er als Executive Vice President das B2B-Office-Geschäft am Hauptsitz von Canon EMEA in London.

Höre auf die Menschen – was in diversen Managementvorträgen oder -büchern wohl schon hundertfach gesagt, geschrieben, gelesen und gehört wurde, ist eine sehr wesentliche, wohl aber auch eine der schwierigeren Führungsaufgaben.

Ich erinnere mich sehr genau an das persönliche Gespräch mit Mr. Hajime Tsuruoka im Jahre 2006. Damals war ich neu zum Europäischen Leiter für das Servicegeschäft in London ernannt worden. Mit großer Energie und Willen zum Erfolg packte ich meine Aufgabe an. Am Morgen des dritten Montags nach meinem Start kam der damalige CEO für Europa, Mr. Hajime Tsuruoka, an meinen Arbeitsplatz. Wir standen beide im Raum und blickten in das Großraumbüro. Nach einigen Momenten des Schweigens sagte er zu mir: »You have to listen – you have to listen to the people.« Ich schwieg eine Weile und sagte dann: »I will listen.« Das war's. Das war unsere ganze Unterhaltung – und doch von großer Bedeutung für mich.

In meiner früheren Tätigkeit als Unternehmensberater und CEO-Coach habe ich das Zuhören regelmäßig persönlich empfohlen. Ich hatte schon davor geglaubt, ich höre selbst zu. Aber erst nach diesem Gespräch wurden mir die tiefgründige Bedeutung dieses Rates und vor allem die Herausforderung an die eigene Persönlichkeit klar. Einerseits war es für einen »Headquarter«-Leiter sehr fordernd, nahe am Markt, nahe am Kunden, nahe am

Mitarbeitenden an der Front zu sein. Anderseits konnte ich die große Aufgabe, das Servicegeschäft in eine neue Zukunft zu führen, unmöglich im Elfenbeinturm angehen. So gehörten danach sowohl Techniker im Feld, Vertreter von kleinen und größeren Kunden und Industrieexperten zu meinen Gesprächspartnern bei der Entwicklung einer neuen Strategie. Mir wurde bewusst: Zuhören ist schwieriger als Reden. Sich zurücknehmen, wenn man voller Ideen und innovativer Ansätze ist, fordert nicht nur mich. Wie oft hört man »Er ist ein guter Redner« und wie selten hört man »Er ist ein guter Zuhörer« – gerade wenn es sich um einen Business Leader handelt.

Seit dieser Begegnung mit Mr. Tsuruoka höre ich bewusster zu. Seit diesem Gespräch ist Zuhören ein bewusster Teil meiner Führungsarbeit, ein wichtiger Teil meines Führungsstils geworden. Zuhören, Rückmelden, Verstehen, Beurteilen und Entscheiden stehen in einer Linie. Dank guten Zuhörens, sei es bei Kunden, Kollegen oder Mitarbeitenden, werden Entscheidungen klar besser. Es hört sich einfach und logisch an. Und ist doch so schwierig.

Höre auf die Menschen – ein Rat, der mich nachhaltig beeinflusst hat.

Martin Naville
Neugierde, Mut und Durchhaltewillen

Martin Naville ist CEO der Swiss-American Chamber of Commerce. Er startete seine berufliche Laufbahn als Corporate Banker bei JP Morgan in Zürich und New York. Es folgten 16 Jahre bei The Boston Consulting Group (BCG) in München, Zürich und New York, ab 1995 als Partner. Der Jurist ist Verwaltungsratspräsident des Zürcher Zoos, Verwaltungsratsmitglied bei Swissquote, dem Schweizer Leader im e-Banking, Senior Advisor bei Morgan Stanley, Mitglied des Global Advisory Board der ETH Zürich und Präsident des Komitees Weltoffenes Zürich.

In meinem Leben hatte ich zwar nicht das Glück, von einer Person den besten Rat zu bekommen – so eine Art »Silver Bullet«. Ich hatte aber das Glück, von einer Reihe von Personen wichtige Ratschläge zu bekommen, die ich dann zu meinem eigenen besten Ratschlag zusammensetzen durfte.

Als Erstes haben meine Eltern immer wieder gezeigt, wie Neugierde der Start zu allem Neuen und Innovativen ist. Ohne Neugierde kein Lernen, keine neuen Ideen und kein intellektuelles Weiterkommen. Schon früh interessierte mich, wieso Flugzeuge fliegen, Schnittwunden von selbst heilen oder was überhaupt Geld ist. Heute noch bin ich fasziniert von der Frage, wieso die Mongolen im 14. Jahrhundert Papiergeld und die obligatorische Schulpflicht kannten, oder wieso der Pazifische Ozean auf der Waldseemüller-Karte im Jahr 1507 auftaucht, lange vor der Entdeckung dieses Ozeans.

Den zweiten Rat habe ich früh bei den Pfadfindern kennengelernt: »Wenn man gute Ideen hat, aber es nicht wagt, sich zu exponieren und mit Mut seine Ideen vorzutragen, wird nichts passieren.« Mein erster Pfadfinderführer (namens »Hai«) hat mich immer wieder aufgefordert, meine Ideen zu präsentieren und zu verteidigen. Diesen Mut, der hin und wieder auch in virtuellen und reellen blutigen Nasen endete, habe ich dann in meiner beruflichen Karriere gut brauchen können. Nur mit dem Mut, sich zu exponieren und neue Ideen zu präsentieren, entsteht auch Neues.

Und den dritten Rat erhielt ich beim Eishockey. Ein gestrenger tschechischer Trainer hat uns Jünglingen eine einfache Lehre auf den Weg gegeben: »Es kommt nicht drauf an, wie oft man hinfällt. Es kommt darauf an, wie schnell einer wieder aufsteht und weiterläuft.« Er schrie uns an: »Was nützt ihr dem Team auf dem Hintern?« Auch diese einfache Lebensweisheit war sehr wertvoll. Wenig oder gar nichts ist beim ersten Versuch erfolgreich. Nur wer immer wieder aufsteht und weitermacht, kann neue Ideen zum Erfolg bringen. Diese Weisheit gilt für alle Entrepreneure, von denen wohl nur sehr wenige beim ersten Start-up erfolgreich waren. Es gilt aber auch in allen Lebenslagen. Durchhaltewillen heißt, nach vorne schauen und dem Neuen zum Durchbruch verhelfen.

Neugierde bringt die Ideen. Mut bringt diese neuen Ideen auf den konkreten Weg, und Durchhaltewillen bringt diese neuen Ideen ins Ziel. Obwohl ich dies damals nicht erahnen konnte (oder wollte), haben mir meine Eltern, mein erster Pfadfinderführer und mein Eishockey-Trainer die Basis für mein Leben gesetzt.

Dick Parsons

Wenn du verhandelst, lass ein bisschen für die anderen übrig

Richard (Dick) Parsons war bis 2008 Chairman und CEO des US-Medienkonzerns Time Warner. Derzeit ist er Senior Advisor von Providence Equity Partners und Mitglied des Board of Directors der Estée Lauder Companies. Zuvor war er von 2009 bis 2012 Chairman of the Board of Directors der Citigroup.

Den besten geschäftlichen Rat meines Lebens bekam ich von Steve Ross, der dieses Unternehmen geleitet hat. Steve war ein Freund. Es war im Jahr 1991 oder 1992, und ich saß im Vorstand von Time Warner. Ich war dabei, vom Bankgeschäft zu dem Unternehmen zu wechseln, und wir sprachen darüber, wie man Dinge am besten erledigt. Steve sagte zu mir: »Dick, du darfst nie vergessen, dies ist ein kleines Geschäft und ein langes Leben. Du wirst immer wieder mit all diesen Typen zu tun haben, und deshalb wird die Art und Weise, wie du sie bei jedem einzelnen Abschluss behandelst, langfristig einen Eindruck hinterlassen. Wenn du Geschäfte machst, lass ein bisschen für die anderen übrig, damit alle zufrieden sind, anstatt zu versuchen, jeden Cent in die eigene Tasche zu stecken.«

Diesen Rat habe ich Tausende Male befolgt. Als ich in diese Firma kam, habe ich in den ersten sieben oder acht Jahren hier die meisten Geschäfte abgeschlossen, und ich habe mich bei den Verhandlungen immer an diesen Rat gehalten. Allerdings ist das unter Geschäftsleuten eher die Ausnahme. Vielleicht haben sie es früher getan, aber ich glaube nicht, dass es heute noch viele Leute dieses Schlags gibt. Ich glaube, die Leute werden von ihren Beratern, Investmentbankern, Anwälten und anderen nervös gemacht, und jeder Moment wird zu einem Tauziehen, jeder will gewinnen und versucht, auch noch den kleinsten Vorteil einer Transaktion für sich herauszuholen. Aber sie vergessen, dass die Berater sich dem nächsten Geschäft zuwenden, während du und ich uns zwangsläufig wieder treffen werden.

Herbert Pfennig

Setz nicht auf Systeme, sondern auf Menschen

Herbert Pfennig war von 2009 bis 2017 Vorsitzender des Vorstandes der Deutschen Apotheker- und Ärztebank eG und ist dort heute Mitglied des Ehrensenats. Er hat etliche Mandate inne, unter anderem ist er Vorsitzender des Aufsichtsrats der NOVENTI Health SE und der Uniklinik RWTH Aachen. Seit 2019 ist er Senior Advisor bei Credit Solutions Partner.

Sehr oft habe ich erlebt, dass Führungskräfte bei großen Aufgaben detailliert überlegen, wie sie ihre Ziele genau erreichen wollen und welche Systeme dazu benötigt werden. Ich habe vor langer Zeit den Rat erhalten, sehr frühzeitig nachzudenken, mit wem man eine schwierige Aufgabe lösen kann, um dann gemeinsam über den Weg nachzudenken.

Während meines späteren beruflichen Weges habe ich oft über diesen Rat nachgedacht und ihn in kritischen Situationen immer wieder erfolgreich befolgt. Natürlich benötigt man stets auch entsprechende Instrumente, um den Fortgang einer Sache jederzeit überblicken und überwachen zu können. Wenn ein Projekt oder eine geschäftliche Entwicklung in die Schieflage gerät, helfen Systeme aber gerade noch bei der Problemerkennung. Zur Lösung dagegen benötigt man talentierte und engagierte Menschen. Es nutzt dann kaum, die Systeme zu schärfen, Berichtsintervalle zu verkürzen, in eine Mikrosteuerung mit sehr vielen Direktiven oder gar Sanktionen einzutreten. Ich habe die Erfahrung gemacht, dass gerade dann, wenn es eng wird, Vertrauen und Schulterschluss sehr zuverlässig die entscheidenden Impulse geben und den Befreiungsschlag möglich machen.

Im Team Transparenz über die Situation herzustellen, sich über das gemeinsame Ziel zu verständigen und die Ideen zusammenzutragen sind die ersten Schritte. Am Ende entstehen zielgerichtete Vorgehensweisen und maximales Commitment. Überzogenes Controlling führt dagegen zum inneren Rückzug und schlimmstenfalls sogar zu manipulierten Daten. Natürlich muss man jederzeit den Überblick behalten, jedoch sollen alle Teammitglieder immer die Gewissheit haben, dass es auf ihre persönliche Leistung, Kreativität und Verantwortungsübernahme ankommt. Dies gilt nicht nur in kritischen Situationen, sondern auch im Tagesgeschäft. Für den Erfolg entscheidend sind immer die Menschen. Systeme sind lediglich ein erforderliches technisches Hilfsmittel.

Zum Umgang mit Menschen gebe ich auch gerne den Rat, sachliche Konflikte nicht zu persönlichen Konflikten zu machen. So wird beispielsweise ein Mitarbeiter, der Leistungsziele nicht erreichen kann, nicht automatisch zum schlechten Menschen. Meinungsdifferenzen und Probleme sollten nie konfliktorientiert, sondern immer lösungsorientiert behandelt werden. In extremen Fällen kann die sachdienliche Lösung auch die persönlich wertschätzende Beendigung einer Zusammenarbeit sein.

Ebenfalls rate ich, in Verhandlungen oder bei unterschiedlichen Interessenlagen nicht mit Scheinargumenten zu operieren. Sollte gar eine Lösung für ein Scheinargument angeboten werden und man logischerweise daraufhin keinen Konsens erreichen können, disqualifiziert man sich. Wer seine wahren Beweggründe offenlegt, wird oft erleben, dass der Gesprächspartner eine gute Lösung oder einen gangbaren dritten Weg anbietet.

Colin Powell

Schwerpunkt auf Leistung, nicht auf Macht

Colin Powell ist ehemaliger Außenminister der Vereinigten Staaten von Amerika und pensionierter Vier-Sterne-General der US-Army. Er war über 35 Jahre im Militär, zuletzt war er von Oktober 1989 bis September 1993 Chairman of the Joint Chiefs of Staff. Dies ist die höchste militärische Position im amerikanischen Verteidigungsministerium. Von 2005 bis 2021 war Colin Powell Strategic Advisor bei der kalifornischen Beteiligungsgesellschaft KPCB. Colin Powell war Gründer von America's Promise Alliance, einem der größten Netzwerke Amerikas zur Förderung von Kindern und Jugendlichen. Er verstarb im Jahr 2021.

Als ich ein junger Infanterieoffizier in Fort Benning war, hatten wir viele alte Hauptleute, die im Zweiten Weltkrieg und in Korea gedient hatten. Sie hatten keinerlei Aufstiegschancen mehr, aber Junge, Junge, sie wussten alles über das Kriegshandwerk. Ich habe diese Armeeweisheit nicht von einem Eisenhower oder Pershing gehört, sondern von diesen wunderbaren Reservehauptleuten. Und hier ist die Geschichte: Ein frischgebackener Leutnant, der sehr ehrgeizig war und General werden wollte, erspähte eines Abends im Offiziersklub einen alten General, der an der Bar saß. Er ging zu ihm und fragte ihn: »Wie kann ich General werden?« Und der alte General antwortete: »Junge, du musst arbeiten wie ein Tier. Du musst Zivilcourage und Schneid haben. An manchen Tagen wirst du erschöpft sein, aber du darfst deine Müdigkeit nie zeigen. Du wirst dich fürchten, aber du darfst deine Angst nie zeigen. Du musst immer der Anführer sein.« Der junge Offizier war von diesem Rat total begeistert. »Vielen Dank, Sir«, sagte er. »Und so werde ich General?« »Nein«, sagte der General, »so wirst du Oberleutnant, und dann machst du immer so weiter.« Während meines ganzen Werdegangs habe ich immer versucht, heute mein Bestes zu geben, an morgen zu denken und vielleicht ein bisschen von der Zukunft zu träumen. Aber in der Gegenwart sein Bestes geben muss die Regel sein. Man wird kein General, wenn man nicht vorher ein guter Oberleutnant war.

Rice Powell

Respektieren Sie immer die Sichtweise anderer Personen

Rice Powell ist seit 2013 Vorstandsvorsitzender von Fresenius Medical Care. Von 2010 bis 2012 war er dort stellvertretender Vorstandsvorsitzender und zuständiges Vorstandsmitglied für die Region Nordamerika. Er ist seit 1997 im Unternehmen und wurde im Januar 2004 in dessen Vorstand sowie zum Gesamtgeschäftsführer von Fresenius Medical Care North America berufen. Rice Powell verfügt über mehr als 36 Jahre Erfahrung im Gesundheitswesen. Von 1978 bis 1996 bekleidete er verschiedene Positionen, unter anderem bei Baxter International Inc. und Biogen Inc. in den USA.

Wenn ich einen Blick zurückwerfe, dann hatte wohl niemand einen größeren Einfluss auf mich als meine Eltern. Ich weiß, das ist durchaus konventionell und vielleicht sogar trivial, aber sie haben auf mich in der Tat einen größeren Einfluss gehabt als jeder andere. Ich war eigentlich gar kein sonderlich eigensinniges Kind, aber sie haben mir trotzdem immer wieder eingebläut, dass ich mir die Meinung anderer Personen anhören soll – und diese beachten –, egal, ob ich mich dann dieser Meinung anschließe oder nicht.

Das ist eine Haltung, die besondere Bedeutung gewinnt, wenn Sie in einem internationalen Unternehmen wie Fresenius Medical Care arbeiten. Wir sind in mehr als 120 Ländern auf allen fünf Kontinenten vertreten – und jedes Land ist ein autonomer Markt. Dass ich meinen Kollegen zuhöre, ist hier selbstverständlich, und es ist unverzichtbar in einer Umgebung, die eine solche Vielzahl von kulturellen Hintergründen umfasst. Ein genauerer Blick auf die Unterschiede und die Berücksichtigung kultureller Verschiedenheiten verbessert nicht nur die Geschäftsergebnisse, sondern hat auch echten Einfluss auf die persönliche Entwicklung.

Und eins ist sicher: Sie bleiben dadurch neugierig.

Lutz Raettig

Erst nachdenken – dann handeln

Dr. Lutz Raettig ist Vorsitzender des Aufsichtsrats der Morgan Stanley Bank AG. Zuvor war er zehn Jahre deren Vorstandsvorsitzender sowie Vice Chairman Europe. Vor seinem Wechsel zu Morgan Stanley arbeitete Raettig unter anderem als Generalbevollmächtigter der Commerzbank AG in Frankfurt und New York sowie 18 Jahre lang bei der Westdeutschen Landesbank in Düsseldorf, Frankfurt, London und New York. Dr. Lutz Raettig ist im Beirat von Clearstream International und im Aufsichtsrat der Messe Frankfurt. Neben zahlreichen anderen Mandaten ist er Mitglied des Börsenrates der Frankfurter Wertpapierbörse, Vorsitzender des Kuratoriums der Bankenakademie e. V., Frankfurt, Vizepräsident der IHK Frankfurt sowie Mitglied des Board of Directors der American Chamber of Commerce in Germany und der German American Chamber of Commerce in New York.

»Erst nachdenken – dann handeln« – dieser Spruch hing an der Wand des Büros meines Vaters. Ich habe den Spruch schon in jungen Jahren gelesen, doch nicht gleich verstanden. Heute ist er mir wichtiger denn je!

Die Zeit nach dem Krieg war geprägt von dem Ziel, möglichst schnell alles wiederaufzubauen. Vielleicht nicht ganz perfekt, aber doch so, dass deutliche Fortschritte im Wohlstandspegel erkennbar waren. Die Zeit des Wirtschaftswunders war geprägt von Nachholbedarf, Ungeduld und Geschwindigkeit.

Die beginnende Globalisierung förderte dann das kurzfristige Denken insbesondere der Angelsachsen in der Wirtschaft – wie auch im täglichen Leben. Im Wirtschaftsleben wurde das Denken von Quartalsbericht zu Quartalsbericht vorherrschend. Dieses Denken wurde regelrecht zum Treiber und zur Benchmark wirtschaftlichen Handelns.

Vor diesem Hintergrund wurde die Handlungsmaxime »Erst nachdenken – dann handeln« für das gesamte Wirtschaftsleben wie auch das Tagesgeschäft zu einer fast zwingenden alternativen Richtschnur. Das Bemühen, Dinge mittel- und langfristig zu planen und umzusetzen – ohne Schnellschüsse –, war schwer zu realisieren angesichts des allgemeinen Drucks, »schnell,

schnell« zu agieren. Aber vorherige Reflexionen über die Auswirkungen von geplanten Maßnahmen und das Einordnen des eigenen Handelns in einen (System-)Zusammenhang wurden immer bedeutender und qualifizierten »richtige« Entscheidungen besonders. Heute ist die genannte Handlungsmaxime wichtiger denn je. Es ist nämlich sehr verlockend, durch Schnellschüsse wirtschaftlichen, politischen oder geschäftlichen Druck kurzfristig zu lindern – aber eben auch möglicherweise fatal.

Das Befolgen des Prinzips »Erst nachdenken – dann handeln« führt eher zu richtigen und systemgerechten Entscheidungen. Damit wird insbesondere die Chance auf strukturell richtige Handlungen genutzt. Daher lohnt es sich in vielen Lebenssituationen, dieser Handlungsmaxime zu folgen. Und vor allem: Es lohnt sich, sich daran zu halten, auch wenn das Umfeld (unnötigen) Druck macht!

Jim Rogers
Lies alles

Jim Rogers gilt als einer der erfolgreichsten Investoren der Welt. Seit Jahrzehnten tradet Rogers insbesondere an den Rohstoffmärkten dieser Welt. Zusammen mit dem Starinvestor George Soros gründete Rogers 1970 den Hedgefonds Quantum Funds. Jim Rogers' Analysen werden regelmäßig von führenden Wirtschaftsmedien veröffentlicht. Als Abenteurer erhielt er durch seine Weltumrundungen mit dem Motorrad sowie einer weiteren mit dem Auto mehrere Einträge ins Guinness-Buch der Rekorde.

Den besten Rat meines Lebens habe ich in einem Flugzeug bekommen. Es war in meiner Anfangszeit an der Wall Street. Ich flog nach Chicago und saß neben einem älteren Herrn. Na ja, in meiner Erinnerung war er ein älterer Herr, das heißt, er muss damals um die 40 gewesen sein. Er sagte mir, ich solle alles lesen. »Wenn du dich für ein Unternehmen interessierst und den Jahresbericht liest«, sagte er, »dann hast du 98 Prozent mehr getan als die Jungs an der Wall Street. Und wenn du dann noch die Fußnoten im Jahresbericht liest, hast du mehr als 100 Prozent getan.« Mir war sofort klar, dass ich, wenn ich einfach den Jahresbericht eines Unternehmens – oder besser noch die Berichte der letzten zwei, drei Jahre – lesen würde, viel mehr wüsste als andere. Professionelle Anleger waren in der Regel wie geblendet. Alle hielten mich für schlau. Später wurde mir bewusst, dass ich mehr tun musste. Dass ich die Jahresberichte der Unternehmen, in die ich investiere, und die ihrer Konkurrenten, die Handelsblätter und alles, was ich in die Hände bekommen konnte, lesen musste. Ich merkte allerdings, dass die meisten Leute nicht einmal ihre grundlegenden Hausaufgaben machen. Und wenn ich mehr als das tat, würde ich einen solchen Vorsprung haben, dass es mir gelingen müsste, erfolgreiche Investitionsmöglichkeiten zu finden.

Kasper Rorsted

Mach es richtig, oder lass es bleiben

Kasper Rorsted ist Vorstandsvorsitzender der Adidas AG mit Sitz in Herzogenaurach. Darüber hinaus ist er Mitglied des Aufsichtsrats der Siemens AG. Sein Studium am Copenhagen Business College, Dänemark, schloss er 1985 mit einem Abschluss in International Business Studies ab und absolvierte zudem eine Reihe von Executive Programs der Harvard Business School, USA. Im Laufe seiner Karriere sammelte Kasper Rorsted in verschiedenen Managementpositionen bei Oracle, Compaq und Hewlett Packard Erfahrungen in der IT-Branche. Im Jahr 2005 wechselte Kasper Rorsted zum Konsumgüterhersteller Henkel. 2007 wurde er stellvertretender Vorsitzender des Vorstands, bevor er 2008 zum Vorstandsvorsitzenden von Henkel ernannt wurde. Seit 2016 ist er Vorstandsvorsitzender der Adidas AG.

Schon von klein auf war ich sehr sportbegeistert. Ich war sehr ehrgeizig, wollte immer gewinnen und verbrachte viel Zeit vor allem beim Handball. Kein Wunder, dass es in der Schule dann nicht immer so rund lief, wie sich das mein Vater – ein Wirtschaftsprofessor – vorstellte. Da gab es dann auch sehr klare Worte zu Hause. Doch seine Ratschläge bedeuteten mir viel. Einer der wichtigsten war: »Wenn du etwas machst und es dir wichtig ist, dann mach es richtig. Nur so wirst du Erfolg haben.« Im Laufe meines Lebens habe ich erkannt, wie richtig dieser Ratschlag war. Ob Schule, Sport, Ausbildung, Studium oder Beruf – wenn man nicht bereit ist, etwas richtig zu machen, sollte man es lieber ganz bleiben lassen. Sonst lohnt sich der Aufwand nicht. Nach dem Sport begeisterte ich mich schnell für die Wirtschaft. Doch auch dort gilt ebenso wie im Sport, dass sich langfristiger Erfolg ohne die richtige Einstellung und konsequentes Engagement für die jeweilige Aufgabe nicht einstellt. Für diese Einstellung sind Disziplin und Wille notwendig. Ohne sie geht es nicht. Allerdings darf man auch nicht zu engstirnig werden. Man muss offen und kritikfähig bleiben und eine gesunde Balance zwischen Disziplin und Flexibilität erreichen. Viele verharren beispielsweise hartnäckig auf einem einmal eingeschlagenen Weg. Das kann letztlich zum Misserfolg führen. Viel wichtiger ist es, das eigene langfristige Ziel beharrlich zu verfolgen. Und dafür muss man durchaus auch mal den Weg dorthin verändern.

Wenn man sich einmal nach reiflicher Überlegung ein Ziel gesetzt hat, sollte man es niemals aus den Augen verlieren. Immer wieder werden wir als Unternehmen im Wettbewerb mit veränderten Rahmenbedingungen konfrontiert. Darauf müssen wir uns einstellen. Doch wenn wir uns ein klares Ziel gesetzt haben und es fest vor Augen halten, werden uns auch die wechselnden Rahmenbedingungen nicht daran hindern, dieses Ziel zu erreichen.

Oft hört man auch den Ratschlag: »Kümmere dich nicht um das Ergebnis. Der Weg ist das Ziel.« Diese Ansicht teile ich so nicht. Gerade im Wirtschaftsleben gilt: Jedes Unternehmen, das erfolgreich sein will, muss gute Zahlen schreiben und Gewinn machen. Es kommt auf das Ergebnis an!

Henkel muss sich als börsennotiertes Unternehmen mit seinen Quartals- und Jahreszahlen immer wieder dem Wettbewerb stellen. Diese regelmäßigen Berichte über die Fortschritte und die Weiterentwicklung des Geschäfts sind aufwendig. Es wäre viel »einfacher«, dieser Pflicht nicht nachkommen zu müssen und sich dem Vergleich mit den Leistungen anderer zu entziehen. Doch ich halte sehr viel von der regelmäßigen Messung des eigenen Erfolges. Die eigene Leistung wie im Sport immer wieder zu überprüfen – auch im Wettbewerb mit anderen – ist die beste Voraussetzung, auch ambitionierte Ziele langfristig zu erreichen.

So wie mein Vater es mir schon als Teenager gesagt hatte: Man kann als Schüler kein gutes Abitur machen, wenn man zehn Jahre in der Schule schläft, und auch an der Universität keinen guten Abschluss erzielen, wenn man erst kurz vor den Prüfungen anfängt, ernsthaft zu arbeiten. So ist es auch im Geschäftsleben. Es wird kein erfolgreiches Geschäftsjahr geben, wenn schon die ersten zwei Quartale schlecht gelaufen sind. Wenn man sich entschieden hat, etwas zu tun, dann natürlich auch richtig.

Bernhard M. Rösner
Handle mit Bedacht

Bernhard M. Rösner war 12 Jahre lang Geschäftsführender Gesellschafter der C. Josef Lamy GmbH. Im November 2006 übernahm er von Dr. Manfred Lamy die Leitung des bis dato familiengeführten Heidelberger Traditionsunternehmens. Zuvor war der Diplom-Volkswirt sieben Jahre lang Alleingeschäftsführer der Margarete Steiff GmbH sowie drei Jahre lang für die Zubehörsparte von Mercedes-Benz als Vorsitzender der Geschäftsführung weltweit verantwortlich.

Der beste Rat, den ich je erhalten habe, gilt für mich heute wie damals: »Quidquid agis, prudenter agas.« Frei übersetzt: »Was immer du tust, handle mit Bedacht.« Manchem dürfte dieser Satz aus dem Lateinunterricht bekannt sein, er geht wahrscheinlich auf den griechischen Dichter Äsop zurück. Mir persönlich wurde er in meiner Zeit als Vorstandsassistent bei der Klöckner & Co. AG von Dr. Joachim Harms, meinem damaligen Chef, mit auf den Weg gegeben – und ist bis heute ein verlässlicher Begleiter geblieben.

Der Ratschlag steht nicht nur für den Beginn meiner beruflichen Laufbahn, sondern auch für alle folgenden Etappen, in denen er mein Denken und Handeln begleitet hat. Er ist zu einer Art persönlichem Wegweiser geworden, der mich bei anstehenden Entscheidungen und Herausforderungen auf Kurs hält: Handle mit Bedacht, aber nicht bedächtig. Triff Entscheidungen, aber kenne die Folgen. Überprüfe dein Handeln, sei aufmerksam und vor allem kritisch zu dir selbst.

Übertragen auf meine Arbeit dient mir dieser Rat seit vielen Jahren als Richtschnur. Nicht nur für gute unternehmerische Unternehmensführung, sondern auch in besonderer Weise für die Arbeit in Familienunternehmen und die Führung von Marken. Diese gilt es zu verstehen – zu »begreifen« im eigentlichen Wortsinne, ihre DNS zu entschlüsseln und den Markenkern in den Mittelpunkt aller Entscheidungen zu stellen.

Gisbert Rühl

Einen klaren Standpunkt vertreten und dabei den richtigen Ton treffen

Gisbert Rühl war von 2009 bis 2021 Vorstandsvorsitzender der Duisburger Klöckner & Co SE, einem der weltweit größten produzentenunabhängigen Stahl- und Metallhändler. Bei dem börsennotierten Unternehmen mit rund 9600 Mitarbeitern und Standorten in 15 Ländern war er zuständig für die zentralen Bereiche Unternehmensentwicklung, Fusionen und Übernahmen, Recht, Compliance, Investor Relations, Unternehmenskommunikation sowie Personal. Zuvor war der Wirtschaftsingenieur Partner bei der Unternehmensberatung Roland Berger sowie als Vorstand bei der Babcock Borsig AG (Anlagenbau) und der Rütgers AG (Chemie). Nach seinem Abschied bei Klöckner hat Rühl die Investmentgesellschaft Chepstow Capital gegründet und investiert in Start-ups.

Mit Mitte 30 war ich als aufstrebender Jungmanager bei den Rütgers-Werken tätig und nahm grundsätzlich kein Blatt vor den Mund. So schrieb ich einem Vorstand, der ein bestimmtes Akquisitionsprojekt völlig anders einschätzte als ich, ein Memo, dass er offensichtlich nichts von Übernahmen verstehe. Dieser Vorstand besaß die Größe, mich darüber aufzuklären, dass solche Wortmeldungen in der Regel eine Kündigung nach sich ziehen oder zumindest das Ende des weiteren Aufstiegs bedeuten. Da er mich aber für einen guten Nachwuchsmann hielt, rief er mich zu sich, um mir einen sehr guten Rat zu geben. Er hielt mich dazu an, unabhängig von Hierarchien, offen meine Meinung kundzutun. Gleichzeitig sollte ich aber darauf achten, niemanden aggressiv zu kritisieren oder gar herabzusetzen.

Mit diesem Hinweis hat mir der ehemalige Vorgesetzte enorm weitergeholfen, denn seither weiß ich, dass zwar Kritik in der Sache hilfreich ist, eine Brüskierung oder gar Herabwürdigung einer Person aber negative Folgen hat – bis zum Stillstand eines wichtigen unternehmerischen Vorhabens. An diesen Rat habe ich mich gehalten, vielleicht bin ich auch deshalb vergleichsweise schnell in den Vorstand aufgestiegen.

Ich gebe diesen Rat auch immer wieder an Nachwuchsführungskräfte weiter. Die jungen Leute kommen hervorragend ausgebildet und mit ausgeprägtem Selbstbewusstsein von den Universitäten. Die allermeisten von ihnen sind mit großer Leidenschaft bei der Sache und benennen ebenso leidenschaftlich Zustände, die ihnen missfallen. Während ich es auf der einen Seite sehr schätze, wenn Menschen Vorgehensweisen hinterfragen und nicht alles, das »von oben« kommt, einfach hinnehmen, sehe ich auf der anderen Seite auch, dass manche Mitarbeiter dabei verletzend sind. Sie kritisieren oft spontan, unreflektiert und ohne Ansehen der Person. Das ist nicht nur meine Einschätzung, sondern kommt auch bei unseren Onboarding-Prozessen regelmäßig zur Sprache. Während die Nachwuchskräfte in ihren Hochschulen ein immenses Fachwissen erwerben konnten, wurde es teilweise versäumt, ihnen auch eine gewisse Diplomatie und ein geschliffenes Auftreten zu vermitteln. Daher lege ich meinen Mitarbeitern nahe, unabhängig von Hierarchieebenen Kritik zu üben und Verbesserungspotenzial im Unternehmen zu benennen. Ich gebe ihnen aber gleichzeitig den Rat, die Formulierungen, die sie dabei verwenden, geschickt zu wählen. Dies ist eine Gratwanderung für alle Beteiligten: Einerseits möchte ich die Mitarbeiter nicht mundtot machen und sie weiter zum aktiven Mitdenken motivieren, andererseits muss diese Generation, die es gewohnt ist, in sozialen Netzwerken hierarchiefrei und unverblümt zu kommunizieren, die richtige Form für ihre Äußerungen finden. Im Laufe der Zeit und mit wachsender Erfahrung gelingt es dann den meisten, den richtigen Ton zu treffen. Dies hilft ihnen für den eigenen Aufstieg und befähigt sie dann auch dazu, Mitarbeiter wertschätzend zu führen.

Hector Ruiz

Umgib dich mit rechtschaffenen Leuten und steh ihnen nicht im Weg

Der amerikanische Unternehmer Dr. Hector Ruiz ist Mitgründer sowie Chairman of the Board von Advanced Nanotechnology Solutions. Die Firma entwickelt Verfahren zur Steigerung der Verarbeitungsgeschwindigkeit von Mikroprozessoren. Hector Ruiz war bis 2008 CEO und bis 2009 Chairman des US-Chipherstellers Advanced Micro Devices (AMD).

In meinen Jahren als Manager hat mich Bob Galvin, der ehemalige CEO von Motorola, am stärksten beeinflusst. Er sagte mir: »Ein guter Chef weiß, dass er gute Arbeit leistet, wenn er sicher ist, dass er zu allem, was seine Mitarbeiter verlangen, Ja sagen und voll darauf vertrauen kann, dass sie das Richtige tun werden.« Wenn du dich mit den richtigen Leuten umgibst, die rechtschaffen sind und die Ziele des Unternehmens alle richtig verstehen, dann kannst du als Chef nichts Besseres tun, als ihnen nicht im Weg zu stehen. Diesen Rat befolge ich bei meiner Arbeit immer wieder. Die richtigen Leute geben sich viel mehr Mühe, gute Leistungen zu bringen, wenn man ihnen vertraut.

Ich habe noch eine andere Weisheit mit auf den Weg bekommen, die sehr viel bewirkt hat. Als ich (von 1972 bis 1977) bei Texas Instruments war, fragte mich der Chef meines Chefs, Al Stein, der das Halbleitergeschäft leitete, eines Tages: »Was ist das Schlimmste, das passieren könnte, wenn du eine falsche Entscheidung triffst?« Ich erinnere mich noch, wie ich dachte: »Dann werde ich vermutlich gefeuert.« Und mir wurde klar, dass das unter den allgemeinen Umständen recht belanglos schien. Es war ein richtiges Aha-Erlebnis.

Andrea Rytz

Man muss auf den Bären schießen, wenn er vor der Flinte steht

Andrea Rytz ist CEO bei der Schulthess Klinik, Zürich. Sie ist gelernte Fachfrau für medizinisch-technische Radiologie. In Nachdiplomstudien an der Fachhochschule St. Gallen erlangte sie den Master of Advanced Studies in Health Service Management sowie den Executive Master in Business Administration. Ihre Karriere begann Andrea Rytz in der medizinisch-technischen Radiologie der Notfallstation am Universitätsspital Zürich. Von 1999 bis 2004 leitete sie die Abteilung Radiologie der Hirslanden Klinik im Park. Danach war sie am Universitätsspital Zürich angestellt, bevor sie wieder an die Klinik im Park zurückkehrte. Dort war sie bis 2011 Bereichsleiterin Institute und Prozesse. Im Anschluss war sie Direktorin der Hirslanden Klinik Belair in Schaffhausen, bevor sie Anfang 2016 zur Schulthess Klinik wechselte.

Als junge Führungsfrau bei der Hirslanden Klinik im Park wurde ich vom Universitätsspital Zürich angefragt, ob ich dort eine Abteilung übernehmen würde. Ich war damals sehr begierig auf neue Erfahrungen. Also fragte ich meinen damaligen Direktor um Rat. Ich wollte wissen, ob dieser Wechsel gut für mich und meine Karriere wäre – von einer Privatklinik zurück ins Universitätsspital. Seine Antwort lautete: »Mädchen, wenn du vorwärtskommen willst, dann musst du etwas ausprobieren. Wenn der Bär bereits vor der Flinte steht, dann musst du auch auf ihn schießen.«

Damit hat er mir gelehrt: Rede nicht und denke nicht immer zu weit, was alles sein könnte oder nicht sein könnte. Wenn du wirklich weiterkommen willst, dann musst du etwas unternehmen, dann musst du dich bewegen. Ich folgte dem Rat meines damaligen Vorgesetzten und trat die neue Stelle an. Im Universitätsspital blieb ich dann lediglich ein Jahr, doch dieser Umweg öffnete mir die Tür zurück in die Klinik im Park: Ich wurde dort Mitglied der Geschäftsleitung. Diese Perspektive hätte sich mir nicht geboten, wenn ich zuvor durchgehend in der Klinik im Park geblieben wäre.

Der Rat »Man muss auf den Bären schießen, wenn er vor der Flinte steht« hat mir in meiner beruflichen Laufbahn immer wieder geholfen, vor allem in Momenten, in denen ich verunsichert war. Frauen haben die Tendenz, sich immer zu fragen: »Kann ich die neue Aufgabe überhaupt bewältigen? Will ich das?« Ich muss sagen, bei mir gab es stets eine gute Entwicklung, wenn ich bereit war, etwas zu verändern und zu bewegen. Ich bin meinem Ratgeber sehr dankbar und gebe diesen Tipp oft an junge Führungskräfte weiter, die damit hadern, etwas Neues auszuprobieren, ins Ausland zu gehen oder Ähnliches. Wenn man die Chance hat, dann muss man die Möglichkeiten prüfen und analysieren. Wenn sie sinnvoll erscheinen, sollte man sich aber auch dafür entscheiden, zuschlagen und es wagen!

Entscheiden ist für mich eine zentrale Managementfähigkeit, die man unbedingt haben muss, um etwas zu bewegen. Auch wenn Sie einmal die falsche Entscheidung treffen: Allein die Tatsache, dass Sie überhaupt etwas entschieden haben, zählt und bringt Sie voran. In dem Moment, in dem man merkt, dass eine Entscheidung falsch war, muss man sich der Situation stellen, korrigieren, daraus etwas lernen und es beim nächsten Mal besser machen. Ich selbst falle immer wieder auf die Nase. Dann stehe ich wieder auf und weiter geht es! Natürlich sollte man nicht unüberlegt nach dem Prinzip »Trial and Error« handeln. Schlussendlich haben Sie mit jeder Entscheidung, die Sie treffen, die Möglichkeit, dass Sie jeweils zu 50 Prozent richtig oder falsch liegen.

Bei dieser Fifty-fifty-Chance stellte sich meine Entscheidung für das Universitätsspital damals als falsch heraus. Ich kam dort an und spürte gleich, dass für mich die Chemie nicht passte. Meine innere Stimme meldete sich, und ich merkte, dass mir für diesen Job das notwendige Herzblut fehlte. Trotzdem zwang mich der Chef, der mir den Rat mit dem Bären gegeben hatte, ein ganzes Jahr dort zu bleiben. Er sagte zu mir: »Du musst lernen, etwas auszuhalten. Du musst lernen, wie es sich anfühlt, wenn du eine falsche Entscheidung getroffen hast, damit du in Zukunft weißt, was dir passieren kann.«

Erneut hörte ich auf ihn und profitierte ungemein von dieser Erfahrung. Ich lernte, mich in einem Umfeld zu arrangieren, das mir nicht lag und in das ich nicht passte. Das war für meine Karriere ganz wichtig. Es gab und gibt immer wieder Situationen, in denen ich nicht sein möchte, aber sein muss. Ich finde, junge Führungskräfte sind sehr erfolgsverwöhnt und lernen viel zu wenig, mit Niederlagen umzugehen und sich intelligent zu verhalten – bei mir war das nicht anders. Für mich war das ein hartes Jahr in der Universitätsklinik – gefühlt mein längstes Jahr –, aber es war gut, weil ich gelernt habe, mich durchzubeißen. Und schließlich lief mir ja dann bald der nächste Bär vor die Flinte – der Posten als Bereichsleiterin in der Hirslanden Klinik im Park. Ich zielte, schoss – und traf! Diesmal war es ein Volltreffer, eine richtige Entscheidung, denn die neue Aufgabe lag mir und ich war mit viel Herzblut bei der Sache.

Samih Sawiris

Stell sicher, dass die Gegenseite nicht verliert

Der gebürtige Ägypter Samih Sawiris ist Mehrheitsaktionär und Verwaltungsratspräsident der Andermatt Swiss Alps AG sowie bis 2022 der Orascom Development Holding AG (ODH), Altdorf. Sein Mehrheitsanteil bei der ODH ging wie sein Amt des dortigen Verwaltungsratspräsidenten an seinen Sohn über. Der Diplom-Wirtschaftsingenieur legte 1989 mit der Entwicklung des Ferienresorts El Gouna am Roten Meer den Grundstein für die ODH. Heute leben rund 24 000 Personen permanent in El Gouna. Die Orascom Development Holding AG ist in neun Ländern aktiv und betreibt sechs integrierte Resorts nach dem Vorbild von El Gouna. Im Schweizer Ferienort Andermatt entwickelt Sawiris das Resort Andermatt Swiss Alps, das sechs Hotels, 42 Apartmentgebäude, 25 Villen sowie Kongresseinrichtungen, einen Golfplatz und eine Schwimmhalle umfassen wird. 2008 brachte Sawiris die ODH an die Schweizer Börse.

Ich komme aus einer Familie von Geschäftsleuten. Die Werte, die das Geschäftsgebaren meiner Familie bestimmten, haben auch mich sehr geprägt. Ein eiserner Grundsatz, den ich schon sehr früh mit auf den Weg bekam und den ich bis heute mit Erfolg beherzige, ist: »Stell sicher, dass die Gegenseite nicht verliert!« Es ist für eine dauerhafte und gute Zusammenarbeit sehr wichtig, dass sich der Verhandlungspartner nicht hintergangen und unter Druck gesetzt fühlt. Wer in Verhandlungen großzügig und fair ist, kann sicher sein, dass langfristig gute und verlässliche Abmachungen zustande kommen. Ich verstehe die Leute nicht, die stolz darauf sind, dass sie besonders harte Verhandler sind. Sie mögen ein- oder zweimal ein sehr gewinnträchtiges Ergebnis erzielen, eine loyale Geschäftsbeziehung wird dabei aber nicht entstehen. Vielleicht wird sich die Gegenseite eines Tages für den unfairen Deal rächen, sie wird sich zumindest aber aus der Geschäftsbeziehung zurückziehen.

Faire Verhandlungen und Abmachungen, die stabile Partnerschaften schaffen, sind vor allem auch deshalb so wichtig, weil man in Zeiten, in denen es im eigenen Unternehmen nicht so gut läuft, auf die Unterstützung der Geschäftspartner zählen kann. Keiner ist immer stark. Niemand wird jedoch einem Geschäftspartner helfen, von dem er sich seit Langem unter Druck gesetzt und vielleicht sogar hintergangen fühlt.

Ich achte nicht nur beim Aufbau von Geschäftsbeziehungen auf Langfristigkeit. Langfristigkeit zieht sich als Prinzip durch meine gesamte Geschäftstätigkeit. Die wenigsten Geschäftsleute sind langfristig orientiert, die meisten hetzen von einem kurzfristigen Erfolg zum nächsten. Langfristigkeit ist daher eine echte Marktlücke und eine große Chance.

Wer wirklich langfristig denkt, hat viel weniger Konkurrenz. Ich habe immer versucht, Geschäftsfelder zu finden, die sehr langfristig sind und somit nicht schnell nachgeahmt werden können. Der Nächste, der dieselbe Idee verfolgt, ist auf jeden Fall erst mal spät dran. Das eigene Unternehmen hat so für einige Zeit eine Alleinstellung am Markt und kann Vorsprünge herausarbeiten, die teils nicht mehr aufgeholt werden können. Wirklich langfristiges Denken ist vielleicht eine der am stärksten unterschätzten Quellen für herausragenden Erfolg.

Simona Scarpaleggia

Wer führen will, muss vorher lernen – und lernen kann man alles

Simona Scarpaleggia war bis Oktober 2019 CEO der IKEA Schweiz. Seit 2020 ist sie unter anderem Mitglied des Aufsichtsrats der deutschen Baumarktkette Hornbach Holding sowie beim italienischen Tankstellenbetreiber Autogrill. Sie studierte Politikwissenschaft an der LUISS Universität in Rom und hat einen MBA an der Wirtschaftsuniversität Luigi Bocconi gemacht. Im Jahr 2000 startete sie als Personalmanagerin der IKEA Schweiz und bekleidete verschiedene Funktionen und Positionen. 2010 wurde sie zur Geschäftsführerin der IKEA Schweiz benannt. Sie setzt sich besonders für Chancen- und Lohngleichheit ein. 2013 gründete sie die Vereinigung Advance – Women in Swiss Business.

Zu meinem 14. Geburtstag schenkte mir meine Großmutter Theresa einen Ring, der ihr gehört hatte. Sie überreichte ihn mir mit den Worten: »Wenn du führen willst, musst du zunächst lernen – man kann alles lernen.«

Meine Großmutter bestärkte mich darin, nicht arrogant, sondern demütig zu sein und zu lernen. Mit ihrem Rat machte sie es nicht von dem Potenzial, das jeder Einzelne in sich trägt, abhängig, was man erreichen kann: Alles kann gelernt werden. Sie sagte mir damit: Du bist intelligent, du hast Zeit, du hast die Möglichkeiten. Du musst dich bemühen, aber alles ist möglich. Dies war in der Tat eine starke Botschaft, die mich sehr ermutigte in allem, was ich danach in Angriff nahm, gleichwohl ich erst später den Wert dieses Rats vollständig erfasste.

Ich nahm den Rat sehr ernst, weil er mir Kontinuität verlieh in den Dingen, die ich machte. Damals war ich bereits eine gute Schülerin, aber ab dem Moment ging ich mit einer veränderten Haltung zur Schule: Schule war nicht mehr nur meine Pflicht, sondern etwas, das für meine weitere Entwicklung wichtig war. Da mir der Rat so viel geholfen hat, gebe ich ihn auch immer wieder an meine drei Kinder, die heute junge Erwachsene sind, weiter.

In meinem Beruf kann ich verständlicherweise nicht alles wissen und überall Experte sein. Das ist einfach unmöglich. Es gibt viele Gebiete, in denen ich

IKEA
IKEA

keine Kapazität bin. Wenn ich kein spezielles Wissen habe, versuche ich, einige Basisinformationen zu erhalten, damit ich wenigstens über die relevanten Eckdaten Bescheid weiß, bevor ich meinen Leuten Input gebe und ihnen sage, was sie tun sollen. Dafür frage ich viel und höre ebenso viel zu, weil ich in den Bereichen, in denen ich nicht übermäßig versiert bin, den Experten vertraue. Ich denke, diese Einstellung half mir im Lauf der Jahre sehr: die Dinge ernst nehmen und lernen. Auch in den Bereichen, in denen ich selbst nichts lernen kann, weiß ich zumindest, dass ich andere fragen kann.

Wenn es darum geht, Menschen zu führen, hat der Rat meiner Großmutter einen tollen Nebeneffekt: Er hilft, vertrauenswürdige Beziehungen zu gestalten. Wenn man ein Team leitet, muss man an der Teamdynamik arbeiten, aber letzten Endes muss man Input und Anweisungen geben. Als Führungskraft gewinnt man stark an Glaubwürdigkeit, wenn die Leute wissen, dass man entweder selbst ein Experte ist oder Experten gefragt hat. Dann haben sie zu Recht das Gefühl, dass man Anweisungen nicht über ihre Köpfe hinweg getroffen, sondern sämtliche relevante Aspekte berücksichtigt hat.

Meine Führungswerte sind Frauenpower, Bescheidenheit und Optimismus. Diese Werte wurden durch den Rat inspiriert. Als Coach und Mentor versuche ich, vor allem jungen Frauen zu vermitteln, großzügig zu sein, also mit ihrem Wissen großzügig umzugehen und großzügig zu handeln. Das mache ich, weil dies in der heutigen Geschäftswelt oft unterschätzt oder vernachlässigt wird. Grundsätzlich besteht eher die Tendenz, dass man aus einem Wettbewerbsgedanken heraus Wissen und Informationen für sich behält, um für sich persönlich Vorteile zu generieren. Meiner Erfahrung nach ist es jedoch so, dass die Großzügigkeit, die man anderen zuteilwerden lässt, dann auch einem selbst widerfährt. Heutzutage ist es wichtiger denn je, Informationen zu teilen, sich gegenseitig im Team zu unterstützen und Chancen an andere weiterzugeben. Ich begann über dieses Thema nachzudenken, weil es oft vorkommt, dass gerade Frauen anderen Frauen nicht helfen. Häufig liegt dies an dem sogenannten Minderheiten-Syndrom: Viele denken, es kann im Unternehmen nur eine oder zwei Frauen geben, also folgern sie, dass sie sich nicht helfen können, weil sie sonst in Konkurrenz zueinander stehen würden. Dies gilt nicht nur für Frauen, sondern für Teams im Allgemeinen. Ich finde: Die Extrameile gehen, indem man jemandem Aufmerksamkeit schenkt, Chancen weitergibt und großzügig Informationen teilt, ist eine Gewinnerposition, nicht ein Zeichen von Schwäche! Wenn die Leute inspirierter und dankbarer wären, würde das System des gegenseitigen Vertrauens besser funktionieren und jeder hätte einen Vorteil davon.

Wolfgang Schäuble
Nimm dich nicht so wichtig

Dr. Wolfgang Schäuble ist seit 1972 Abgeordneter des Deutschen Bundestages, war 1984 bis 1989 Bundesminister für besondere Aufgaben sowie Chef des Kanzleramts, dann 1989 bis 1991 und erneut 2005 bis 2009 Bundesinnenminister. 1990 handelte er für die Bundesrepublik mit der DDR den Einigungsvertrag aus. Von 2009 bis 2017 war er Bundesfinanzminister und anschließend bis 2021 Präsident des Deutschen Bundestages. Für seine Verdienste um die Einheit Deutschlands und seinen Einsatz für ein wiedervereintes und starkes Europa wurde er 2012 mit dem Internationalen Karlspreis zu Aachen geehrt.

Der beste Rat, den ich je bekam, den erhielt zunächst einmal nicht ich, sondern Don Camillo – und Papst Johannes XXIII. Der Erste von oben, vom Kreuz, im Film. Der Zweite vom Engel, im Traum.

In einer Folge der in meiner Kindheit populären italienischen Filmreihe »Don Camillo und Peppone« wendet sich der Pfarrer Don Camillo mit seinen Sorgen an das Kruzifix in seiner Dorfkirche und bekommt von Jesus die Antwort: »Nimm dich nicht so wichtig.« Genauso wird es allerdings von Papst Johannes XXIII. erzählt. Der habe einmal im Traum einem Engel von der übergroßen Verantwortung geklagt, die auf ihm laste. Da habe ihm der Engel geantwortet: »Giovanni, nimm dich nicht so wichtig.«

Für mich ist das aus mehreren Gründen ein sehr hilfreicher Rat: Wenn man unter der Beobachtung der medialen politischen Öffentlichkeit steht, wird ständig interpretiert, was man sagt, gemutmaßt, was man meint, und kommentiert, was man tut. Wenn ich das alles verfolgen, alles lesen würde, was über mich geschrieben wird, würde ich in Versuchung geraten, mich wichtiger zu nehmen, als mir guttut. Und wenn diese Gefahr doch einmal droht, denke ich an Don Camillo. Man wird in dieser politischen Öffentlichkeit auch nicht immer sehr zart angefasst. Sogar Ungerechtigkeiten kommen vor. Man muss lernen, das zu ertragen, eben auch, indem man sich nicht so wichtig nimmt. Und man behandelt selber andere ja auch nicht immer vollkommen gerecht – ganz gleich, ob gewollt oder ungewollt. In diesem Rat, sich nicht so wichtig zu nehmen, schwingt eine Reminiszenz an das Menschenbild mit, das einem Christen wie mir naheliegt: die Erinnerung an die Vergänglichkeit und Fehlbarkeit des Menschen. Der Mensch ist verantwortlich, aber nicht allmächtig. »Wo immer in der Welt einer nicht mehr weiß, dass er höchstens der Zweite ist, da ist bald der Teufel los«, hat der Dresdner Bischof Reinelt 1995 zum 50. Jahrestag der Bombardierung Dresdens gesagt. Christen wissen: Wir Menschen sind nur für die vorletzten Dinge zuständig. Treffend hat das Matthias Claudius in der vierten Strophe seines »Abendliedes« ausgedrückt: »Wir stolze Menschenkinder/ sind eitel arme Sünder/ und wissen gar nicht viel;/ wir spinnen Luftgespinste/ und suchen viele Künste/ und kommen weiter von dem Ziel.«

Dieses Wissen um die Begrenztheiten, Vorläufigkeiten, Unvollkommenheiten des menschlichen Lebens, das Wissen, dass die Menschen vielbegabt, aber leider auch in der Sünde verfangen sind, dass sie fehlbar sind und deswegen auch alle ihre hochfahrenden Pläne und Absichten eben allzu oft genau das sind: hochfahrend – dieses Wissen ist eine gute Grundlage für realistisches Handeln, für eine unideologische, pragmatische, menschenwürdige Politik. Eben: »Nimm dich nicht so wichtig.« Im Grunde geht es dabei um Demut und Respekt: um Haltungen, die Politik am Ende nachhaltiger machen.

Politik, die diesen Rat versteht, versucht, im notwendig Unvollkommenen doch etwas Gutes zu schaffen. Schritt für Schritt, Irrtümer begehend und korrigierend, vorsichtig tastend, ohne große Schneisen zu schlagen, ohne große Sprünge zu tun und ohne aufs Ganze zu gehen. In der Politik aufs Ganze zu gehen hat schon viel Leid über viele Menschen gebracht.

Eine Politik, die sich in diesem Sinne nicht so wichtig nimmt, trifft sich für mich mit der Sozialphilosophie Karl Poppers, die ich seit langer Zeit bewundere. Popper hat in seinem Buch über die »Offene Gesellschaft« bereits vor 70 Jahren gezeigt, dass freiheitliche Ordnungen genauso mit Fehlern behaftet sind wie unfreie, aber dass ihre Überlegenheit darin gründet, dass sie Fehler korrigieren können – solange sie Schritt für Schritt, demütig, aufmerksam, behutsam ihre Ordnung gestalten und entwickeln.

Wir können auf Erden die vollendete Gerechtigkeit nicht schaffen. Wir müssen uns bemühen, weil wir die Gabe haben, verantwortlich zu handeln. Aber wir können nichts Vollendetes schaffen. Nehmen wir uns nicht so wichtig. Das tut uns als Menschen gut. Und das tut der Gesellschaft gut, wenn Politiker sich das zu Herzen nehmen.

Marion Schick

Aus Fehlern lernen, Chancen nutzen, unabhängig bleiben

Dr. phil. Marion Schick war von 2012 bis 2014 Personalvorstand und Arbeitsdirektorin der Deutschen Telekom AG. Davor war sie Ministerin für Kultus, Jugend und Sport des Landes Baden-Württemberg. Bis 2010 verantwortete Marion Schick als Mitglied des Vorstandes der Fraunhofer-Gesellschaft den Bereich Personal und Recht. Von 2000 bis 2008 stand sie als erste Frau in Bayern der Hochschule München als Präsidentin vor.

Drei grundsätzliche Lebenseinstellungen haben mir immer weitergeholfen: Erstens aus Fehlern zu lernen, zweitens Chancen zu nutzen und drittens die innere Unabhängigkeit zu bewahren. Jeder Mensch sollte und muss seine eigenen Erfahrungen machen. Ich lerne aus jedem Fehler – bis heute. Meine Devise lautet, nicht zu jammern, sondern sich immer auch die Frage zu stellen: Was kann ich daraus lernen? Denn das nimmt einem keiner ab. Dies kann manchmal ganz schön frustrierend sein und erfordert Durchhaltevermögen, trainiert aber auch die eigene Ausdauer und die Durchsetzungskraft. Dazu braucht es aber auch Gelassenheit, Reife und vor allem ein Gespür für die eigene Entwicklung: »Wo stehe ich, wie soll es mit mir weitergehen, wie sehen mich andere Menschen?«

Mir hat diese Selbstreflexion gerade in meiner beruflichen Laufbahn sehr geholfen. Insbesondere dann, wenn es darum ging, zu neuen Ufern aufzubrechen. Ich bin dabei aber auch immer wieder auf Menschen getroffen, die sich mehr oder weniger selbst im Wege standen. Da gibt es zwei Typen: zum einen den vom Ehrgeiz zerfressenen, der die Veränderung – in seiner Vorstellungswelt meist mit einem beruflichen Aufstieg verbunden – mit der Brechstange erzwingen will. Und zum anderen den abwartenden selbstgerechten, der meint, dass ihm das alles in den Schoß fallen müsse. Das wird nicht funktionieren. Wer hingegen selbstreflexiv ist, permanent in sich »hineinhorcht« und gleichzeitig über ein gutes Maß an Eigeninitiative verfügt, wird in seinem Leben die sich ihm bietenden Chancen zum richtigen Zeitpunkt nutzen. Er wird seinen Weg machen. Vor allem dann, wenn er noch seine innere Unabhängigkeit behält. Meine Lebenserfahrung ist: Kompromisse gehören zum Leben, aber man darf sich zu nichts zwingen lassen, was den tiefsten Überzeugungen widerspricht. Überlegen Sie gut, wofür Sie kämpfen und wofür nicht. Meistens bietet uns das Leben die freie Wahl und Alternativen. Machen Sie es so, wie Sie es für richtig halten.

Dietmar Schmid

Führe deine Mitarbeiter so, wie du selbst geführt werden willst

Dietmar Schmid war über 30 Jahre für die BHF-Bank AG tätig, davon 15 Jahre als Vorstand. Nach seinem Ausscheiden 2010 blieb er dem Unternehmen noch einige Zeit als Vorsitzender des Verwaltungsrats und Vorstandsvorsitzender der BHF-Bank-Stiftung verbunden.

»Führe deine Mitarbeiter so, wie du selbst geführt werden willst.« Diesen Rat gab mir in jungen Jahren mein Vater, der als Elektroingenieur in leitender Position bei Siemens tätig war und dadurch neben großer Führungserfahrung auch über wertvolles Können im Umgang mit Betriebsräten verfügte.

Diesen Rat habe ich nicht nur versucht im Umgang mit meinen Mitarbeitern zu beherzigen, sondern habe ihn auch aktiv an unsere Führungskräfte in der Bank weitergegeben, sozusagen als Leitmotiv für unsere Führungsphilosophie. Dies galt für alle Führungsebenen. Unnötige Konflikte konnten dadurch vermieden werden, schwierige Situationen, zum Beispiel bei Personalabbauprogrammen, konnten dadurch besser bewältigt werden. Zu einer solchen Führungsphilosophie gehören natürlich persönliche Eigenschaften wie Offenheit, Ehrlichkeit, Klarheit, Zuverlässigkeit und Entscheidungskraft. Soziale Kompetenz, mit der sich einschätzen lässt, wie es dem Gegenüber geht, ist dabei ganz wichtig. Nicht nur der direkte Umgang mit Mitarbeitern wird dadurch einfacher, sondern auch die oft notwendigen Verhandlungen mit Betriebsräten. Es gibt ja den schönen Satz »Jeder hat den Betriebsrat, den er verdient«. Dahinter steckt der Gedanke, dass durch den offenen Umgang, die weitgehende Information und das Zuhören, um gemeinsame Lösungen zu finden, Betriebsräte im wahrsten Sinne des Wortes zu Ratgebern und Vertrauten des Arbeitgebers werden, zum Wohle des Ganzen, also der Kunden, der Mitarbeiter und der Anteilseigner.

Während meiner vielfältigen Führungsaufgaben hat mir der eingangs genannte »beste Rat« das Führen einfach gemacht. Darüber hinaus hat mir die Führungsarbeit immer viel Freude bereitet. Ich bin sicher, dass dieser Rat für eine erfolgreiche Unternehmensführung nie aus der Mode kommen wird und außerdem von jedem leicht umzusetzen ist.

Eric Schmidt
Engagier einen Coach

Eric Schmidt war bis 2020 Executive Chairman von Alphabet Inc. Für deren Vorgängerfirma Google war er von 2011 bis 2015 Executive Chairman. Zuvor fungierte er von 2001 bis 2011 als CEO von Google und war gemeinsam mit den Unternehmensgründern Sergey Brin und Larry Page für die unternehmerische und technische Strategie verantwortlich. Zuvor war Eric Schmidt Chairman und CEO von Novell sowie Chief Technology Officer bei Sun Microsystems. Außerdem war er Mitglied des Council of Advisors on Science and Technology des damaligen US-Präsidenten Barack Obama sowie des Advisory Council des damaligen britischen Premierministers David Cameron. Schmidt lehrt an der Stanford University.

Den nützlichsten Rat habe ich von John Doerr bekommen, der mir 2001 sagte: »Ich würde dir empfehlen, einen Coach zu engagieren.« Und am besten sollte ich Bill Cambell nehmen. Zuerst habe ich mich über diesen Ratschlag geärgert, denn schließlich war ich ein Unternehmensführer mit einer Menge Erfahrung. Wozu brauchte ich einen Coach? Machte ich etwas falsch? Ich fragte mich, wie ein Coach mich beraten könnte – es gab doch keinen auf der Welt, der meinen Job besser machte als ich! Aber das ist nicht die Aufgabe eines Coachs. Er braucht den Sport nicht so gut zu beherrschen wie du. Er beobachtet dich und holt das Beste aus dir heraus. Im Geschäftskontext ist der Coach kein Trainer, der sich ständig wiederholt, sondern eine Person, die etwas mit anderen Augen sieht, es dir mit eigenen Worten beschreibt und mit dir darüber diskutiert, wie du an das Problem herangehen solltest.

Nachdem mir klar geworden war, dass er vertrauenswürdig war und seine Sichtweise mir helfen konnte, fand ich die Idee großartig. Wenn es zu geschäftlichen Konflikten kommt, neigt man dazu, sich voll reinzustürzen. Bills allgemeiner Rat war, darüber zu stehen, auf einer höheren Ebene als die Person, die dir am Tisch gegenübersitzt, und vorauszudenken. Er würde sagen: »Du lässt es zu, dass sie dir Ärger machen. Tu das nicht.«

Daniel H. Schmutz
Perspektivenwechsel wirken Wunder

Daniel H. Schmutz war von 2010 bis 2021 CEO der größten Schweizer Krankenversicherung Helsana, die über sechs Milliarden Schweizer Franken an Prämienvolumen und 3200 Mitarbeiter hat. 2021 gründete er das Beratungsunternehmen DS ADVISORY GmbH. Daneben ist er als Senior Advisor bei der Boston Consulting Group tätig. Außerdem ist Daniel Schmutz seit April 2022 Interim Chief Executive Officer bei Virtusan, einem Gesundheits-Start-up. Nach seinen Studienabschlüssen an der Hochschule St. Gallen (lic. rer. publ.) und der Wharton School (MBA) arbeitete Daniel H. Schmutz einige Jahre als Unternehmensberater, zuletzt bei der Boston Consulting Group. Danach war er Leiter Strategie & Controlling bei der Swiss Life AG. Er wechselte zur Helsana und war dort von 2006 bis 2010 Jahre Chief Financial Officer, bevor er 2010 zum CEO ernannt wurde.

Als ich acht Jahre alt war, war es üblich, dass sich die Kinder am letzten Tag des Schuljahres möglichst ungezogen benehmen. Da wollten mein zwölfjähriger Freund und ich natürlich den anderen in nichts nachstehen, und da das Rauchen in der Agglomeration Zürich gerade besonders en vogue war, versteckten wir uns mit ein paar Zigaretten im Keller. Aber schon nach ein paar unbeholfenen Zügen stöberte uns meine Mutter auf. Ich erschrak fürchterlich und hatte Angst vor einem gehörigen Donnerwetter. Aber meine Mutter, die schon immer strikte Nichtraucherin war, verblüffte mich. Sie sagte: »Weißt du, was? Wir rauchen jetzt zusammen eine.« Ich war fassungslos. Da saß ich nun mit meiner Mutter im Wohnzimmer, und wir schmauchten miteinander mehr oder weniger genüsslich. Das war natürlich überhaupt nicht cool, sondern eher unangenehm. Außerdem hatte ich schon nach ein paar Zügen genug. Aber meine Mutter bestand darauf, dass ich die Zigarette zu Ende rauchte, »wie es sich für einen echten Kerl gehört«. Natürlich wurde mir speiübel, und ich verbrachte einen Großteil des restlichen Tages auf der Toilette. Das war sehr schlau von meiner Mutter, denn die große Übelkeit und die Peinlichkeit, zusammen mit meiner Mutter im Wohnzimmer zu rauchen, statt mit dem großen Nachbarsjungen im Keller, hatten meinen Blick aufs Rauchen komplett verändert. Plötzlich fand ich Rauchwaren ziemlich uncool, und diese Überzeugung hielt sich: Ich blieb zeitlebens Nichtraucher.

Aber nicht nur die ältere Generation kann der jüngeren zu interessanten Einsichten verhelfen, das Ganze funktioniert auch in die andere Richtung. In einer Zeit der strategischen Neuausrichtung unserer Krankenversicherung kreisten meine Gedanken um die Herausforderung, die neue Strategie nicht nur in den Köpfen, sondern auch in den Herzen unserer Mitarbeiter zu verankern. Wie kann es uns gelingen, das Unternehmen noch konsequenter auf die Kunden auszurichten und bezüglich Weiterempfehlungen durch Kunden zu den Besten unserer Branche zu gehören? Und wie schaffen wir es, dass unsere Mitarbeiter die Strategie mit Überzeugung und Engagement umsetzen? Diese und ähnliche Fragen gingen mir auch eines Abends beim gemeinsamen Essen mit meiner Familie durch den Kopf. Da sagte mein achtjähriger Sohn völlig unvermittelt: »Papa, warst du eigentlich schon mal selbst im Helsi-Kostüm?« Ich glaube nicht, dass sich mein Sohn viele Gedanken um meine Arbeit machte, aber unser Firmenmaskottchen, den Biber Helsi, kannte und liebte er. Dieser fröhliche Biber ist einfach allen sympathisch, unabhängig vom Alter. »Nein, noch nie. Ich kann doch nicht als grinsender Biber rumlaufen«, lautete meine Antwort. »Solltest du aber«, sagte er bestimmt. Sprach's und widmete sich wieder der hausgemachten Lasagne.

Mir gab er damit aber einigen Denkstoff: Könnte dies die Antwort auf die Fragen sein, die mich umtrieben? In den folgenden Wochen präsentierten wir den Mitarbeitern im Rahmen einer Roadshow die neue Strategie und die damit verbundenen Ziele. Dabei bin ich zwar nicht als Helsi aufgetreten, aber die Ankündigung, dass ich in das Biber-Kostüm schlüpfe, wenn die Mitarbeiterfeier nach der Zielerreichung ansteht, hat für große Heiterkeit und damit sicher auch für Motivation gesorgt. Mal sehen, wann es so weit sein wird.

Ulrich Schröder

Wer fragt, der führt

Dr. Ulrich Schröder war von 2008 bis 2017 Vorstandsvorsitzender der KfW Bankengruppe. Darüber hinaus war er im Aufsichtsrat der DEG, der Deutschen Post sowie der Deutschen Telekom, und er gehörte den Beiräten der Fraport AG und der HSBC Trinkaus & Burkhardt AG an. Seine berufliche Entwicklung begann im Jahre 1983 als Vorstandsassistent bei der WestLB. Er war in Folge im Firmenkundengeschäft im Inland und an den Standorten London und Paris tätig. 2002 wechselte er in den Vorstand der neu gegründeten NRW.BANK, bei der er im Jahr 2006 den Vorstandsvorsitz übernahm. Zum 1. September 2008 wechselte Ulrich Schröder als Vorstandsvorsitzender zu der KfW Bankengruppe. Er verstarb im März 2018.

Ich hatte das Glück, in meinem privaten und beruflichen Leben sehr viele gute Ratschläge zu erhalten. Wenn ich aus diesen Ratschlägen einen besonders hervorheben soll, dann ist das sicher der meines ersten Vorgesetzten, Herrn Dr. Ludwig Trippen, seinerzeit stellvertretender Vorsitzender der WestLB AG, der mir sehr eindrücklich eingeprägt hat: »Wer fragt, der führt.« Dieser Rat mag auf den ersten Blick verwirren, ist doch die Führungskraft eher permanentem Entscheidungsdruck ausgesetzt, also sollte der Rat doch besser lauten: »Wer entscheidet, der führt.« Sicherlich ist die Notwendigkeit, Entscheidungen zu treffen und umzusetzen, wesentliches Merkmal einer Führungstätigkeit, dennoch gilt: »Wer fragt, der führt.«

In diesem Rat kommen verschiedene wichtige Erkenntnisse zusammen. Zum einen drückt diese Haltung eine Wertschätzung der fragenden Führungskraft gegenüber dem Gefragten aus. Denn wer fragt, bringt damit zum Ausdruck, dass er auf die Antwort des Gefragten Wert legt, dass er ihm Kenntnisse und Fähigkeiten, die für die Beantwortung wichtig sind, unterstellt. Zum anderen bringt die fragende Führungskraft zum Ausdruck, dass sie nicht alle Antworten aus eigener Erfahrung und Kenntnis hat, und durch die Antworten auf die gestellten Fragen die spätere Entscheidung absichert und fundiert.

Schließlich stellt die fragende Führungskraft auch die Richtigkeit der eigenen Überlegungen infrage und drückt damit aus, dass nur eine hinterfragte Entscheidung eine gute Entscheidung ist.

Nimmt man diese Aspekte zusammen, so basiert der Ratschlag »Wer fragt, der führt« letztlich auf zwei geisteswissenschaftlichen Grundhaltungen, die in meiner eigenen Biografie als Schüler und Student eine wichtige Rolle gespielt haben. Es sind diese die katholische Soziallehre und der kritische Rationalismus. Eine Kernthese der katholischen Soziallehre ist die Gottgeschaffen und -gewolltheit des Menschen. Diese Ebenbildfunktion verlangt, uns gegenseitig mit Respekt und Wertschätzung zu behandeln. Sie kommt auch in wichtigen Erklärungen zur Menschenwürde und zu Menschenrechten zum Ausdruck. Auch im unternehmerischen Alltag hat diese Erkenntnis Bedeutung. Durch fragende Wertschätzung beziehe ich Mitarbeiterinnen und Mitarbeiter aktiv in Entscheidungsprozesse ein. Ich nutze ihre unterschiedlichen Erfahrungen und Fähigkeiten, und ich schaffe gleichzeitig eine Basis für Motivation. Wertschätzung schließt übrigens, um diesem eventuellen Missverständnis vorzubeugen, Kritik und kritisches Hinterfragen nicht aus, sondern ausdrücklich ein.

Der kritische Rationalismus, der sich mit dem Wahrheitsbegriff in der Wissenschaft beschäftigt, postuliert bekanntlich, dass keine wissenschaftliche Erkenntnis einen absoluten Wahrheitsanspruch erheben darf, sondern sich einer ständigen kritischen Auseinandersetzung mit neuen Erkenntnissen stellen soll. Auch diese Aussage hat eine hohe Relevanz für unternehmerisches Handeln. Auch hier sollten insbesondere strategische Entscheidungen immer wieder unter den sich verändernden wirtschaftlichen, technologischen und marktbedingten Gegebenheiten überprüft werden. Nur wer diese Änderungen durch Fragen zur Kenntnis nimmt, nur der, der angesichts der Komplexität von vielen Entscheidungen sich vielfältigen Rat holt, wird am Ende die überlegteren und überlegeneren Entscheidungen treffen.

Meine Begegnungen mit Führungspersönlichkeiten aus Wirtschaft, Politik und anderen gesellschaftlichen Bereichen haben mir immer wieder gezeigt, dass diejenigen erfolgreicher sind, die sich die Kunst des Zuhörens und des wertschätzenden Fragens zum Grundprinzip ihrer Persönlichkeit gemacht haben. Also: »Wer fragt, der führt.«

Howard Schultz

Erkenne die Fähigkeiten und Eigenschaften, die du nicht hast, und stell Leute ein, die sie haben

Howard Schultz war bis 2018 langjähriger CEO von Starbucks. Er trat 1982 in das Unternehmen ein. Damals bestand das Unternehmen aus vier Filialen, doch unter Schultz wandelte sich das kleine Unternehmen zum weltweiten Giganten. Seit 1992 ist Starbucks an der NASDAQ notiert und expandierte seitdem kräftig auf über 33 000 Coffee Stores weltweit. Für seine philanthropischen Engagements erhielt Howard Schultz viele Ehrungen.

Warren Bennis ist einer der angesehensten Wissenschaftler im Bereich der Menschenführung. Und ich hatte eines Tages das Glück, Warren auf einer Veranstaltung reden zu hören, und war so beeindruckt von dem, was er sagte, dass ich an ihn herantrat und ihn um Rat bat. Das war Ende der 1980er-Jahre, lange bevor wir eine Aktiengesellschaft wurden.

Die ganzen Jahre über war Warren ein geschätzter Ratgeber und Mentor, und er ist ein Freund geworden, dem ich vertraue. Es ist schwer, den einen guten Rat herauszupicken, den er mir gab, weil seine Hilfe in so vielerlei Hinsicht wertvoll war. Aus den frühen Zeiten erinnere ich mich an die Worte – er hat das oft gesagt –, dass ich der Wachstumskurve mit meinen Investitionen voraus sein und im Hinblick auf die Kompetenzen, die Erfahrung und die Qualität der Menschen um mich herum, über den gegenwärtigen Stand hinausdenken müsse. Er hat mir auch gesagt, dass die Kunst, ein großer Chef zu werden, darin bestehe, es fertigzubringen, sein eigenes Ego außen vor zu lassen und die Fähigkeiten und Eigenschaften anzuerkennen, die man selbst nicht besitzt und die man braucht, um ein Weltklasseunternehmen aufzubauen.

Das war schwerer, als es klingt, denn ich wollte eine andere Art von Unternehmen gründen – ein Unternehmen mit einem Gewissen. Ich brauchte also nicht nur Leute mit Disziplin und Geschäftssinn und Fähigkeiten, die meine ergänzten, sondern vor allem Gleichgesinnte. Uns vereinte nicht unsere

jeweiligen Fachbereiche, und es ging nicht darum, eine auf Geldgier basierende Ausstiegsstrategie zu verfolgen. Uns vereinte der Traum, ein Unternehmen aufzubauen, dem es gelingen würde, das fragile Gleichgewicht zwischen Rentabilität, Shareholder-Value, Menschlichkeit und sozialem Gewissen zu erreichen.

Axel Schweitzer

Laufe nie in den Fußstapfen eines anderen

Dr. Axel Schweitzer ist Inhaber und Vorstandsvorsitzender der ALBA Group, einer der weltweit zehn größten Unternehmensgruppen für Recycling, (Sekundär-)Rohstoffhandel und Umweltdienstleistungen. Darüber hinaus ist er Vorsitzender des Aufsichtsrates der ALBA Berlin Basketballteam GmbH. 2018 erhielt Axel Schweitzer als erster Deutscher das chinesische »Talent Visum« (»high-end foreign experts visa«). Dieses Visum wird hochqualifizierten Wissenschaftlern, technischen Fachkräften, Managern und Künstlern erteilt.

Ich habe, wie jeder andere auch, schon viele Ratschläge in meinem Leben erhalten. Manchmal habe ich mich an sie gehalten, oft aber auch nicht. Es waren vor allem die ungebetenen Tipps, denen ich mit großer Skepsis begegnet bin. Denn wer ungefragt Ratschläge erteilt, verfolgt meist nur seine eigenen Ziele, nicht aber meine. Im Leben kommt es aber vor allem darauf an, dem eigenen Weg zu folgen und sich nicht davon leiten zu lassen, was andere davon halten oder wie etwas öffentlich ankommt. Das war der beste Rat, den ich je erhalten habe. Ich war zehn Jahre alt, als mein Vater sagte: »Laufe nie in den Fußstapfen eines anderen, sonst kannst du nie der Erste sein!«

Er selbst hat gezeigt, wie erfolgreich man seinen Weg gehen kann, wenn man sich nicht beirren lässt und genügend Durchhaltevermögen hat. 1968 – als alle Welt über die Müllabfuhr nur die Nase rümpfte – gründeten er und meine Mutter mit zwei Lkw in Berlin unser Unternehmen. Seine Idee dahinter war, aus den Abfällen die Wertstoffe zurückzugewinnen. Wenn wir als Kinder – um unser Taschengeld aufzubessern – auf einer Baukippe Schrott sammelten und anschließend mit der Hilfe unseres Vaters verkauften, hörte ich oft den Satz: »Seht ihr, so viel tolle Sachen stecken noch in dem, was andere wegwerfen!« Für ihn war Abfall nicht in erster Linie Dreck und Schmutz, sondern eine Rohstoffmine. Und es war ihm egal, in vermeintlich besseren Kreisen als »Müllmann« abgestempelt zu werden.

Die vergangenen 45 Jahre haben gezeigt, wie recht er hatte. Heute trägt die Kreislaufwirtschaft in hohem Maße zur Versorgung der Industrie mit Rohstoffen bei. Recycling »Made in Germany« ist ein weltweiter Exportschlager und der am schnellsten wachsende Industriebereich in Deutschland. Mit diesem Erfolg kam auch die gesellschaftliche Anerkennung. Wenn sich heute junge Menschen bei uns bewerben, dann oft, weil sie etwas Sinnvolles und Nachhaltiges machen wollen. Ein schöneres Kompliment an unsere Branche kann ich mir nicht vorstellen.

Ich selbst habe mir in den vergangenen fast 20 Jahren, in denen ich im Unternehmen bin, den Rat meines Vaters immer wieder zu Herzen genommen. Zum Beispiel in der Wirtschaftskrise 2008/2009. Noch nie zuvor hatte ich erlebt, dass die Grundregeln der Marktwirtschaft außer Kraft gesetzt wurden, Angebots- und Nachfragekurve keinen Schnittpunkt hatten. Das war die schwierigste Zeit in unserer Unternehmensgeschichte. Aber mein Bruder Eric und ich haben trotzdem weiter an unsere Idee geglaubt. Statt aufzugeben, haben wir, zusammen mit dem kompletten ALBA-Team, das Unternehmen weiter ausgebaut. Ich bin sicher: Hätte ich die vielen ungebetenen Ratschläge beherzigt, die ich in dieser Zeit bekommen habe, gäbe es die ALBA Group heute so nicht mehr. Und niemand würde mich nach meinem Rat fragen.

Claus Seibel
Nichts ist Zufall im Leben

Claus Seibel war über 30 Jahre Nachrichtensprecher der 19-Uhr-Sendung der ZDF-Nachrichten. Er studierte Germanistik und Geschichte in Marburg, anschließend Publizistik und Theaterwissenschaft in Berlin. Beim Hessischen Rundfunk absolvierte er ein Volontariat, danach war er von 1963 bis 1970 Chef vom Dienst der Hörfunknachrichten und wurde 1970 Sendeleiter. 1970 bewarb sich Claus Seibel als Nachrichtensprecher beim ZDF und sprach im Juli seine ersten *heute*-Nachrichten. Mit der Programmreform des ZDF wurde er 1973 Redakteur im Studio und war seitdem auch inhaltlich für die *heute*-Sendung verantwortlich. Bis 2003 war er für Millionen von Zuschauern das Gesicht der 19-Uhr-Nachrichten. Claus Seibel starb 2022 im Alter von 85 Jahren.

Als ich 13 Jahre alt war, wusste ich schon, dass ich beim Rundfunk arbeiten wollte. Fernsehen gab es damals noch nicht. Mein Lieblingssender war RIAS Berlin, gesendet aus dem amerikanischen Sektor Berlins. Er brachte die besten Unterhaltungssendungen, zum Beispiel »Die Insulaner«, eine von Günter Neumann gegründete Kabarettsendung. Mir gefiel, dass man in dieser Sendung kein Blatt vor den Mund nahm. Ich bin förmlich ins Radio hineingekrochen!

Seitdem war für mich klar, dass ich zum Radio wollte. Als dann die Berufsberatung in unsere Abiturklasse kam, war auch der Hessische Rundfunk vertreten. Das Ergebnis war entmutigend: Mir wurde gesagt, dass es keinerlei reguläre Ausbildung für eine Laufbahn beim Rundfunk gäbe und dass ich mir etwas anderes überlegen sollte. Ich dachte mir aber, na, dann muss eben ich schauen, wie ich das anders hinbekomme. Da kam der Zufall ins Spiel. Ich lernte bei einer anderen Gelegenheit jemanden kennen, der im Laufe des Gesprächs erwähnte, dass er Personalchef des Hessischen Rundfunks war. Er sagte zur mir: »Übrigens, wir fangen jetzt mit Ausbildungen an, möchten Sie der erste Volontär werden?« Und so kam ich doch noch zum Radio und lernte alles von der Pike auf: erst als Volontär, später als Redakteur, als Chef vom Dienst und schließlich als Sendeleiter Hörfunk.

Meinen Wechsel vom Rundfunk zum Fernsehen habe ich ebenfalls einem Zufall zu verdanken. Freunde luden meine Frau und mich in Frankfurt zu einem Karnevalsfest ein. Dort erzählte mir ein Freund, dass in der FAZ eine Stellenanzeige stünde, in der Wolfgang Behrendt, Chefsprecher der *heute*-Nachrichten, einen Kollegen sucht. Ich bewarb mich also (zeitgleich mit 370 anderen) und bekam die Zusage! Fortan zog ich also abends feinen Zwirn und Krawatte an und sprach die Nachrichten. Später wurde ich im Zuge der Programmreform Chef vom Dienst, das heißt, ich sprach nicht nur um 19 Uhr die Nachrichten, sondern war auch als Redakteur inhaltlich verantwortlich. Die Idee des ZDF war, dass alles in einer Hand bleibt – vom Entwickeln der Sendung über das Erstellen der Texte bis zum Vortragen. Die gesamte journalistische Arbeit eben.

Rückblickend kann ich sagen: »Nichts ist Zufall im Leben!« Die zufällige Begegnung mit dem Personalchef des Hessischen Rundfunks und die lustige Kostümparty stellten die Weichen für meinen Werdegang und ließen meinen Berufswunsch in Erfüllung gehen.

Mein Tagesablauf begann immer um halb zehn Uhr morgens. Zunächst wurde eine Rückschau auf die Sendung des Vorabends gemacht, danach konzentrierte man sich vollends auf die Auswahl der Themen für die aktuelle Sendung. Aber selbst wenn der Themenplan stand, musste ich bis um kurz vor der 19-Uhr-Sendung flexibel bleiben, falls eine eilige Meldung reinkam. So war das zum Beispiel am 8. Januar 1977, als in der U-Bahn in Moskau ein Anschlag verübt wurde. Um 18:45 Uhr kam die Meldung bei uns in der Redaktion rein. Natürlich mussten wir schnell reagieren und zu den Fragen, die die Zuschauer interessierten, Informationen einholen: Wie sieht es aktuell in Moskau aus? Was ist über die Hintergründe bekannt? Die Meldung rutschte logischerweise an die erste Stelle der Nachrichten, die vorbereiteten anderen Beiträge kamen danach.

Das Spannende an meinem Beruf war vor allem, dass ich einen guten Teil der Geschichte der BRD begleitet und hautnah miterlebt habe. Ein Highlight in meiner Karriere war zweifelsohne der Mauerfall. Ich persönlich hatte mich schon viele Jahre davor mit der Ost-West-Problematik beschäftigt. Während meiner Studentenzeit war Willi Brandt Regierender Bürgermeister in Berlin. Da gab es die Mauer noch nicht, diese wurde im Jahr 1961 errichtet. Ich lebte in Westberlin, traf mich aber oft mit Studenten der Humboldt-Universität im Osten.

Unser ZDF-Korrespondent aus Ostberlin informierte uns also am legendären 9. November 1989, dass Günter Schabowski, Sekretär des Zentralkomitees der SED, eine Pressekonferenz plante. Wir sahen uns diese an. Zunächst fing Schabowski mit langweiligem DDR-Kram an. Doch gegen Ende der Pressekonferenz, um kurz vor 19 Uhr, teilte er stotternd mit, dass jeder DDR-Bürger »sofort, unverzüglich« über die Grenzübergangspunkte der DDR ausreisen dürfe.

Das hieß nichts anderes als ständige Ausreiseerlaubnis, nicht nur für Ausreisewillige, sondern für alle! Das war ein sehr bewegender Moment. Bei uns in der Redaktion entstand großer Tumult, alle rannten und redeten wie ein Hühnerhaufen wild durcheinander. Dennoch war kurz danach wieder höchste Konzentration gefragt, als die Kameras an und wir auf Sendung gingen.

Noch am selben Abend wurden die ersten Grenzübergänge von Ost- nach Westberlin geöffnet. In den folgenden Tagen zeigten wir die Bilder von DDR-Bürgern, die nach Westberlin fluteten, von Menschen, die sich in den Armen lagen, und von Feiernden auf der Berliner Mauer. Mit dieser Geschichtswende hatte niemand gerechnet. Tag für Tag habe ich nachrichtentechnisch den Mauerfall begleitet – das war gelebte Geschichte!

Ich selbst steckte emotional sehr stark in den Themen Ost-West-Konflikt, Mauerfall und so weiter. Trotzdem war es mein Auftrag, neutrale Berichterstattung zu liefern. Als Nachrichtenredakteur muss man bereit sein, dieser Aufgabe gerecht zu werden.

Im Gegensatz zu mir hatten meine ostdeutschen Kollegen, als die DDR noch bestand, keine Möglichkeit zur neutralen Berichterstattung, geschweige denn zu redaktionellen Freiheiten. Redakteure und Journalisten, die beim DDR-Fernsehen tätig waren, wurden in ihrer Arbeit streng durch die Regierungspartei kontrolliert und häufig entlassen oder bestraft, wenn sie staatskritische Beiträge brachten. Zwar gibt es die DDR jetzt nicht mehr, aber in vielen anderen Ländern der Welt ist heute die Freiheit der Berichterstattung immer noch stark eingeschränkt – eine untragbare Situation. Denn: »Die Presse muss die Freiheit haben, alles zu sagen, damit gewissen Leuten die Freiheit genommen wird, alles zu tun« (Louis Terrenoire, französischer Journalist und Politiker, 1908–1992).

Martin Siebert

Der beste Rat, den ich je ignorierte

Dr. Dr. Martin Siebert war von 2013 bis 2017 als Vorstandsvorsitzender der Rhön-Klinikum AG tätig. Nach einem Doppelstudium und Promotionen in Medizin und in Rechtswissenschaft war er zunächst als Regional- und später viele Jahre als Konzerngeschäftsführer der Asklepios-Kliniken tätig. Danach leitete er als CEO die Median-Kliniken. 2012 wurde er in den Vorstand der Rhön-Klinikum AG berufen, am 28. März 2018 wurde er als Vorstand abberufen. Der Klinikmanager und Branchenexperte übernahm zum 1. August 2019 den Vorsitz der Geschäftsführung der Paracelsus Kliniken.

Anfang der 1980er-Jahre befanden wir uns in Ostberlin mitten im Kalten Krieg. Wir lebten in einem Land ohne Freiheit, Rechte und Zukunft. Ich war damals Anfang 20 und hatte sofort nach meiner Eheschließung einen Ausreiseantrag gestellt. Danach wartete ich monatelang, jedoch vergeblich auf Antwort der Behörden.

In dieser Zeit ersann ich abenteuerliche Pläne, um das Land zu verlassen. Doch ich war nicht verwegen genug, sie umzusetzen. Vielleicht war das auch nur klug. Schließlich wollte ich – angeregt durch einen Artikel in der sowjetischen Zeitschrift *Sputnik* – mit einem selbstgebauten Hängegleiter vom Dach eines Berliner Hochhauses über die Mauer fliegen – direkt auf den Parkplatz der gegenüberliegenden *BILD*-Redaktion. Ich ließ es dann aber bleiben. Später erfuhr ich, dass ein anderer Wagemutiger die gleiche Idee hatte. Er versuchte es tatsächlich, landete aber leider auf einem Schulhof noch auf dem Gebiet der DDR. Er wurde verhaftet und eingesperrt.

Ich erwog auch, mich an solche Anwälte wie Wolfgang Vogel, Wolfgang Schnur oder Gregor Gysi zu wenden. Angeblich sollten sie in der Lage sein, humanitäre Härtefälle zu regeln. Aber waren meine Frau, meine Freunde und ich ein Härtefall? Waren wir prominent genug, um ihr Interesse zu wecken? Zudem fragte ich mich, ob man diesen Anwälten vertrauen konnte. Sie waren weder unabhängig noch neutral und galten als verlängerter Arm der Staatsmacht. Zu Recht: Gysi war Mitglied der SED, Schnur wurde später als Informeller Mitarbeiter der Staatssicherheit enttarnt.

Doch wir brauchten Hilfe. Nur von wem? Vom *Spiegel*, vom West-Fernsehen oder der Kirche? Tatsächlich bot die Kirche damals vielen Aufsässigen einen gewissen Schutz. Dort arbeitete auch meine Frau Kathrin, primär zu dem Zweck, strafrechtliche Verfolgung zu vermeiden. Ohne diese Arbeit hätten wir als Ausreisewillige leicht für asozial erklärt und in Umerziehungshaft kommen können.

Es gelang uns, mit Manfred Stolpe, damals Konsistorialpräsident der Evangelischen Kirche Berlin-Brandenburg, in Kontakt zu treten. Er verstand sich durchaus als Anwalt menschlicher Schicksale. Wir baten ihn um Hilfe und hofften, auf eine Härtefall-Liste zu kommen, die zum Bundespräsidenten weitergereicht und uns die Freiheit bringen würde. Von nun an sprachen wir etwa alle drei Monate bei Stolpe vor, der uns immer wieder Mut machte. Aber es geschah einfach nichts.

Schließlich zeichnete sich ein Ausweg ab. Ich hörte von einem Freund, dass sich gelegentlich Verzweifelte in westliche Botschaften flüchten würden. Zwar sei das strafbar, aber solche Fälle würden meist still und unbürokratisch gelöst – vorausgesetzt, sie blieben geheim. Ich war euphorisiert. Das war der Weg! Schließlich weihte ich zwei Vertraute ein. Anstatt unverzüglich zu packen, verfielen sie jedoch ins Abwägen und Grübeln. Mir aber war klar: Wenn wir von der Sache wussten, wussten es auch andere. Wenn wir nicht handelten, würden andere handeln. Täglich stieg das Risiko, dass sich dieses Schlupfloch schließen würde. Das verstanden auch meine Freunde; sie stimmten dem Plan endlich zu – doch nur unter der Voraussetzung, dass wir zuvor Stolpes Rat dazu hören würden.

Obwohl wir unangemeldet bei ihm erschienen, ließ man uns vor. Natürlich konnten wir den Plan nicht direkt ansprechen, denn wir vermuteten, dass sein Büro verwanzt war. Wir sprachen verklausuliert – Stolpe verstand uns trotzdem.

Sein Rat lautete: »Lasst es bleiben!« Damit hatten wir nicht gerechnet. Die einzige Chance, die wir hatten, schien uns zwischen den Fingern zu zerrinnen. Meine Mitstreiter wollten den Plan sofort aufgeben. Nach einer kurzen und harten Diskussion setzte ich mich am Ende jedoch durch. Vielleicht hatte den Ausschlag gegeben, dass ich den Ratschlag eines so wichtigen Mannes gnadenlos auf den Prüfstand gestellt hatte. Wir kamen zu dem Ergebnis, dass die einzig richtige Entscheidung nur lauten konnte, diesen Rat nicht zu befolgen. Jetzt mussten wir allerdings ganz schnell sein, denn wenn wir abgehört worden waren, war die Stasi alarmiert, glaubte aber vielleicht, dass wir Stolpes Rat beherzigen würden.

Sofort machten wir uns auf den Weg zur Ständigen Vertretung der Bundesrepublik. Wir konnten natürlich nicht einfach durch den Haupteingang hineinspazieren, sondern wählten einen versteckten Weg über die Hinterhöfe von Berlin-Mitte. Obwohl überall Stasi-Agenten postiert waren, gab es kein Zurück. Schließlich kam uns eine überraschende Verkehrssituation zugute: Ein Bus hielt; ein Auto fuhr beinahe auf das andere; Hupen, Hektik … Das lenkte die Stasi-Leute kurzzeitig ab, während wir im selben Moment bei der Ständigen Vertretung angelangt waren. Sofort stürzten wir auf das Gebäude zu. Es war knapp. Zuletzt mussten wir uns durch eine dort postierte Polizeikette quetschen.

Als wir endlich im Gebäude waren, nahmen uns dort schon 40 bis 50 »Besetzer« jubelnd in Empfang. In den folgenden Wochen gab es immer mehr Nachahmer. Schließlich musste der Staat dem Druck nachgeben, und es kam zu einer »Ausreisewelle«. Etwa 20 000 Ausreisewillige und andere Unbequeme durften das Land verlassen. Trotzdem hielt die Belagerung der Ständigen Vertretung an. Das wurde auch der Bundesrepublik Deutschland zu viel, die eine Belastung der diplomatischen Beziehungen befürchtete. Sie erschwerte den Zugang zur Botschaft drastisch.

1989 wurde die Methode jedoch im größeren Maßstab wiederbelebt: Tausende DDR-Bürger hatten sich in der Botschaft der Bundesrepublik in Prag versammelt, wo der damalige Außenminister Hans-Dietrich Genscher mit den später berühmt gewordenen Worten den Grundstein für die Maueröffnung legte. Und so hat auch unsere Entscheidung, einen wichtigen Ratschlag nicht zu befolgen, indirekt und in bescheidenem Umfang zum Zusammenbruch der Diktatur beigetragen.

Zweifellos haben mir diese Erfahrungen auch in meinem beruflichen Leben geholfen. Im Vergleich zu jenen Erlebnissen wirkten andere Herausforderungen oft machbar und nebensächlich. Jedenfalls hatte ich selten Furcht. Ich wusste: »Man kann nicht immer gewinnen. Aber man kann gewinnen!«

Jim Sinegal
Zeigen, nicht reden

James D. (Jim) Sinegal ist Mitgründer der US-Großhandelskette Costco Wholesale. Costco Wholesale ist an der NASDAQ gelistet und beschäftigt weltweit rund 288 000 Mitarbeiter (im Geschäftsjahr 2020/2021). Jim Sinegal war von 1993 bis 2012 Chief Executive Officer des Unternehmens. Er trat 2012 als CEO zurück und zog sich 2018 aus dem Aufsichtsrat zurück.

Vor ungefähr 40 Jahren wurde ich Vizepräsident bei FedMart, einem Discounter. Ich habe mit 18 angefangen zu arbeiten. Der Firmengründer, Sol Price, hat mir etwas sehr Einfaches, aber auch sehr Wahres beigebracht: Wenn du dir schon die Mühe machst, jemanden einzustellen, dann deshalb, weil du die Arbeit nicht selbst erledigen kannst – also zeigst du ihnen am besten, wie du es machen würdest.

Sol hat uns Tag und Nacht »erzogen«. Er ging zum Abendessen nach Hause und kam dann zu den Lagerhallen zurück. Wenn er ein Stück Abfall auf dem Boden sah, hob er es auf. Wenn er sah, dass ein Display zu hoch oder ein Gang nicht breit genug war, brachte er es in Ordnung. Wir als Angestellte wurden jeden Tag auf die Probe gestellt, und wenn wir etwas falsch machten, zeigte er uns immer, wie man es richtig macht. Manche Leute glauben, man sollte etwas nur ein einziges Mal sagen. Ich hingegen glaube, eine Botschaft kommt am besten an, wenn man sie jeden Tag aufs Neue vermittelt. Deshalb gehe ich auch immer durch die Etagen verschiedener Costcos und unterhalte mich mit den Angestellten über ihre jeweiligen Arbeiten. Nicht nur, weil ich so gern die Kassen klingeln höre! Sol hat mir beigebracht, dass ein guter Manager auch ein guter Lehrer sein muss. Viele hochintelligente Leute verlieren das aus den Augen.

Ulrich Spiesshofer

Höre zu, analysiere akribisch – und blicke nicht zurück

Ulrich Spiesshofer ist Senior Advisor bei der Investmentgesellschaft Blackstone. Davor war er von 2013 bis 2019 CEO der ABB-Gruppe. Der gebürtige Baden-Württemberger ist seit 2005 Mitglied der Konzernleitung von ABB. Zu Beginn war er als Leiter der Konzernentwicklung für die Bereiche Strategie, Fusionen und Übernahmen, Supply Chain Management und Operational Excellence verantwortlich und leitete anschließend die Division Industrieautomation und Antriebe des Technologiekonzerns. In früheren Jahren hatte Spiesshofer, der unter anderem einen Master-Abschluss in Business Administration und Engineering hält und promovierter Wirtschaftswissenschaftler ist, bei Roland Berger Strategy Consultants sowie A.T. Kearney als Partner gearbeitet.

»Höre zunächst zu und lerne, dann führe stetig, ohne zurückzuschauen«, so lautet in Kurzform der wichtigste Rat, den ich in meiner Berufslaufbahn erhielt – und zwar vom früheren Unternehmenschef von A. T. Kearney, Fred Steingraber. Zu diesem Zeitpunkt unternahm ich bei dieser internationalen Unternehmensberatung gerade meine ersten Karriereschritte. Deshalb beeindruckte es mich tief, dass der wichtige CEO ein paar von uns jungen, Erfolg versprechenden Führungskräften zu einem Treffen eingeladen hatte – und sich Zeit nahm, uns wichtiges Wissen für unser zukünftiges Berufsleben zu vermitteln.

Steingrabers zentraler Rat lässt sich universell anwenden. Es ist immer – besonders aber in komplexen Situationen – sinnvoll, den relevanten Personen genau zuzuhören, sich möglichst umfangreiche Informationen und Daten zu verschaffen, alle Aspekte abzuwägen und sich dann selbst ein fundiertes Urteil zu bilden. Nur wer so vorgeht und hektische Schnellschüsse vermeidet, kann sämtliche Aufgaben wirksam und nachhaltig erfüllen. Das so geschaffene Fundament gibt einem bei den oft schwierigen Entscheidungen mit großer Tragweite die nötige Sicherheit und den erforderlichen Rückhalt. Und – laut dem letzten Teil des Ratschlags – dieser Ansatz ermöglicht, nicht zurückschauen zu müssen, um etwaige Fehler aus früheren Phasen erst später zu erkennen oder gar korrigieren zu müssen.

Ich bin fest überzeugt, dass dieser Rat Grundlage dafür ist, wirklich gut zu führen. Erst die solide Entscheidungsbasis und das Wissen, die nötigen Fakten parat zu haben, gibt einem die Sicherheit, auch unpopuläre Entscheidungen zu treffen und durchzuhalten – und dem Bereich, für den man zuständig ist, ein eigenes Muster, eine eigene Prägung zu geben.

Ein gutes Beispiel sind hier größere Unternehmenstransaktionen, etwa Fusionen oder Übernahmen. Hier muss man den konkreten Zielzustand vor Augen haben, muss einschneidende Entscheidungen treffen, hartnäckig an dem Projekt dranbleiben. Das geht nur mit der skizzierten Vorgehensweise.

Ich konnte den Rat während vieler Stationen meines Berufslebens sehr gut umsetzen. Etwa nach meinem Antritt bei ABB oder später, als ich den CEO-Posten übernahm. Gleich zu Anfang habe ich mir wirklich Zeit genommen, die Struktur, die Kultur und die Denkmuster des Unternehmens kennenzulernen und zu verstehen. Nachdem ich an die Unternehmensspitze berufen wurde, habe ich mit vielen Mitarbeitern in unterschiedlichsten Ländern und Funktionen gesprochen und intensiv zugehört. Ich fragte, welche Chancen und Verbesserungsmöglichkeiten sie sehen, welche Probleme und Risiken? Insgesamt habe ich dafür sicher Hunderte von Stunden eingesetzt – und die waren gut investiert. Nur so konnte ich das Wesen von ABB aus einer 360-Grad-Sicht verstehen und die Bereiche, die vor Herausforderungen standen, erkennen, um dann eine Lösung zu entwickeln. Wenn ich damals nicht so genau zugehört hätte und mir ein schlüssiges Bild hätte machen können, wäre es sicher nicht gelungen, das Unternehmen durch die unerlässliche, tiefgreifende Transformation zu führen.

Ich möchte hier aber auch einen zweiten wichtigen Rat meines Lebens nicht unerwähnt lassen, weil er sehr gut zum Thema »Zuhören« passt. Er stammt von meiner Großmutter, die mir sagte: »Uli, pass auf, du bist geboren mit zwei Ohren und einem Mund. Setz deine Zeit entsprechend ein.«

Oliver Stoldt

Gib immer mehr, als von dir erwartet wird

Oliver Stoldt ist Inhaber und Geschäftsführer der Premium Conferences Group, der führenden Agentur in der Schweiz für Konferenzen, Seminare, Meetings und Wirtschaftssymposien, die auch Dependancen in Deutschland, den USA und Singapur hat. Daneben ist er CEO der MICE Service Group, einer Agentur im D-A-CH-Bereich für das Konzipieren, Suchen und Buchen von Tagungen, Meetings und Konferenzen. Nach dem Hotel-Management-Studium an der Cornell University in Ithaca/New York und verschiedenen Positionen bei CNN in Atlanta und in der internationalen Hotellerie kam er 1999 in die Schweiz zurück. Dort hatte er mehrere Direktionsposten in der Schweizer Top-Hotellerie inne und wurde 2002 zum innovativsten Hotelier der Schweiz gewählt. Oliver Stoldt gründete das Internationale Alpensymposium, den Swiss Distribution Day und das Digital Economic Forum.

2007 besuchte ich das World Business Forum in New York City. Die Veranstaltung an sich ist schon sehr beeindruckend: Sie findet jährlich in der Radio City Music Hall mit etwa 5000 Teilnehmern statt. Aber bei meinem damaligen Besuch hat mich besonders der Auftritt von Jack Welch beeindruckt. Diese US-amerikanische Managementlegende sprach über seine Führungsprinzipien, mit deren Hilfe er General Electric zu einem überaus erfolgreichen Unternehmen machte. Er sagte sinngemäß, dass man immer mehr geben soll, als tatsächlich erwartet wird. Jack Welch nennt das »overdelivery«. »Always overdeliver« ist seither das Motto, nach dem ich meine Unternehmen leite, und war mit Abstand der beste Rat, den ich je erhalten habe.

Da ich aus der Top-Hotellerie komme, war mir dieses Prinzip in gewisser Weise schon vertraut, da man ja auch dort versucht, dem Gast immer mehr zu bieten, als er erwartet, und ihn so positiv zu überraschen. »Overdelivery« sollte aber in allen Branchen und sogar in allen Lebensbereichen angestrebt werden, denn damit kann man Kunden begeistern und auch seine Mitmenschen positiv stimmen. Ich habe mir dieses Prinzip zu eigen gemacht und halte auch meine Mitarbeiter dazu an. Wer überdurchschnittlich erfolgreich sein will, muss ständig überdurchschnittliche Leistung abliefern und die Er-

wartungen der Kunden übertreffen. Mit Hilfe dieses Prinzips ist es uns gelungen, sogar das vor dem Konkurs stehende Unternehmen Swiss Sales Conferences zu retten und zum Erfolg zu führen. Ich kaufte das Unternehmen 2009, in der Zeit der Wirtschaftskrise, als die Unternehmen immer weniger Veranstaltungen buchten. So mancher hielt dies für ein gewagtes Unterfangen, und das war es auch. Aber ich hatte den Mut, das Unternehmen zu übernehmen, weil ich weiß, dass ich ein fundiertes Know-how über Konferenzveranstaltungen habe. Und das bringt mich zu einem weiteren wichtigen Erfolgsprinzip: »Tu mutig das, was du wirklich kannst.« Der Mut, Swiss Sales Conferences zu kaufen, hat sich ausgezahlt: Als wir die Firma 2009 übernahmen, wickelte sie weniger als 180 Veranstaltungen ab, 2014 waren es dann 1135. Wir haben in einer schwierigen Zeit auch Premium Speakers gegründet, die Konferenz-Arena aufgebaut, Premium Trainers an den Start gebracht und uns international aufgestellt. Im April 2014 übernahmen wir in Berlin die MICE Service Group und verdreifachten das Konferenzbusiness auf einen Schlag. All das konnte gelingen, weil wir unermüdlich gearbeitet und immer mehr geliefert haben, als unsere Kunden und Partner erwarteten. Ja, wir haben sogar immer mehr geliefert, als der gesamte Markt erwartet hat.

Elke Strathmann
Raus aus der Komfortzone

Elke Strathmann wurde 2015 zur Aufsichtsrätin der MLP Finanzdienstleistungen AG und 2016 zur Aufsichtsrätin der Kao Corporation bestellt. Zuvor war sie Mitglied des Vorstands und Arbeitsdirektorin der Continental AG. Elke Strathmann war Vizepräsidentin in der Bundesvereinigung der Deutschen Arbeitgeberverbände (BDA).

Mein Rat richtet sich an junge Talente und resultiert aus einer mir häufig gestellten Frage: »Wie wird man Vorstand in einem DAX-Konzern?« Klar gibt es darauf nicht die »eine« Antwort. Die Wege in den Vorstand sind so unterschiedlich wie die Charaktere der Personen, die einen Vorstandsposten bekleiden. Wenn ich aber das mir wichtigste Erfolgsrezept benennen müsste, dann lautet mein Rat: »Raus aus der Komfortzone!«

Wer die Komfortzone verlässt und die Herausforderung sucht …

… steckt die eigenen Grenzen weiter und bekommt einen breiteren Horizont. Wer sich immer wieder in neue Themenfelder wagt, den Weg ins Ausland nicht scheut und neue Kulturen und Sprachen lernt, bewegt sich kontinuierlich vorwärts. Junge Kollegen, die in zehn Jahren in zwei Ländern, drei Branchen und drei Berufsfeldern gearbeitet haben, besitzen mehr Berufserfahrung als manches Urgestein, das seit 30 Jahren denselben Job macht. Wer etwas bewegen will, muss sich also zunächst selbst bewegen.

… zeigt Mut, auch einmal gegen den Strom zu schwimmen. Menschen mit Profil sind gefragt – nicht nur bei Continental. Fortschritt beginnt damit, Bestehendes zu hinterfragen. Damit macht man sich nicht immer nur Freunde. Ja-Sager sind deutlich bequemer als Warum-Frager, aber nur Letztere erzielen Wirkung.

… ist bereit, Fehler zu machen und daraus zu lernen. Häufig gilt: je mehr Routine desto weniger Fehler. Die Abwesenheit von Fehlern ist ein sicheres Indiz, dass man sich in der Komfortzone befindet und das Lernen fast aufgehört hat. Ich habe im Laufe meiner Karriere einige Fehler gemacht und bin mir sicher, dass ich dadurch gewachsen und besser geworden bin.

Nicht jeder, der meinen Rat beherzigt, wird damit automatisch den Weg in den Vorstand finden. Dazu gehört nicht zuletzt auch eine Portion Glück. Aber wer sich regelmäßig aus der Komfortzone traut und Neues wagt, hat sich auf den richtigen Weg begeben. Nichts zu riskieren ist schließlich das größte Risiko.

Eva-Maria Strobel

Stoß dich nicht daran, dass du anstößt, und stehe dazu, dass du anders bist und denkst

Eva-Maria Strobel studierte Jura in der damaligen deutschen Hauptstadt Bonn und Law & Economics an den Universitäten von Hamburg, Gent (Belgien) und Leiden (Holland). Sie ist Partnerin bei Baker McKenzie, einer der weltweit führenden Kanzleien im Wirtschaftsrecht. Eva-Maria Strobel ist Mitglied in der globalen Intellectual Property & Technology (IPTech) Practice Group von Baker McKenzie und leitet das IPTech-Team in der Schweiz sowie im Wirtschaftsraum EMEA. Regelmäßig veröffentlicht sie in renommierten juristischen Publikationen vielbeachtete Beiträge zu Themen des internationalen Immaterialgüterrechts. The Legal 500, Chambers Europe und andere renommierte Institutionen zeichnen Eva-Maria Strobel als eine der führenden Markenanwältinnen in der Schweiz aus. Managing IP zählt sie 2021 und 2022 zu den »Top 250 Women in IP« weltweit.

Ursprünglich wollte ich in den diplomatischen Dienst gehen oder – präziser ausgedrückt – Botschafterin werden. Ich entschied mich mit Hinblick auf dieses Ziel für ein Jurastudium, da es bei erfolgreichem Abschluss die Ausbildung für den diplomatischen Dienst von drei auf zwei Jahre verkürzt. Ein internationales Tätigkeitsfeld war von jeher mein Wunsch. Während mir die Aufgaben im juristischen Studium – das analytische Vorgehen, das Erarbeiten von Strategien und Lösungen – große Freude bereiteten, wurde mir zunehmend klar, dass der diplomatische Dienst mit seinen bürokratischen Strukturen doch nicht das Richtige für mich sein würde. Ich bin eher ein Freigeist und will kreativ Lösungen nach eigenem Gutdünken erarbeiten. Als ich ein Praktikum bei einer Tochtergesellschaft von RTL absolvierte, machte mich der Geschäftsführer, seines Zeichens selbst Jurist, mit seinem Aufgabenbereich vertraut. Während eines Praktikums in einer Bonner Kanzlei, die unter anderem auf Immaterialgüter- und speziell Markenrecht spezialisiert war, kam ich dann mit diesem Rechtsgebiet in Berührung und bemerkte, dass es viele internationale Aspekte beinhaltet. So kam es, dass ich heute zwar nicht Botschafterin bin, aber dennoch in einem Bereich arbeite, der mir entspricht und in dem meine Fähigkeiten und Kenntnisse am richtigen

Platz eingesetzt werden können. Auch meine unabhängig denkende Persönlichkeit kann sich hier entfalten.

Dass ich zu so einem »Freigeist« wurde, wie ich es nenne, liegt sicher auch an meiner Kindheit und Jugend. Ich kam als Kind mit meinen Eltern nach Deutschland und wuchs mit einem Migrationshintergrund auf. Das unterschied mich von vielen meiner Mitschüler, und die Tatsache, dass meine Eltern Künstler und Musiker waren, trug zu diesem »Anderssein«, wie ich es empfand, zusätzlich bei. Bei uns zu Hause ging es immer sehr international zu, mit Gästen aus aller Welt und Essen aus aller Herren Länder. Während ich es durchaus genoss, in einem solchen Umfeld aufzuwachsen, wollte ich gleichzeitig natürlich – insbesondere in der Pubertät – so sein wie die Gleichaltrigen um mich herum. Ich bemühte mich, wie sie zu sein, wie sie zu denken. So recht wollte mir das nicht gelingen und ich merkte, wie sehr mich dieses Bestreben anstrengte. Wahrscheinlich auch inspiriert von Bemerkungen meiner Eltern wuchs nach und nach in mir die Erkenntnis, dass es nicht schlimm ist, anders zu sein. Im Gegenteil: Es bereichert mein Leben und das meiner Mitmenschen. Und obwohl das bis dahin niemand jemals wörtlich zu mir gesagt hatte, formulierte ich für mich das Motto: »Stoß dich nicht daran, dass du anstößt, und stehe dazu, dass du anders bist und denkst.« Als Jahrzehnte später eine Coachin etwas ganz Ähnliches zu mir sagte, hatte sich dieses Credo längst in mir verfestigt.

Bis heute hilft mir dieser Rat, den ich mir letztendlich selbst gab und den ich gerne weitergebe. Denn als Equity Partnerin bei Baker McKenzie in der Schweiz bin ich die einzige Frau unter 16 Männern. Seit jeher habe ich mich geweigert, mich davon beeinflussen zu lassen und mich beispielsweise so zu kleiden, wie es eigentlich von mir erwartet wird. Ich mag nicht Teil dieser schwarz-grauen Masse sein, die in manchen Kanzleien vorherrscht. Ich liebe farbenfrohe Kleidung und wüsste nicht, wieso ich mir diese ausreden lassen sollte. Ich erinnere mich an eine Situation zu Beginn meiner Laufbahn, als ich zu einem wichtigen Termin in einem bunten Blazer erschien. Die Kollegen, selbst allesamt in dunklen Anzügen gekleidet, zogen merklich die Augenbrauen hoch und ein Kollege konnte sich nach dem Gespräch die Bemerkung nicht verkneifen, er könne doch hoffentlich davon ausgehen, dass ich zum nächsten Termin in angemessener Kleidung – also in gedeckten Farben – erscheinen werde. Nein, davon konnte man nicht ausgehen.

Es macht mir nichts mehr aus, wenn ich hie und da als »anders« gelte. Und ich gebe den jungen Nachwuchskräften, insbesondere den Frauen, auch immer den Rat, sich nicht daran zu stoßen, wenn sie anstoßen. Nach wie vor haben es Frauen schwer, in Top-Positionen zu kommen – ob sie sich nun anpassen oder nicht. Erst wenn es genügend Frauen in Toppositionen gibt, wir also eine gewisse kritische Masse erreicht haben, wird es leichter werden. Aber bis dahin ist es noch ein langer Weg! Zu ihrem eigenen Vorteil müssen Unternehmen Frauen gezielt fördern und in sie investieren. Frauen repräsentieren oftmals mindestens die Hälfte der Zielgruppen, die Unternehmen ansprechen, und sollten daher die Unternehmensentscheidungen auch entsprechend beeinflussen. Frauen verfügen außerdem über besondere, »andere« Fähigkeiten im Vergleich zu Männern und bringen vielfältige Perspektiven in den Entscheidungsprozess ein. Auch kann man die ausgeprägten organisatorischen Fähigkeiten sowie die große Effizienz von berufstätigen Müttern gar nicht hoch genug einschätzen. Dieses Potenzial sollten Unternehmen dringend für sich nutzen, auch wenn es dann vielleicht gilt, »andere« Arbeitszeitmodelle und Vorgehensweisen zu etablieren. Da erfreulicherweise auch immer mehr junge Männer eine bessere Vereinbarkeit von Familie und Beruf für sich einfordern, müssen sich die Verhältnisse in Unternehmen sowieso ändern. Daher kann ich den jungen Frauen und Männern nur raten, diese Veränderungen einzufordern und ihren Berufsweg gleichzeitig konsequent zu gehen. Damit immer mehr Personen in Toppositionen und in der Gesellschaft generell klar wird, dass es nicht nur in Ordnung ist, wenn jemand anders ist und anders denkt, sondern sogar von Vorteil. So wird es dann hoffentlich auch möglich, dass insbesondere junge Frauen mit Kindern sich nicht mehr daran stoßen (müssen), wenn sie anstoßen.

Gloria von Thurn und Taxis

Lerne, Gottvertrauen zu haben

Gloria von Thurn und Taxis, geborene Gräfin von Schönburg-Glauchau, verwaltet seit dem Tod ihres 1990 verstorbenen Ehemannes Johannes von Thurn und Taxis das Gesamtvermögen des Hauses Thurn und Taxis. Die Tochter eines Rundfunk-Journalisten und Auslandskorrespondenten wuchs in Togo und Somalia auf, bevor die Familie 1970 nach Deutschland zurückkehrte. Sie war von 1980 bis 1990 mit Johannes von Thurn und Taxis verheiratet. Die Mutter von drei Kindern ist bekennende Katholikin und engagiert sich in mehreren christlichen und sozialen Institutionen, unter anderem bei der Bayerischen Stiftung Hospiz.

Als ich 19 Jahre alt war, lebte ich in München, hatte einen schönen Job in einem Münchner Auktionshaus und einen großen Freundeskreis. Eine kleine Wohnung teilte ich mir mit einem Freund, der nachts arbeitete, sodass wir uns nur am Wochenende begegnet sind und die Wohnung unter der Woche fast jeweils jeder für sich hatte. Ich hatte allen Grund, zufrieden zu sein. Und doch spürte ich eine große Leere in mir. Irgendwie war ich doch nicht zufrieden, aber was wollte ich eigentlich? Genau das wusste ich nicht und das machte mich sehr unglücklich.

Da erinnerte ich mich an den guten Rat meiner Großtante, mich Gott anzuvertrauen und ihm meine Sorge, bildlich gesprochen, unters Kreuz zu legen. »Zeig Du mir den Weg«, war die Formel, die ich immer benutzt habe. Bei meiner Großtante Elisabeth von Schönburg-Glauchau, der Schwester meines Großvaters, durfte ich als Kind immer die Ferien verbringen. Sie hatte mir schon früh klar gemacht, dass wir nicht alles kontrollieren können, aber wir können alles im Gebet begleiten. Das Leben hält für uns alle viele Überraschungen bereit. Oft sind sie schön, aber leider erwartet einen auch manch Negatives. Dafür muss man gewappnet sein. Was hilft einem viel Geld und Erfolg, wenn schon ein leichter Windstoß – im übertragenen Sinne gesprochen – einen aus der Bahn werfen kann? Gerade tüchtige und erfolgreiche Menschen werden häufig wegen eines Burn-out-Syndroms behandelt. Ängste sind ein verbreitetes Phänomen. Die Schutzmechanismen, die ein fest verankerter Glaube aufbauen kann, können nicht hoch genug eingeschätzt werden.

Dieses Gottvertrauen und der damit verbundene Grundsatz, anzunehmen, was das Schicksal bringt, prägt mein Leben und mich bis heute. Letztendlich war es auch so an dem Nachmittag, der wegweisend für mein weiteres Leben war. Ich war mit meinen beiden Freunden Ferdinand und Ludwig im Szenecafé Reitschule verabredet, um von dort aus zu einem Konzert von Supertramp zu gehen. Johannes von Thurn und Taxis kam an unserem Tisch vorbei. Ferdinand und Ludwig, die ihn gut zu kennen schienen, luden ihn ein, sich auf einen Drink zu uns zu setzen. Die Unterhaltung verlief so angeregt und lustig, dass wir alle drei unseren geplanten Konzertbesuch fast vergessen hätten. Als Ferdinand und Ludwig auf die Uhr sahen, wollten sie rasch los, um das Konzert nicht zu verpassen. Johannes, dem es mit uns gefallen hatte, fragte mich, ob ich nicht Lust hätte, ihn zum Abendessen zu begleiten, statt ins Konzert zu gehen. Ein Abendessen mit ihm fand ich ein wesentlich interessanteres Vorhaben als das Konzert und ich war sofort einverstanden. So zogen Ferdinand und Ludwig ab, nicht ohne sich mit uns in einem anderen Szenetreff für den späten Abend zu verabreden.

So ging ich mit Johannes zum Abendessen. Dies war der Anfang eines großen Lebensabenteuers, der Beginn einer großen Liebe, die in eine wunderbare Ehe mündete. Es wurden uns drei großartige, gesunde Kinder geschenkt, die uns zehn Jahre lang gemeinsam begleitet haben. Darüber hinaus hatten wir zusammen ein sehr abwechslungsreiches Leben mit vielen ausgedehnten und sehr lehrreichen Reisen, bei denen ich viele, unglaublich verschiedene Menschen aus allen Lebensbereichen kennenlernen durfte.

Natürlich gab es in dieser Beziehung viele Höhen und Tiefen, nicht nur wegen des Altersunterschiedes, sondern natürlich auch wegen unserer starken Temperamente. Immer dann, wenn es schwierig wurde, habe ich auf den Rat, Gott die Zügel meines Lebens in die Hand zu geben, vertraut. Das hat immer gut funktioniert und mir durch schwierige Phasen geholfen, gerade auch in der traurigen und herausfordernden Zeit nach Johannes' Tod, als ich nicht nur mit meiner Trauer fertig werden musste, sondern auch als Mutter und Unternehmerin sehr gefordert war. Letztendlich konnte ich alles meistern und in gute Bahnen lenken. War das Zufall oder die Frucht meiner tiefen Ergebenheit dem Schöpfer, dem unbeweglichen Beweger, dem lieben Gott gegenüber? Ich würde sagen, mein Gottvertrauen hat mir stets geholfen. Den kostbaren Rat, auf Gott zu vertrauen, gebe ich also gerne weiter, weil es der beste Rat war, den man mir je gegeben hat.

Peter P. Tschirky

Kraft durch Glauben, Glauben durch Kraft

Peter P. Tschirky war von 2007 bis 2017 Chief Executive Officer der Grand Resort Bad Ragaz AG im Schweizer Kanton St. Gallen, zu der die beiden Grandhotels Quellenhof Spa Suites sowie Hof Ragaz gehören. 2017 gründete er die Tschirky Hospitality Advisory, ein Beratungsunternehmen für die Hotellerie und Tourismusbranche. Nach Abschluss der Hotelfachschule startete der gelernte Koch seine Karriere als Controller im Bereich Food & Beverage des US-amerikanischen Beherbergungskonzerns Hilton und schloss daran eine Tätigkeit als Executive Assistant im Bahrein Sheraton an. Danach führte ihn sein Weg nach Mallorca, wo er in verschiedenen Positionen arbeitete, zuletzt als geschäftsführender Vorstand der Arabella Hoteles e Inversiones de Espana. Für diese Gruppe war er in verschiedenen internationalen Führungspositionen tätig, unter anderem in Spanien und Südafrika.

Obwohl meine Eltern eigentlich einen völlig anderen Weg für mich vorgesehen hatten, gaben sie mir einen Rat auf den Weg, der es mir letztlich ermöglichte, mein persönliches Ziel zu erreichen. Dieser lautete: »Wenn man fest an etwas glaubt, bringt man auch die nötige Kraft auf, das Angestrebte zu erreichen. Umgekehrt ist es aber auch so, dass der Glaube an das eigene Tun gestärkt wird, wenn man spürt, dass man die Kraft hat, auch schwierigste Aufgaben zu meistern.«

Der ursprüngliche und naheliegende Plan meiner Eltern war, dass ich den Bauernhof der Familie im kleinen Bergdorf Weisstannen übernehmen sollte. Aber ich fühlte mich nicht zum Landwirt geboren, es zog mich in die weite Welt hinaus. Schon recht früh in meinem Leben, mit etwa 15 oder 16 Jahren, erkannte ich, dass die Hotellerie für einen jungen Menschen mit Fernweh ein geeignetes Berufsfeld darstellt. Doch mir bedeutete Hotellerie noch viel mehr, sie war Vorsehung und Berufung zugleich. Als ersten Schritt absolvierte ich eine Lehre zum Koch. Danach verdiente ich mir mit unterschiedlichen Jobs, unter anderem auch in Großbritannien, etwas Geld und legte es eisern zurück – um die Hotelfachschule bezahlen zu können. Mentoren und finanzielle Unterstützung hatte ich ja nicht. Weil ich die Finanzierung der Hotelfachschule erst selbst aufbringen musste, war ich schon etwas älter als die anderen, als ich dort anfangen konnte. Ich habe mich dafür aber umso mehr ins Zeug gelegt und schloss die Ausbildung als einer der besten Schüler ab.

Diese anstrengenden Jahre konnte ich nur deshalb ohne physische oder psychische Blessuren überstehen, weil ich stets fest das Ziel vor Augen hatte, einmal General Manager eines Fünfsternehotels zu sein. Das war das übergeordnete Ziel, es ging nicht um die damit verbundenen Verdienstmöglichkeiten und auch nicht um das »Karriere machen« als Selbstzweck. Ich habe meine Wunschposition dann übrigens mit gerade einmal 34 Jahren in einem Haus in Spanien erreicht. Natürlich hat es auf diesem Weg immer wieder Rückschläge und bremsende Zwischenstationen gegeben, die ich aber wegstecken oder überstehen konnte, weil ich unverrückbar an mein Ziel glaubte. Selbst Kündigungen, die ich erhalten habe, konnte ich gut verdauen. Danach ging es sogar oft noch schneller die nächsten Stufen der Karriereleiter nach oben.

Ich bin auch davon überzeugt, dass durch diesen festen Glauben an mich selbst immer wieder Menschen in mein Leben getreten sind, die mich unterstützt und gefördert haben. So ermunterte mich beispielsweise ein ehemaliger Kollege relativ am Anfang meiner Karriere, als ich Controller im Bereich Food & Beverage war, bewusst das Gespräch mit wichtigen Personen aus dem Management des Hotels zu suchen und keine Hemmungen zu haben, meine eigenen Fähigkeiten zu präsentieren.

Selbst wenn es vordergründig mal nicht so gut läuft, kann das im Nachhinein ein regelrechter Segen sein. Bei einer meiner beruflichen Stationen in Bahrain etwa, arbeitete ich für den dortigen Emir. Ich organisierte Bankette oder Empfänge für ihn, und wir hatten einen sehr engen Kontakt. Allerdings missfiel mir, wie dort die anderen, untergeordneten Angestellten behandelt wurden. Auch war es mir ein Dorn im Auge, dass die Ausstattung im Palast des Emirs für die Umsetzung solcher Großevents völlig unzulänglich war. Als ich einmal heftig darüber fluchte, kam das dem Emir zu Ohren. Er sprach mich später darauf an und schlug mir vor, seinen Palast umzubauen. Mit derartigen Projekten hatte ich zu diesem Zeitpunkt keinerlei Erfahrung, aber mit der Hilfe anderer Spezialisten gelang es mir, das Vorhaben mit einem sehr guten Ergebnis umzusetzen. Das war der Einstieg für mich in die Bautätigkeit und Bauaufsicht für zahlreiche internationale Hotelprojekte, die mich sehr erfüllten und auch weiterbrachten. Schließlich zog ich auf Mallorca sogar mein eigenes Hotel hoch.

Ted Turner
Fang jung an

Robert E. (Ted) Turner ist einer der erfolgreichsten Medienunternehmer der Welt. Er schuf in drei Jahrzehnten aus der kleinen Werbefirma seines Vaters ein Medienimperium. Er gründete den Nachrichtensender CNN und über ein Dutzend weiterer Kabelkanäle. Er verkaufte sein Unternehmen Turner Broadcasting im Jahr 1996 für 7,4 Milliarden US-Dollar an Time Warner. Nach der Übernahme lenkte er dort das TV-Geschäft. Für seine Leistungen als Medienunternehmer wurde Ted Turner unter anderem mit einem Stern auf dem Walk of Fame auf dem Hollywood Boulevard geehrt.

Der beste Rat, den ich je bekommen habe, stammte von meinem Vater. Als ich zwölf war, sagte er mir, ich solle in seiner Plakatwerbefirma arbeiten. Ich arbeitete 42 Stunden die Woche, wie ein Erwachsener. Den ersten Sommer arbeitete ich als Laufbursche und half den Bauarbeitern. In den nächsten zwölf Sommerperioden arbeitete ich jedes Jahr in einem anderen Bereich. Ich lernte Verkauf und Leasing. Ich konnte Werbeplakate zeichnen und Rechnungen versenden. Mein Vater erklärte mir, wie die Geschäftswelt funktionierte – dass ein gutes Geschäft von guten Arbeitgeber-Arbeitnehmer-Beziehungen, einer einsatzfreudigen Führung und davon abhängt, Gewinne zu machen und wieder zu investieren. Als ich 21 war und anfing, Vollzeit im Unternehmen zu arbeiten, war ich bereit. Er starb drei Jahre später, als ich 24 war, und ich konnte die Firma problemlos übernehmen. Die Leute waren sprachlos, als sie sahen, wie erfolgreich ich war. Ich hatte den besten Wirtschaftsunterricht bekommen, den man sich vorstellen kann.

H. Werner Utz

Vorbildlich führen mit Blick auf das Essenzielle

Dr. H. Werner Utz ist seit 2016 Aufsichtsratsvorsitzender der Ulmer Uzin Utz AG. Davor leitete er 36 Jahre als Vorstandsvorsitzender die Aktivitäten des Unternehmens und entwickelte es vom regionalen Klebstoffhersteller zum weltweit agierenden Hersteller von Bodensystemen. 2018 traten seine Söhne Julian und Philipp Utz in seine Fußstapfen und wurden zu Vorstandsmitgliedern der Gesellschaft bestellt. Der promovierte Betriebswirt H. Werner Utz trat nach dem Studium der Betriebswirtschaftslehre sowie vierjähriger wissenschaftlicher Mitarbeit am Lehrstuhl Wirtschafts- und Organisationswissenschaften der Universität München und dortiger Promotion 1978 in das väterliche Unternehmen ein.

Als ich 1978 in das Familienunternehmen eintrat, fielen mir auf Anhieb die beengten Büroverhältnisse ins Auge. Für einige Mitarbeiter gab es durch Glaswände abgetrennte Büros in der Größenordnung von vier bis fünf Quadratmetern. Daher begann ich sogleich mit großem Eifer die Erweiterungsplanung des Verwaltungsgebäudes. Aufgrund der damals angespannten finanziellen Lage, bedurfte ich hierbei jedoch der Unterstützung seitens der Bank. Der Bankvorstand hörte sich mein Anliegen ruhig an und gab mir daraufhin den Rat, zur Belebung des Geschäfts, allem voran den Vertrieb in die richtigen Bahnen zu lenken und in Innovationen zu investieren – und erst danach an den Anbau zu denken. Zunächst zwar enttäuscht, nahm ich diesen Hinweis gerne an.

Für diesen klugen Ratschlag bin ich noch heute sehr dankbar. Denn es ist essenziell, zuerst in die wichtigste Resource eines Unternehmens zu investieren: den Menschen, der durch seine Kompetenzen und Stärken den Unternehmenserfolg erst ermöglicht. Dass diese Entscheidung richtig war, beweist auch unsere heutige Wettbewerbsposition. Die Uzin Utz AG ist einer der führenden Anbieter von Gesamtlösungen in der Welt der professionellen Bodenverlegung. Dank der Innovationskraft unserer Mitarbeiter, Kunden und Lieferanten als einer der wichtigsten Triebfedern unseres Unternehmens, schaffen unsere Lösungen Mehrwert und bewegen die Branche. Wir legen damit einen wichtigen Grundstein für den Geschäftserfolg unserer Kunden.

Junge Manager sollten meiner Meinung nach immer im Hinterkopf behalten, dass Unternehmensführung langfristiges, nachhaltiges Denken erfordert, aber auch konsequentes Handeln – nicht zuletzt, um die Glaubwürdigkeit gegenüber den Mitarbeitern zu bewahren. Dieses überzeugte Handeln muss allen Mitarbeitern kommuniziert werden und auch nachvollziehbar sein. Denn nur wenn alle an einem Strang in die richtige Richtung ziehen, kann ein Unternehmen am Markt erfolgreich sein.

Deswegen kommunizieren wir bei der Uzin Utz AG unsere Innovationen zuerst intern, bevor wir an die Öffentlichkeit treten. Denn der Mitarbeiter steht bei uns im Mittelpunkt – ohne ihn wären Innovationen nicht möglich. Aufgrund meiner langjährigen Erfahrungen als Unternehmer bin ich daher zu meiner persönlichen Erkenntnis gelangt, dass Personalentscheidungen auf der Führungsebene die wichtigsten unternehmerischen Entscheidungen sind, die es zu treffen gilt. Nur wer vorbildlich geführt und gefordert wird, ist in der Lage, auch selbst gut zu führen und Leistung zu erbringen. Der Unternehmer sollte deshalb in allen Belangen Vorbild sein. Aber auch in Anbetracht der Tatsache, dass die Mitarbeiter in Summe das Unternehmen stärker am Markt – sowohl gegenüber dem Kunden als auch der breiten Öffentlichkeit – repräsentieren als die einzelne Führungskraft, möchte ich der nachfolgenden jungen Generation ans Herz legen, einer vorbildlichen Unternehmensführung besondere Bedeutung beizumessen.

Lutz Weiler

Werte zählen

Lutz Weiler war von 1999 bis 2019 CEO der equinet Bank AG. Die equinet Bank AG war spezialisiert auf die Strukturierung und Umsetzung von Investmentbankdienstleistungen für mittelständische Unternehmen und Unternehmer. Seit 2018 ist Lutz Weiler CEO Germany bei Pareto Securities AS, in die die equinet Bank AG überführt wurde. Darüber hinaus ist er Aufsichtsratsvorsitzender der Westend Bank und der Capitell Vermögens-Management AG.

Nach einem typischen Ausbildungsverlauf von Abitur über Banklehre und wirtschaftswissenschaftlichem Studium stieg ich in das Investmentbanking der zweitgrößten deutschen Geschäftsbank ein. Aufgrund meiner fundierten Ausbildung und ausgestattet mit einem soliden Wertegerüst aus dem familiären Umfeld war ich mir sicher, jetzt das komplette Rüstzeug für meine weitere Karriere im Tornister zu haben.

Wenn ich heute zurückblicke, muss ich sagen, dass ich mich damals vielleicht etwas überschätzt habe. Meine fachlichen Kenntnisse und mein Produktwissen waren ausgezeichnet, aber hinsichtlich der Antwort auf die Frage »Wie kann es langfristig gelingen, erfolgreich zu sein?« habe ich in den Jahren meiner Berufstätigkeit noch einiges dazugelernt und wertvolle Erfahrungen gesammelt. Heute weiß ich, dass Werte wie Ehrlichkeit, Vertrauen, Berechenbarkeit und Transparenz eine große Bedeutung für ein erfolgreiches und befriedigendes Berufsleben haben – und auch im Privaten nicht zu unterschätzen sind. Auch wenn diese Worte hin und wieder missbraucht oder zu oft verwendet werden und dadurch für manchen abgedroschen und inhaltsleer klingen, sind die Werte hinter diesen Worten für mich in der täglichen Zusammenarbeit mit Kunden und Mitarbeitern ein wesentlicher Bestandteil. Der jahrelange intensive Kontakt mit gestandenen Unternehmern, das Verstehen von deren unternehmerischem Tun und die Adaption von ihren positiven Eigenschaften, waren und sind für mich stark prägend. Und diejenigen unter ihnen, die ich am meisten schätze und von denen ich am meisten gelernt habe, sind Personen mit soliden Werten und unternehmerischen Tugenden, zu denen ich die oben erwähnten zähle.

Nach mehr als 14 Jahren in einer Großbank ist es dann einer Handvoll Kollegen und mir in den zurückliegenden 13 Jahren gelungen, eine Investmentboutique mit Vollbankstatus aus der Taufe zu heben und beständig weiterzuentwickeln. Wesentliche Leitlinien für mein Tun in diesen Jahren haben sich aus den erläuterten Werten ergeben und halfen auch in den manchmal schwierigen Umfeld- und Marktsituationen, diese zu meistern. Gepaart mit einer grundsätzlich positiv motivierenden Grundeinstellung, lassen sich so auch heikle oder unangenehme Themen verträglich lösen.

Nachdem ich nun schon viele Jahre nach und mit diesen Werten erfolgreich arbeite, kann ich jedem nur den Rat geben, sich mit diesen Inhalten konstruktiv auseinanderzusetzen und – bei positiver Einschätzung – diese dem eigenen Wertegerüst beizufügen.

Jack Welch
Sei du selbst

Jack Welch ist ehemaliger Chairman und CEO von General Electric. Er leitete das Unternehmen von 1981 bis 2001 in diesen Positionen. Jack Welch erhielt für seine Leistungen zahlreiche Ehrungen, unter anderem wurde er 1999 vom Wirtschaftsmagazin Fortune zum »Manager des Jahrhunderts« gewählt. Nach seinem Ausscheiden bei GE engagierte er sich für die Verbreitung von wirksamem Management und Leadership. 2009 gründete er das Jack Welch Management Institute an der Universität in Ohio. Jack Welch verstarb am 1. März 2020.

Es war im Jahr 1979 oder 1980. Ich war zum ersten Mal im Vorstand von GE. Und ich war in Seattle, bei einem dieser dreitägigen Direktorentreffen. Ich war gerade auf meiner ersten oder zweiten Vorstandssitzung gewesen, und danach, auf der Party für die Direktoren, kam Paul Austin, der ehemalige Chairman von Coca-Cola, auf mich zu. Er war ein zurückhaltender, förmlicher Mensch. Wie auch immer, er muss mein gestärktes Hemd bemerkt haben, und wie still ich auf der Sitzung gewesen war. Ich war geschniegelt und gestriegelt. Er sagte zu mir: »Jack, vergiss nicht, wer du bist und wie du hierhergekommen bist.« Ich brachte ein beschämtes »Danke« heraus. Aber ich wusste, was er meinte. Ich war immer ich selbst gewesen, außer in diesem Moment. Ich hatte nie den Mund gehalten. Er hat mich mit der Nase darauf gestoßen, und es hat mich erschreckt. Bei der nächsten Sitzung war ich dann nicht mehr so schweigsam.

Meg Whitman

Sei nett, tu dein Bestes – und vor allem, betrachte die Dinge nüchtern

Meg Whitman war von 1998 bis 2008 President und CEO bei eBay. Ab 2011 war sie CEO und Präsidentin von Hewlett-Packard und nach dessen Aufspaltung von 2015 bis 2018 CEO und Präsidentin von Hewlett Packard Enterprise. Meg Whitman wurde 2014 vom renommierten *Times Magazine* zu einer der 100 einflussreichsten Führungspersönlichkeiten der Welt gewählt.

Ich habe in meinem Leben mehrere Ratschläge bekommen, die mich wirklich beeinflusst haben.

»Sei nett zu den Leuten.« Das klingt wie eine Binsenweisheit, aber ich werde diese Worte meines Vaters nie vergessen. Ich war zehn Jahre alt, und ich war gemein zu jemandem gewesen. Er sagte: »Es hat keinen Sinn, gemein zu jemandem zu sein. Du weißt nie, wen du später im Leben treffen wirst. Und außerdem veränderst du nichts, wenn du gemein bist. Normalerweise kommst du damit nicht weiter.«

»Vergiss nicht, dass du alles tun kannst, was du willst. Hör nicht auf die Leute, die sagen, du bist nicht schlau genug, das ist zu schwer, das ist eine blöde Idee, das hat noch keiner gemacht, Mädchen tun so etwas nicht.« Meine Mutter gab mir diesen Rat 1973. Und dank ihrer Worte habe ich mich nie darum gekümmert, was andere über meine berufliche Richtung sagten.

»Gib immer dein Bestes, ganz gleich, welche Aufgabe man dir zuteilt, auch wenn du es langweilig findest.« Das sagte mir Jerry Parkinson, stellvertretender Werbeleiter und mein Chef bei Procter & Gamble, im Jahr 1979. Da war ich frisch von der Harvard Business School und sollte festlegen, wie groß das Loch in der Ivory-Shampoo-Flasche sein sollte: drei Achtel Zoll oder ein Achtel Zoll. Ich machte Untersuchungen, Fokusgruppen … und ging abends nach Hause und fragte mich, wie um alles in der Welt ich von Harvard hier gelandet war. Aber später wurde mir klar, dass jeder Job, den man bekommt, eine Chance ist, sich zu beweisen.

»Schmück dich nicht mit fremden Lorbeeren. Wenn du ständig in der Nähe von guten Dingen bist, kommt auch für dich etwas Gutes dabei heraus.« Thomas Tierney, der 1981 bei Bain mein Chef war und heute im Vorstand von eBay sitzt, sagte mir das. Es stimmt – man kommt vorwärts, wenn man anderen Leuten Anerkennung zollt.

Zu guter Letzt: 1998 war ich in New York und starrte auf den Ticker, als eBay an die Börse ging. Mein Mann ist Neurochirurg. Ich rief ihn in seinem OP-Raum an und erzählte ihm die große Neuigkeit. Und er sagte: »Das ist ja schön. Aber vergiss nicht, Meg, es ist keine Gehirnoperation.«

Urs Wietlisbach

Eigenverantwortung, Selbsterkenntnis und Mut zum Wandel

Urs Wietlisbach hat 1996 die Partners Group mitgegründet, die als globaler Manager von Privatanlagen ein Vermögen von über 42 Milliarden Euro verwaltet. Diese Anlagen fußen auf den Säulen Private Equity, Private Real Estate, Private Infrastructure und Private Dept. Urs Wietlisbach, der seit über 35 Jahren in der Finanzindustrie arbeitet, war vor Gründung von Partners Group für Goldman Sachs und Credit Suisse tätig. Er verfügt über einen Abschluss in Betriebswirtschaft der Universität St. Gallen (HSG), Schweiz.

»Wie man sich bettet, so liegt man« – diesen Rat hat mir meine Mutter auf den Lebensweg mitgegeben. Für mich ist der Mensch für sein Tun selbst verantwortlich. Früh wurde mir vermittelt, die eigene Verantwortung nicht auf die Eltern, Freunde, den Partner, Arbeitskollegen oder das Schicksal abzuschieben. Nein, jedes Handeln, jede Entscheidung, jede Wahl zieht Konsequenzen nach sich, für die man selbst verantwortlich ist. Dazu gehört auch, dass man Dinge, die einen stören, ändert, anstatt nichts zu tun und über die schlechte Geschäftsleitung, die Konkurrenz oder das Wetter zu jammern. Eigenverantwortung ist mehr als eine positive und kreative Kraft; sie hat mich dazu gebracht, ein eigenes Unternehmen zu gründen. Mein zweiter

Rat an jeden Unternehmer ist: »Erkenne dich selbst!« Lerne die eigenen Schwächen kennen. Ein guter Unternehmer ist sich seiner Schwächen bewusst und gleicht das eigene Defizit mit den besten Partnern aus. In meinem Fall war bei der Gründung der Partners Group entscheidend, dass ich in Alfred Gantner und Marcel Erni nicht nur die notwendige Ergänzung durch komplementäre Partner gefunden habe, sondern dass von Anfang an auch die »Chemie« zwischen uns gestimmt hat. Wir Gründer haben Eigenverantwortung und Unternehmertum zu Leitprinzipien unserer Unternehmenskultur gemacht und konnten dadurch herausragende Persönlichkeiten, die etwas bewegen wollen, für Partners Group begeistern: Über 650 Mitarbeiter, die sich als Unternehmer innerhalb des Unternehmens mit allen damit verbundenen Gestaltungs- und Entwicklungsmöglichkeiten verstehen, machen weltweit unseren Erfolg aus.

Als Unternehmer von heute zitiere ich aus dem Leopard von Giuseppe di Lampedusa (1958): »Wenn alles bleiben soll, wie es ist, muss sich alles ändern.« Die zunehmende Komplexität unseres sozialen, politischen, kulturellen und wirtschaftlichen Umfelds erfordert ständige Erneuerung, Anpassung an neue Realitäten und Wachsamkeit. Stillstand ist tödlich. Das eigene Leben zu gestalten ist mit Sicherheit anstrengender und mit mehr Aufwand verbunden, als sich einfach treiben zu lassen. Es lohnt sich jedoch, zu denken, bevor man handelt, und man hat mehr Spaß am Leben. Und sollte man keinen Spaß mehr haben, zurück zu Schritt eins: »Wie man sich bettet, so liegt man!«

Reinhold Würth

Von der Pike auf lernen, bescheiden und dankbar sein

Prof. Dr. h. c. mult. Reinhold Würth ist Vorsitzender des Stiftungsaufsichtsrats der Würth-Gruppe. Er trat 1949 als Lehrling in die 1945 vom Vater Adolf Würth gegründete Schraubengroßhandlung ein und musste diese mit 19 Jahren nach dem frühen Tod des Vaters weiterführen. Heute ist die Würth-Gruppe mit mehr als 400 Gesellschaften in über 80 Ländern vertreten. Reinhold Würth hat sich in seiner beruflichen Laufbahn intensiv mit psychologischen Themen wie Mitarbeitermotivation und Fragen der Berufsethik in einer sich wandelnden Gesellschaft befasst.

Gute Ratschläge sind nicht immer auf Anhieb als solche erkennbar, oft erst nach Dekaden werden Gewicht und Auswirkung eines guten Rats in der ganzen Dimension deutlich.

Der beste Rat meines Lebens war die Entscheidung meines Vaters, mich nach Ableistung der acht Pflichtschuljahre von der Schule zu nehmen und mich als ersten Lehrling in seinem vier Jahre vorher gegründeten Unternehmen zu beschäftigen. Noch heute, mehr als sieben Jahrzehnte später, bin ich meinem Vater für diesen Rat und diese Entscheidung unendlich dankbar, denn über die Lehrzeit hinaus konnte ich noch zwei weitere Jahre bis zu seinem Ableben 1954 mit ihm zusammenarbeiten. Dadurch war ich wohlgerüstet, die kleine, solide Schraubengroßhandlung mit zwei Mitarbeitern weiterführen zu können und wachsen zu sehen, bis zu einer Unternehmensgruppe mit mehr als 17 Milliarden Euro Umsatz im Jahr 2021 und über 80 000 Mitarbeitern.

Hätte ich dagegen der Idee der Mutter folgend die mittlere Reife und Abitur und danach die Ausbildung zum Schulmeister gewählt, hätte ich wohl ein Leben lang eine ruhigere Kugel geschoben und wäre seit vielen Jahren pensionierter Lehrer. Dieser Werdegang ist für mich schwer vorstellbar, da ich noch heute meinen Beruf des Kaufmanns und Verkäufers als Lebenstraum empfinde. Welchen Rat könnte ich der nachfolgenden Generation mitgeben? Zum einen, im größten Erfolg Dankbarkeit jenen gegenüber, die uns

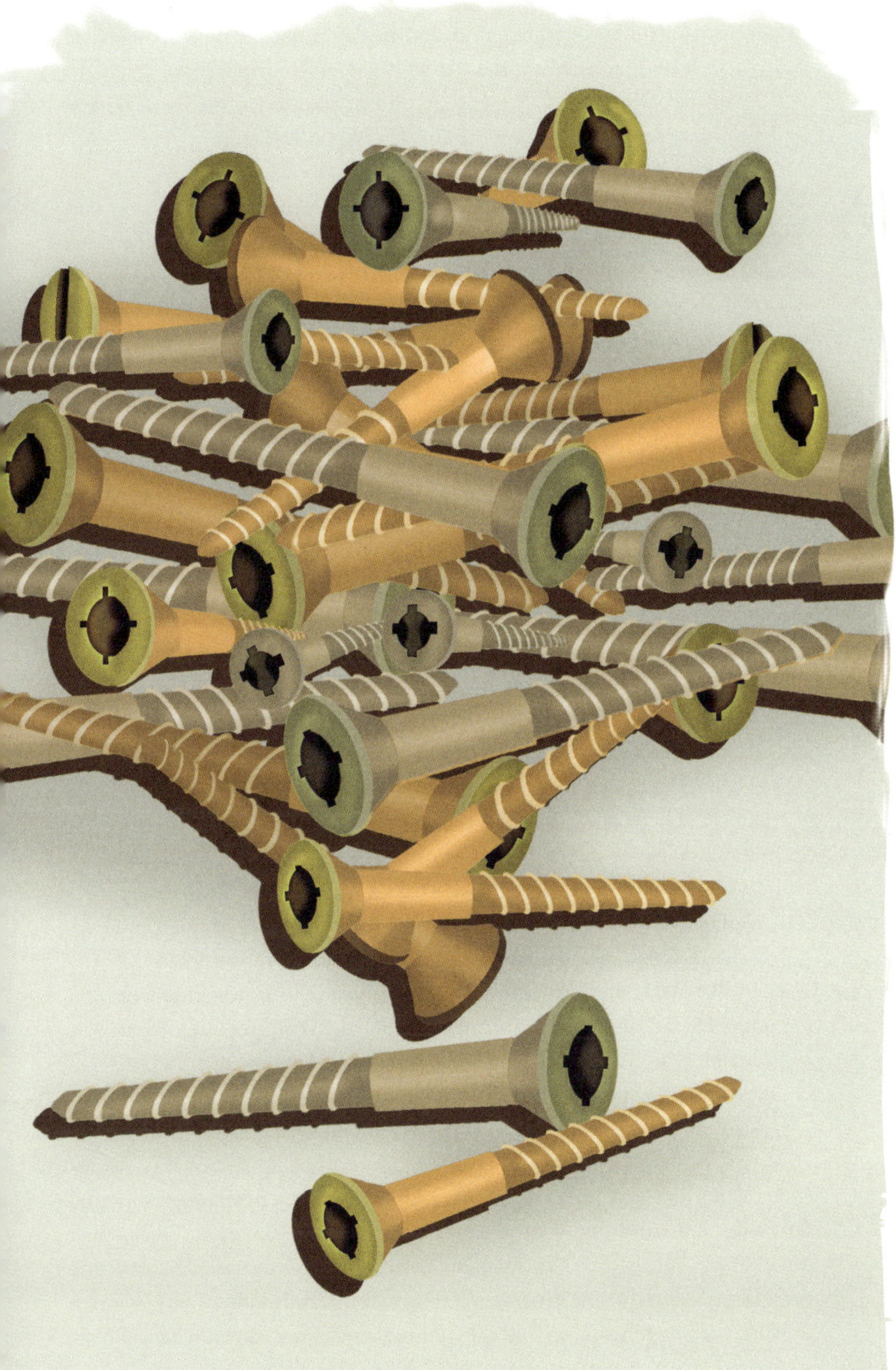

in der Vergangenheit begegnet sind und begleitet haben, nie zu vergessen. Außerdem hüte man sich wie der Teufel vor dem Weihwasser vor jeder Art von Arroganz! Die jugendliche Freude und den schieren Spaß am Wirken und Erfolgesammeln sollte man nie aus den Augen verlieren.

Wichtig: Manche Ereignisse, die wir im ersten Augenblick mit Enttäuschung oder auch Bitternis erfahren und zur Kenntnis nehmen, stellen sich wiederum im Zeitabstand von zehn oder 20 Jahren als große Glücksfälle heraus – ob von Heraklit oder nicht: »Panta rhei« (»Alles fließt«) begleitet unseren Lebensweg tagtäglich, ob wir wollen oder nicht.

Thomas Zinnöcker

Wenn du von jemandem etwas willst oder ihn für etwas gewinnen möchtest, geh zu ihm und schau ihm in die Augen

Thomas Zinnöcker blickt auf langjährige Erfahrungen in gesamtverantwortlichen Aufgaben in der Immobilienbranche, davon 15 Jahre als CEO, zurück. Er hat die Transformation einer Konzerndivision der Babcock Borsig AG verantwortet, die GSW Immobilien AG an die Börse und in den MDAX geführt, die ebenfalls im MDAX befindliche GAGFAH-Gruppe repositioniert und war nach dem Merger mit der Deutschen Annington S. E. stellvertretender Vorstandsvorsitzender der daraus entstandenen VONOVIA S. E., dem ersten Immobilienunternehmen im deutschen Leitindex DAX. Danach war er von 2016 bis 2021 CEO bei ista International GmbH. Heute ist er als selbstständiger Berater und Investor tätig. Daneben bekleidet er Ämter als Kuratoriumsvorsitzender der Familienstiftung Becker & Kries sowie als Verwaltungsratsmitglied der Adler Group.

Mein Vater, der fast 40 Jahre im Steinkohlenbergbau beschäftigt war und dort eine Entwicklung vom Knappen/Berglehrling bis zum Obersteiger durchlaufen hat, gab mir zu meinem Berufseinstieg folgenden Rat mit auf den Weg: »Wenn du von jemandem etwas willst oder ihn für etwas gewinnen möchtest, dann geh zu ihm und schau ihm dabei in die Augen.« Ich gebe zu, dass ich die Bedeutung dieses Hinweises am Anfang deutlich unterschätzt habe. Heute, mehr als drei Jahrzehnte später, ist es für mich der wertvollste Rat meines Berufs- und meines Privatlebens.

Ein Unternehmen ist erfolgreich, wenn es die Interessen aller Stakeholder in eine stabile Balance bekommt. Kunden, Aktionäre, Mitarbeiter, Partner und Gesellschaftsvertreter haben eines gemein – es sind Menschen mit eigenen Interessen, Einstellungen, Erfahrungen und Werten. Sie alle für eine gemeinsame Sache zu gewinnen kann nur gelingen, wenn man auf sie zugeht, ihnen zuhört und so versteht, wie und womit sie zu überzeugen sind. Natürlich kann man sich auch schriftlich oder am Telefon austauschen, aber es gibt nach meiner Erfahrung keinen besseren Weg als den persönlichen Kontakt und das direkte, vertrauliche Gespräch.

Im privaten Bereich sind persönliche, vertrauensvolle und wertschätzende Beziehungen die Grundlage für eine lebenswerte und glückliche Existenz. Wer in der Lage ist, auf andere Menschen zuzugehen, um sie für gemeinsame Aktivitäten zu begeistern, der kann für sich und für andere viel erreichen.

Die Umsetzung dieses Rats erfordert ein echtes Interesse an dem Menschen, an der Persönlichkeit, der man begegnet. Eine gute Vorbereitung, das Einlassen auf den anderen sowie eine gewisse Kreativität in der Lösungssuche sind Schlüsselfaktoren. Wenn dann den Worten und Vereinbarungen auch die dementsprechenden Taten folgen, bilden sich Authentizität, Glaubwürdigkeit und Vertrauen – alles unabdingbare Voraussetzungen für ein erfolgreiches Zusammenwirken von Menschen.

Das klingt jetzt vielleicht wie ein Patentrezept, aber es ist eher ein Produkt lebenslangen Lernens. Als Berufsanfänger bin ich aufgefallen, weil ich das direkte Gespräch mit Vorgesetzten gesucht habe. Für meine Mitarbeiter war es häufig positiv überraschend, wenn ich sie nicht »einbestellt«, sondern sie an ihrem Arbeitsplatz aufgesucht habe. Kundenbeschwerden nicht nur hinzunehmen, sondern ihnen mal vor Ort nachzugehen, hat mich vieles besser verstehen gelehrt und hoffentlich auch die Qualität meiner Entscheidungen zu unserem Produkt-Leistungsspektrum verbessert. Aktionäre wissen es zu schätzen, wenn man für sie lange Reisen auf sich nimmt, um ihre Meinung persönlich »abzuholen«. Argumente, Meinungen, Einstellungen kann ich besser verstehen und beeinflussen, wenn ich meinem Gegenüber in die Augen schaue, seine Mimik und Gestik in meine Beurteilung einbeziehen kann. Mit wachsender Verantwortung habe ich immer mehr Zeit in diese persönlichen Gespräche investiert. Das hat mich auch dazu gezwungen, Aufgaben und Verantwortlichkeiten an andere so zu delegieren, dass keine zusätzlichen Kontrollschritte mehr notwendig waren. Auch dafür war zunächst ein Vertrauensaufbau durch direkte Kommunikation notwendig. Im Ergebnis haben Mitarbeiter Raum für ihre persönliche Entwicklung, die unternehmensinterne Loyalität und das Leistungsvermögen der Organisation wachsen, und ich kann mir die notwendige Zeit für wichtige Gespräche nehmen. Was ich meinen Söhnen mit auf den Weg gegeben habe? Wenn ihr keine Edelsachbearbeiter werden wollt, dann müsst ihr lernen, auf andere zuzugehen, ihnen in die Augen zu schauen, um sie für eure Sache zu gewinnen. Klingt doch nach einer schönen Familientradition, oder?

Nachwort – So könnte es weitergehen

Welcher Rat aus diesem Buch ist in Ihrer aktuellen Situation oder auch hinsichtlich Ihres weiteren Lebens besonders wertvoll für Sie? Den wirklichen Nutzen aus diesem Buch erhalten Sie, wenn Sie einen nützlichen Rat erkennen und konsequent umsetzen. Alle in diesem Buch vertretenen Persönlichkeiten sind Meister der Umsetzung – vielleicht gibt es einen Rat, den auch Sie verwirklichen möchten.

Viele Unternehmer und Top-Führungskräfte wollen den Rat ihrer besten Leute im Unternehmen stärker nutzen. Wer die kollektive Intelligenz im Unternehmen nutzt, hat in unserer Zeit des Wandels einen unschätzbaren Vorteil. Erfolg in Unternehmen entsteht heute als Teamleistung. Flywheel® Concept bietet einen effizienten Weg zu *besseren Entscheidungen und wirksamer Umsetzung*. Sie erfahren mehr darüber unter www.flywheel-concept.com und www.frankarnold.com.

Vielleicht ist dieses Buch nicht nur Ihnen von großem Nutzen. Wer in Ihrer Familie, Ihrem Freundes- oder Kollegenkreis könnte davon profitieren? Teilen Sie dieses Buches mit anderen, und Sie werden sehen, dass für alle ein bereichernder und wertvoller Gedankenaustausch entstehen wird.

Probieren Sie es doch selbst einmal. Fragen Sie Meschen, die Sie schätzen: »Was war der beste Rat, den du je erhalten hast?« Es werden sich spannende Gespräche entwickeln. Ich wünsche Ihnen viel Erfolg und wertvolle Gespräche mit interessanten Menschen.

Herzlichst,
Frank Arnold

Ausgewählte Literatur zum Thema Führung

Im Rahmen von Beratungsmandaten zu Strategie und Veränderungsprozessen sowie bei Vorträgen zum Thema Leadership werde ich regelmäßig gefragt, welche Literatur ich Unternehmern und Führungskräften empfehle. Ich habe in der Auswahl der nachfolgend aufgelisteten empfehlenswerten Bücher bewusst den Schwerpunkt auf die Umsetzung der Inhalte in der unternehmerischen Praxis gelegt. In der Führung geht es um Ergebnisse, diese Bücher liefern nützliches Wissen. Ich wünsche Ihnen bei der Lektüre viel Freude.

Allen, David: *Wie ich die Dinge geregelt kriege. Selbstmanagement für den Alltag*, München: Piper 2015.

Arnold, Frank: *Der beste Rat. Lernen von Schweizer Denkern und Machern*, Zürich: midas 2019.

Arnold, Frank: *Der beste Rat. Was Führungskräfte von Spitzenköchen lernen können*, München: Redline 2021.

Arnold, Frank: *Der beste Rat. Was man von Weltklasse-Fotografen lernen kann* (Gratis-Download unter www.frankarnold.com).

Arnold, Frank: *Management. Die Top-Tools der Besten*, München: Redline 2018.

Beer, Stafford: *The Heart of Enterprise*, 4th Edition, Chichester: John Wiley & Sons 2000.

Bennis, Warren: *On Becoming a Leader*, 4th Edition, Reading: Basic Books 2009.

Berger, Jonah: *The Catalyst. How to Change Anyone's Mind*, New York: Simon & Schuster 2020.

Buffett, Warren/Cunningham, Lawrence A.: *Die Essays von Warren Buffett. Die wichtigsten Lektionen für Investoren und Unternehmer*, München: FinanzBuch Verlag 2018.

Collins, Jim: *Der Weg zu den Besten: Die sieben Management-Prinzipien für dauerhaften Unternehmenserfolg*, Frankfurt: Campus 2020.

Collins, Jim: *BE 2.0 – Beyond Entrepreneurship 2.0*, London: Random House Business 2020.

Doerr, John: *OKR Objectives & Key Results Wie Sie Ziele, auf die es wirklich ankommt, entwickeln, messen und umsetzen*, München: Vahlen 2018.

Drucker, Peter F.: *The Effective Executive. Effektivität und Handlungsfähigkeit in der Führungsrolle gewinnen*, München: Vahlen 2014.

Drucker, Peter F./Maciariello, Joseph A.: *Management. Das Standardwerk*, Frankfurt: Campus 2009.

Gigerenzer, Gerd: *Das Einmaleins der Skepsis. Über den richtigen Umgang mit Zahlen und Risiken*, München: Piper 2015.

Gladwell, Malcolm: *The Tipping Point. Wie kleine Dinge Grosses bewirken können*, München: Goldmann Verlag 2016.

Godin, Seth: *Practice. Die Methode, dauerhaft kreativ zu sein – auch wenn es manchmal schwerfällt*, München: Redline Verlag 2021.

Goldratt, Eliyahu M./Cox, Jeff: *The Goal. A Process of Ongoing Improvement*, 4th revised Edition, Great Barrington, MA: North River Press 2012.

Gracian, Baltasar: *Handorakel und Kunst der Weltklugheit*, Hamburg: Nikol 2020.

Harari, Yuval Noah: *21 Lektionen für das 21. Jahrhundert*, München: C.H. Beck 2020.

Horowitz, Ben: *Wenn es hart auf hart kommt: Schwierige Management-Situationen und wie man sie meistert*, Kulmbach: Plassen 2014.

Klein, Stefan: *Alles Zufall. Die Kraft, die unser Leben bestimmt*, Frankfurt: Fischer Verlag 2015.

Klein, Stefan: *Die Glücksformel – oder Wie die guten Gefühle entstehen*, Frankfurt: Fischer Verlag 2014.

Knapp, Jake; Zeratsky, John; Kowitz, Braden: *Sprint. Wie man in nur fünf Tagen neue Ideen testet und Probleme löst*, München: Redline 2016.

Krämer, Walter: *So lügt man mit Statistik*, 17. Aufl., Frankfurt: Campus 2015.

Krämer, Walter: *Statistik verstehen. Eine Gebrauchsanweisung*, München: Piper 2001.

Lewrick, Michael; Link, Patrick; Leifer, Larry: *Das Design Thinking Playbook. Mit traditionellen, aktuellen und zukünftigen Erfolgsfaktoren*, München: Vahlen 2018.

Malik, Fredmund: *Führen, Leisten, Leben. Wirksames Management für eine neue Welt*, aktualisierte Aufl., Frankfurt: Campus 2019.

Ogilvy, David: *Geständnisse eines Werbemannes*, Berlin: Econ 2000.

Osterwalder, Alexander; Pigneur, Yves; Smith, Alan; Etiemble, Frederic: *The Invincible Company. So schaffen Sie eine Kultur der Innovation und Transformation, die Ihr Unternehmen unbesiegbar macht*, Frankfurt: Campus 2020.

Peters, Tom: *The Excellence Dividend. Mit Begeisterung arbeiten und sichere Jobs erhalten in digitalen Zeiten*, München: Vahlen 2020.

Peters, Tom: *The Little Big Things. 163 Wege zur Spitzenleistung*, Offenbach am Main: Gabal 2011.

Puryear jr., Edgar F.: *Nineteen Stars. A Study in Military Character and Leadership*, Reissue Edition, New York: Presidio Press 2003.

Ries, Eric: *Lean Startup. Schnell, risikolos und erfolgreich Unternehmen gründen*, München: Redline 2014.

Scott, David Meerman: *Die neuen Marketing- und PR-Regeln im Social Web. Wie Sie mit Social Media und Content Marketing, Blogs, Pressemitteilungen und viralem Marketing Ihre Kunden erreichen*, Frechen: mitp-Verlag 2014.

Simon, Hermann: *Hidden Champions. Die neuen Spielregeln im chinesischen Jahrhundert*, Frankfurt: Campus 2021.

Simon, Hermann: *Am Gewinn ist noch keine Firma kaputtgegangen*, Frankfurt: Campus 2020.

Sprenger, Reinhard K.: *Die Entscheidung liegt bei dir! Wege aus der alltäglichen Unzufriedenheit*, 15. Aufl., Frankfurt: Campus 2016.

Stulberg, Brad/Magness, Steve: *Peak Performance. Elevate Your Game, Avoid Burnout, and Thrive with the New Science of Success*, Emmaus (PA): Rodale Books 2017.

Sutherland, Jeff/Sutherland, J.J: *Die Scrum-Revolution: Management mit der bahnbrechenden Methode der erfolgreichsten Unternehmen*, Frankfurt: Campus 2015.

Thiel, Peter: *Zero to One. Wie Innovation unsere Gesellschaft rettet*, Frankfurt: Campus 2014.

Welch, Jack/Welch, Suzy: *Der Real-Life MBA: Wie Sie auch ohne Business-School alles über Gewinner, Teams und Karriere lernen*, München: Redline 2016.

Textnachweise

Die folgenden Beiträge erschienen erstmals in: Fortune Magazine, 21.3.2005 © 2005 Time Inc. Used under license. Fortune and Time Inc. are not affiliated with, and do not endorse products or services of Licensee (alle Interviews: Julia Boorstin):

Marc Benioff
Richard Branson
Warren Buffett
Clayton Christensen
Jim Collins
Peter F. Drucker
Brian Grazer
Andy Grove
Herb Kelleher
Klaus Kleinfeld
Alan G. Lafley
Dick Parsons
Hector Ruiz
Howard Schultz
Ted Turner
Jack Welch
Meg Whitman

Die folgenden Beiträge erschienen erstmals in: Fortune Magazine, 9.7.2009 © 2009 Time Inc. Used under license. Fortune and Time Inc. are not affiliated with, and do not endorse products or services of Licensee:

David Axelrod (Interview: Nina Easton)
Mohamed El-Erian (Interview: Jon Birger)
Robin Li (Interview: Bill Powell)
Colin Powell (Interview: N. E.)
Jim Rogers (Interview: Brian O'Keefe)
Eric Schmidt (Interview: Adam Lashinsky)
Jim Sinegal (Interview: Mina Kimes)

Der Beitrag von Steve Jobs erscheint mit freundlicher Genehmigung der Stanford University, Stanford, CA 94305, USA.

Über den Autor

Dr. Frank Arnold gilt als einer der anerkanntesten Führungsexperten Deutschlands und der Schweiz. Seine Erfahrung hat er aus über 300 Veränderungsprojekten mit Unternehmen aller Branchen auf der ganzen Welt. Er berät Vorstände zu den Themen Strategie, Führung und Veränderungsprozesse. Zu den Kunden seiner Unternehmensberatung ARNOLD Management gehören zahlreiche internationale Unternehmen des Mittelstands sowie börsennotierte Konzerne.

Seine Bücher erscheinen weltweit in vielen Sprachen und wurden bisher über 100 000 Mal verkauft. Der internationale Bestseller *Management – Von den Besten lernen* (*What Makes Great Leader Great*) wurde mit dem Buchpreis »Beste Bücher des Jahres« ausgezeichnet und ist mittlerweile unter dem Titel *Management – Die Top-Tools der Besten* in einer Neuausgabe erschienen. *Der beste Rat – Lernen von Denkern und Machern* wurde zum *Spiegel*-Bestseller. Mit seinen Büchern und über 200 Publikationen in führenden Medien wie *Neue Zürcher Zeitung*, *Manager Magazin*, *Spiegel Online*, *Capital* und *Bilanz* hat er das Führungsverständnis vieler Unternehmer und Führungskräfte beeinflusst.

Der promovierte Wirtschaftswissenschaftler arbeitet als Berater für Unternehmer und Top-Führungskräfte und ist international als Redner gefragt. Sein Podcast *Was ist gute Führung? Der Podcast von Frank Arnold* ist bei Apple Podcast, Spotify und vielen weiteren Plattformen sowie als Video bei You-

Tube zu finden. Sein Newsletter *Was ist gute Führung?* erscheint regelmässig bei LinkedIn und auf www.frankarnold.com.

Frank Arnold, geboren 1973, ist Vater von zwei Kindern und lebt mit seiner Familie in Zürich. Er ist leidenschaftlicher Triathlet und Rennradfahrer.

https://frankarnold.com
www.flywheel-concept.com
LinkedIn: @frankarnold

Podcast *Was ist gute Führung?*
https://apple.co/2OUqsy4, http://spoti.fi/2OUnRoa

Newsletter *Was ist gute Führung?* https://frankarnold.com/newsletter/

Die Erfolgsprinzipien der Besten

Wie erklären sich die beeindruckenden Lebensleistungen so unterschiedlicher Menschen wie Steve Jobs und Roger Federer, Herbert von Karajan und Elon Musk, Sheryl Sandberg und James Watt?
Wie schaffte es Warren Buffett, so ein Vermögen anzuhäufen? Alle diese Menschen waren nicht nur begnadete Künstler, Wissenschaftler, Politiker oder Unternehmer – sie waren gleichzeitig auch hervorragende Manager.
Frank Arnold beschreibt in diesem internationalen Bestseller über 60 Persönlichkeiten aus verschiedenen Bereichen der Gesellschaft, was deren Erfolg ausmacht und was Führungskräfte und alle, denen ihre persönliche Entwicklung und Karriere wichtig sind, daraus lernen können.

288 Seiten
Softcover
19,99 € (D) | 20,60 € (A)
ISBN 978-3-86881-729-4

---

www.redline-verlag.de

REDLINE | VERLAG

Der beste Rat – Lernen von Schweizer Denkern und Machern

Frank Arnold hat faszinierende, sehr persönliche Gespräche mit 60 Unternehmern und Top-Managern aus der Schweiz geführt – darunter Rivella-Verwaltungsratspräsident Alexander Barth, Rega-CEO Ernst Kohler, Andreas Meyer, vormals CEO der SBB, und Google-Schweiz-Chef Patrick Warnking. Sie alle geben freimütig ihr Wissen weiter und beschreiben eingehend, wie der beste Rat ihres Lebens sie beeinflusst und ihr Leben verändert hat.

Unschätzbare Anregungen für jeden, der für die eigene Laufbahn und das gesamte Leben profitieren möchte!

»Die Ratschläge der Crème de la Crème der Schweizer Wirtschaft und Gesellschaft sind wohldosiert, pragmatisch, pointiert und absolut nutzbar.«

Christoph Evard auf amazon.de

240 Seiten

ISBN 978-3-03876-528-8